普通高等教育"十三五"规划教材

计算机科学与技术导论

（第 2 版）

王建国　主　编

付禾芳　李　静　胡宁玉　副主编

中国铁道出版社有限公司

CHINA RAILWAY PUBLISHING HOUSE CO., LTD.

内 容 简 介

本书是计算机科学与技术专业的基础教材，以通俗易懂、深入浅出的方式阐述计算机科学与技术专业的基础知识与基本方法。全书共分为 6 章，内容包括绪论、计算机基础知识、计算机系统结构、计算机科学与技术学科中的典型问题、计算机科学与技术学科中的核心概念、计算机信息安全与计算机职业道德。为了提高和巩固学习效果，每章还提供了相应的小结和习题。

本书内容丰富，能够使读者直观、迅速地掌握计算机学科的基础知识，为后续计算机专业课程的学习构建一个基本的知识框架，使计算机科学与技术专业的学生对今后要学习的主要知识、专业方向有一个基本的了解。

本书适合作为高等院校计算机科学与技术专业的"计算机导论"课程教材，也可作为计算机基础课程参考书及计算机入门普及教材。

图书在版编目（CIP）数据

计算机科学与技术导论/王建国主编. —2 版. —北京：
中国铁道出版社，2019.1（2023.7 重印）
普通高等教育"十三五"规划教材
ISBN 978-7-113-25034-8

Ⅰ.①计… Ⅱ.①王… Ⅲ.①计算机科学-高等学校-
教材 Ⅳ.①TP3

中国版本图书馆 CIP 数据核字（2018）第 235907 号

书　　名：计算机科学与技术导论（第 2 版）
作　　者：王建国

策　　划：周海燕　　　　　　　　　　　　编辑部电话：（010）63549501
责任编辑：周海燕　徐盼欣
封面设计：刘　颖
责任校对：张玉华
责任印制：樊启鹏

出版发行：中国铁道出版社有限公司（100054，北京市西城区右安门西街 8 号）
网　　址：http://www.tdpress.com/51eds/
印　　刷：北京九州迅驰传媒文化有限公司
版　　次：2012 年 3 月第 1 版　　2019 年 1 月第 2 版　　2023 年 7 月第 4 次印刷
开　　本：787 mm×1 092 mm　1/16　印张：14.25　字数：306 千
书　　号：ISBN 978-7-113-25034-8
定　　价：37.00 元

第 2 版前言

党的二十大报告指出，"推动战略性新兴产业融合集群发展，构建新一代信息技术、人工智能、生物技术、新能源、新材料、高端装备、绿色环保等一批新的增长引擎。"当前，信息技术发展日新月异，在物联网、云计算、大数据、人工智能、现代通信技术等领域向更深、更宽的方向拓展，引起了社会各方面的变革。信息技术在融入社会生活方方面面的同时，深刻改变着人类的思维、生活和学习方式，展示了人类社会发展的前景。随着这一进程的全面深入，无处不在的计算思维成为人们认识和解决问题的基本能力之一。

本书是在国内外广泛关注且推进"计算思维"教学理念的大背景下，在教育部高等学校计算机科学与技术教学指导委员会编制的《高等学校计算机科学与技术专业实践教学体系与规范》和《高等学校计算机科学与技术专业核心课程教学实施方案》基础上，对《计算机科学与技术导论》的一次全面修订。随着教学理念的不断完善以及教学经验的积累，本书大多数章节都在原有内容基础上进行了修改和扩充，试图使读者深刻理解问题的计算特性并善于利用计算机解决问题，即培养读者的"计算思维"能力；同时鼓励读者在该学科领域张扬"学科思维"个性化，在实践中体验"登峰"的感觉。

本书以此为出发点，期望实现两个目标：将计算机科学与技术学科的全貌呈现在读者面前；使读者体验利用计算机解决实际问题的过程和思路，并在此过程中感受学习的乐趣。全书分为 6 章，首先从计算机科学与技术专业的基础知识入手，介绍了计算机的发展史、计算机科学与技术学科知识体系、图灵机模型、计算机中数据的存储与表示、计算机系统结构、软件实现等，然后介绍了计算机科学与技术学科中的一些典型问题、核心概念等，最后对计算机信息安全与职业道德的部分基础知识做了介绍。每章都配有核心内容、小结和习题。全书力求做到概念清、层次明、知识全。

本书由王建国任主编，付禾芳、李静、胡宁玉任副主编。最后，由王建国、李静负责统稿。本书在编写过程中参考了一些相关书籍，并从 Internet 上参考了部分有价值的资料，在此向相关资料的作者、编者、译者、出版者和网站表示感谢。同时，本书得到了全国高等院校计算机基础教育研究会 2018 年度"计算机基础教育教学研究项目（项目编号：2018-AFCEC-367）"的资助，在此一并表示感谢。

由于编者水平有限，书中难免存在疏漏和不妥之处，敬请广大读者批评指正。

编　者
2023 年 7 月

第 1 版前言

　　教育部高等学校计算机科学与技术教学指导委员会（以下简称"教指委"）分别于 2008 年和 2009 年编制出版了《高等学校计算机科学与技术专业实践教学体系与规范》（以下简称《实践体系与规范》）、《高等学校计算机科学与技术专业核心课程教学实施方案》（以下简称《实施方案》），其目的是为了解决各类高校人才培养目标定位上的趋同性，以及学生在知识和能力上的差异性问题。不论从哪个角度来看，《实践体系与规范》和《实施方案》的出版，都为各高校制定人才培养方案提供了依据。

　　"计算机科学与技术导论"课程（又称"计算机导论"、"计算机引论"、"计算机科学与技术方法论"、"计算机概论"等）作为该专业的第一门课，在课程教学中如何将学科全貌呈现在学生面前，这不能说不是一件具有挑战性的任务。就过去来说，各类学校所讲内容不尽相同，有人戏称为"系主任、院长课"。其原因是在有限的课时内把计算机专业的历史、基本概念、思想、方法、构架、未来的发展等呈现在不同层次的学生面前，同时还要激励学生在该学科领域张扬"学科思维"个性化，体验"登峰"的感觉，确实需要精心设计。

　　鉴于此，依据教指委《实施方案》和《实践体系与规范》，结合作者多年来的教学实践经验，并请教了多位在这方面有建树的专家、教授，在原讲义的基础上，我们编写了本书。全书共分为 6 章，首先从计算机科学与技术专业的基础知识入手，介绍了计算机的发展史、计算机科学与技术学科知识体系、图灵机模型、计算机中数据的存储与表示、计算机系统结构、软件实现等，然后介绍了计算机科学与技术学科中的一些典型问题、计算机科学与技术学科中的核心概念（如算法、数据结构、数据库、数据通信与网络）等。最后，对计算机信息安全与职业道德的部分基础知识做了介绍。每章都配有核心概念、小结和习题。全书力求做到概念清、层次明、知识全。建议教学时数为 28 课时。

　　本书由王建国、付禾芳、王欣执笔，赵青杉、焦莉娟、曹建芳、张静、李荣分别参与了各章的资料收集和数据校验工作，由王建国、付禾芳负责统稿。

　　本书在编写过程中参考了一些相关书籍，并从 Internet 上参考了部分有价值的资料，在此向相关资料的作者、编者、译者、出版者和网站表示感谢。此外，尤其感谢北京师范大学的沈复兴教授、朱小明教授，天津师范大学的曲建民教授，华中师范大学的胡金柱教授，东北师大的李雁翎教授，西南大学的邹显春教授等多年来对编者的支持和关怀，使该课程于 2010 年被评为山西省普通高校精品课程。

　　由于计算机学科知识和技术更新很快，新技术和新软件不断涌现，加之作者水平有限，时间仓促，书中难免存在疏漏和不妥之处，敬请广大读者批评指正。

编　者
2011 年 11 月

目　　录

第 1 章

绪　论 ‹‹‹

核心内容
- 计算机发展史；
- 计算机特点及应用；
- 未来计算机；
- 图灵奖；
- 计算机科学与技术的基本问题；
- 计算机科学与技术学科知识体系；
- 计算机科学与技术专业实践教学体系。

计算机的广泛应用，推动了社会的发展和人类的进步，对人类的生产和生活产生了深远的影响，成为人类文化中不可或缺的部分。本章首先介绍计算机的发展史、计算机的分类和特点、未来计算机的发展趋势、我国计算机事业的发展史，以及计算机界著名奖项；然后介绍计算机科学与技术学科，主要包括学科定义及研究范畴，以及学科的知识体系；最后介绍计算学科的基本形态，即抽象、理论和实践。

1.1　计算机的基本概念

随着生产的发展和社会的进步，人类所使用的计算工具经历了一个从简单到复杂、从低级到高级的漫长过程。世界上第一台电子计算机问世以来，经过了半个多世纪的发展历程，计算机技术突飞猛进。特别是进入 20 世纪 70 年代以后，微型计算机的出现为计算机的广泛应用开拓了更为广阔的前景。它在国民经济的各个领域得到应用，极大地改变了人们的工作、学习、生活方式，成为信息时代的标志。

1.1.1　计算机的发展史

通常所说的计算机，是指电子计算机，是一种信息处理工具，它能自动、高效、精确地对信息进行存储、传输和加工。早期的计算机，是一种能帮助人们进行计算的机器。计算机的发展大致经历了机械式计算机、机电式计算机和电子计算机的发展历程。

1. 电子计算机史前史

在 1939 年第一台现代电子数字计算机 ABC（Atanasoff–Berry Computer）研制成功

之前，人们所使用的计算工具相继出现了算筹、算盘、计算尺、手摇机械计算机、电动机械计算机等。

1642 年，法国数学家和物理学家布莱士·帕斯卡（Blaise Pascal）发明了第一台机械式加法器，如图 1-1 所示。加法器解决了自动进位这一关键问题。

图 1-1　帕斯卡和加法器

1674 年，德国数学家和哲学家戈特弗里德·威廉·莱布尼茨（Gottfried Wilhelm Leibniz）设计完成了乘法自动计算机，如图 1-2 所示。莱布尼茨不仅发明了手动的可进行完整四则运算的通用计算机，而且提出了"可以用机械替代人进行烦琐重复的计算工作"这一重要思想。

图 1-2　莱布尼茨和乘法自动计算机

1822 年，英国数学家查尔斯·巴贝奇（Charles Babbage）设计了一台差分机，它是利用机器代替人来编制数表，巴贝奇经过长达十年的努力将其变成了现实。1834 年，巴贝奇又完成了分析机的设计方案，它在差分机的基础上做了较大的改进，不仅可以作数字运算，而且可以作逻辑运算，如图 1-3 所示。分析机的设计思想已具有现代计算机的概念，但当时的技术水平是不可能制造完成的。

巴贝奇的分析机被认为是最早的计算机雏形，而他的朋友爱达则致力于为该分析机编写算法。爱达（1815—1852）是著名的英国诗人拜伦之女，协助巴贝奇完善了分析机的设计，详细说明了用机器进行伯努利数运算的过程，这被称为世界上第一个计算机程序。爱达建立了循环和子程序的概念，先后编写了三角函数程序、级数相乘程序、伯努利函数程序等一大批算法代码，被公认为世界上第一位程序设计师。

图 1-3 巴贝奇和差分机、分析机

1886 年，美国统计学家赫尔曼·霍尔瑞斯（Herman Hollerith）借鉴了法国人杰卡德（Jacquard）织布机的穿孔卡原理，用穿孔卡片存储数据，采用机电技术取代了纯机械装置，制造了第一台可以自动进行加减四则运算、累计存档、制作报表的制表机，如图 1-4 所示。这台制表机参与了美国 1890 年的人口普查工作，使预计 10 年的统计工作仅用 1 年零 7 个月就完成了，是人类历史上第一次利用计算机进行大规模的数据处理。1896 年，霍尔瑞斯在他的发明基础上，创建了 TMC（Tabulating Machine Company）。1911 年，TMC 与另外两家公司合并，成立了 CTR 公司（Computing Tabulating Recording Company）。1924 年，CTR 公司改名为"国际商业机器公司（International Business Machines Corporation）"，这就是举世闻名的美国 IBM 公司。

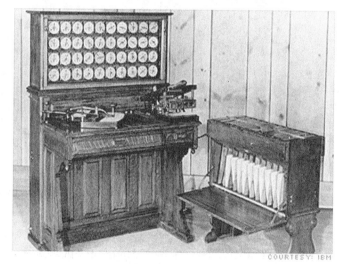

图 1-4 赫尔曼·霍尔瑞斯和 1890 年的制表机

1938 年，德国工程师康拉德·朱斯（Konrad Zuse）成功制造了第一台二进制计算机 Z-1，它是一种纯机械式的计算装置，它的机械存储器能存储 64 位数。此后，朱斯继续研制了 Z 系列计算机。其中 Z-3 型计算机是世界上第一台通用程序控制的机电计算机，它使用了 2600 个继电器，同时采用了浮点计数法、带数字存储地址的指令形式等，运算一次加法只用 0.3 s，如图 1-5 所示。

图 1-5 朱斯和 Z-3 型计算机

1944 年，美国麻省理工学院科学家霍华德·艾肯（Howard Hathaway Aiken）研制成功了一台机电式计算机，命名为自动顺序控制计算器 MARK-Ⅰ。1947 年，艾肯又研制出运算速度更快的机电式计算机 MARK-Ⅱ。到 1949 年，由于当时电子管技术已取得重大进步，于是艾肯研制出采用电子管的计算机 MARK-Ⅲ。1952 年，艾肯又为美国空军完成了 Mark Ⅳ 计算机，这是艾肯研制的最后一台计算机，它加入了磁心移位寄存器和半导体二极管电路。艾肯和 MARK-Ⅰ、MARK-Ⅲ 如图 1-6 所示。

图 1-6 艾肯和 MARK-Ⅰ、MARK-Ⅲ

从此，在计算机技术上存在着两条发展道路。一条是各种台式机械和较大机械式计算机的发展道路；另一条是采用继电器作为计算机电路元件的发展道路。后来建立在电子管和晶体管之类电子元件基础上的计算机正是受益于这两条发展道路。

世界上第一台现代电子数字计算机是 ABC 计算机，它由美国爱荷华州立大学物理系副教授阿塔纳索夫（John Vincent Atanasoff）和他的研究生克利福特·贝瑞（Clifford Berry）在 1939 年 10 月研制成功，如图 1-7 所示。ABC 计算机采用二进制电路进行运算；存储系统采用不断充电的电容器，具有数据记忆功能；输入系统采用 IBM 公司的穿孔卡片；输出系统采用高压电弧烧孔卡片。1990 年，阿塔纳索夫获得了全美最高科技奖——国家科技奖。

美国因新式火炮弹道计算需要运算速度更快的计算机，1946 年 2 月，宾夕法尼亚大学物理学家约翰·莫克利（John Mauchly）和工程师普雷斯帕·埃克特（Presper Eckert）等人成功研制出了电子数值积分计算机（Electronic Numerical Integrator And

Calculator，ENIAC），如图 1-8 所示。

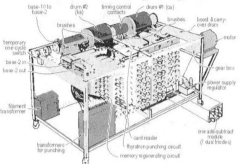

图 1-7　ABC 计算机的复原模型和设计草图

图 1-8　埃克特（右）、莫克利（左）和 ENIAC

ENIAC 是一个庞然大物，其占地面积为 170 m²，总质量达 30 t。机器中约有 18 800 只电子管、1 500 个继电器、70 000 只电阻器及其他各种电气元件，功率约为 140 kW。这样一台"巨大"的计算机每秒可以进行 5 000 次加减运算，相当于手工计算的 20 万倍，机电式计算机的 1 000 倍。ENIAC 计算机设计中采用了全电子管电路，但是没有采用二进制；ENIAC 计算机的程序采用外插线路连接，以拨动开关和交换插孔等形式实现；它没有存储器，只有 20 个 10 位十进制数的寄存器；输入/输出设备有穿孔卡片、指示灯、开关等。利用 ENIAC 计算机进行一个 2 s 的运算，准备工作需要两天的时间，为此埃克特与同事们讨论过"存储程序"的设计思想，遗憾的是没有形成文字记录。

ENIAC 是第一台正式投入运行的电子计算机，主要任务是分析炮弹轨迹，美国军方从中尝到了甜头，因为它计算一条炮弹弹道只需要 20 s，比炮弹飞行速度还快，而此前需要 200 人手工计算两个月。

1945 年，美籍匈牙利数学家冯·诺依曼在对 ENIAC 计算机的不足之处进行认真分析后，提出了离散变量自动电子计算机（Electronic Discrete Variable Automatic Computer，EDVAC）的设计方案，并发表了计算机史上著名的 *First Draft of a Report on the EDVAC*

（《EDVAC 计算机报告的第一份草案》）论文，这篇手稿为 101 页的论文又称"101 报告"。在"101 报告"中，冯·诺依曼提出了计算机硬件的五大组成部件及存储程序的设计思想，奠定了现代计算机的设计基础。

1952 年，EDVAC 计算机投入运行，它主要用于核武器理论计算。EDVAC 的改进主要有两点：一是在计算机内部，采用二进制来存储与处理数据；二是实现了存储程序与程序控制的思想。EDVAC 使用了大约 6 000 个电子管和 12 000 个二极管，占地 45.5 m^2，重达 7.85 t，功率为 56 kW。EDVAC 利用水银延时线作为内存，可以存储 1 000 个 44 位的字，用磁鼓作辅存，具有加、减、乘和软件除的功能，运算速度比 ENIAC 提高了 240 倍。

2. 电子计算机的发展史

自 ENAIC 诞生至今半个多世纪来，计算机获得了突飞猛进的发展。人们依据计算机性能和当时软硬件技术（主要根据所使用的电子器件），将计算机的发展划分成四个阶段，如表 1-1 所示。

表 1-1　计算机发展的四个阶段

阶段及年代	第一阶段 （1946—1958 年）	第二阶段 （1958—1965 年）	第三阶段 （1965—1971 年）	第四阶段 （1971 年至今）
电子器件	电子管	晶体管	集成电路	大规模集成电路、超大规模集成电路
存储器	延迟线、磁芯、磁鼓、磁带、纸带	磁芯、磁鼓、磁带、磁盘	半导体存储器、磁芯、磁鼓、磁带、磁盘	半导体存储器、磁带、磁盘、光盘
处理方式	机器语言、汇编语言	监控程序、高级语言	实时处理、操作系统	实时/分时处理网络操作系统
应用领域	科学计算	科学计算、数据处理、过程控制	科学计算、系统设计等科技工程领域	各行各业
运算速度	5 000～30 000 次/秒	几十万至百万次每秒	百万至几百万次每秒	几百万至千亿次每秒
典型机种	ENIAC、EDVAC、IBM705	UNIVA Ⅱ、IBM7094、CDC6600	IBM360、PDP-11、NOVA1200	ILLIAC-Ⅳ、VAX 11、IBM PC、Tianhe-1

电子计算机在短短的 70 多年里经过了电子管、晶体管、集成电路（IC）、大规模集成电路（LSI）和超大规模集成电路（VLSI）四个阶段的发展，使计算机的体积越来越小，功能越来越强，价格越来越低，应用越来越广泛，目前正朝智能化方向发展。

（1）第一阶段

第一代电子计算机（1946—1958 年）。电子管计算机，主要以电子管为基本元件，由于电子管的体积大、功耗高、容易烧坏。以水银延迟线、磁鼓、磁心为存储器，存储容量小，存储速度低。这一阶段的计算机性能低、造价高、体积庞大、可靠性差。在这一阶段，采用机器语言和汇编语言编写程序，主要用于完成数值计算，只在重要部门或科学研究部门使用。典型的计算机有 ENAIC、EDVAC、UNIVAC 和 IBM705 等。

（2）第二阶段

第二代电子计算机（1958—1965 年）。晶体管计算机，采用晶体管代替电子管组成计算机，使计算机体积缩小为原来的几十分之一，功耗降低，不容易烧坏，运算速度比第一代电子计算机提高了近百倍。在软件方面开始使用计算机算法语言，如 FORTRON、COBOL、LISP 等。这一代电子计算机不仅可以用于科学计算，而且可以用于数据处理、事务处理及工业控制领域。典型的计算机有 IBM7090、IBM7094、CDC6600 等。

（3）第三阶段

第三代电子计算机（1965—1971 年）。中、小规模集成电路计算机，在每个基片上集成几个到十几个电子元件（逻辑门）来构成计算机的主要功能部件，计算机变得更小，功耗更低。主存储器采用半导体存储器，磁盘成了不可缺少的辅助存储器，并且开始普遍采用虚拟存储技术，运算速度可达每秒几十万次至几百万次基本运算。

同时，计算机的软件技术也有了较大的发展，出现了操作系统的编译系统，出现了更多的高级程序设计语言，使计算机的功能越来越强，应用范围越来越广。它们不仅用于科学计算，还用于文字处理、企业管理、自动控制等领域，出现了计算机技术与通信技术相结合的信息管理系统，可用于生产管理、交通管理、情报检索等领域。典型的计算机有 IBM360、IBM370、PDP-11 等。

（4）第四阶段

第四代电子计算机（1971 年至今）。大规模、超大规模集成电路计算机，这一阶段，集成电路的集成度越来越高。采用超大规模集成电路组成计算机后，使计算机体积显著减小，功耗显著降低，出现了微型计算机。计算机的体系结构越来越复杂，出现了多处理机系统、分布式计算机系统、并行计算机系统等；存储设备采用光盘、U 盘和大容量的硬盘，处理速度达到几亿次甚至数千亿次每秒；软件系统越来越庞大，计算机网络和网络软件日趋完善，出现了软件工程；已经可以使用计算机进行知识处理和智能处理，应用领域深入到社会生活的方方面面。典型的计算机有 IBM308X、CRAY_2、CRAY_3 等。

3. 微型计算机的发展

第四代电子计算机的另一个重要分支是以大规模、超大规模集成电路为基础发展起来的微处理器和微型计算机。

微型计算机的发展是以微处理器的发展为表征的，微型计算机大致经历了 6 个发展阶段：

（1）第一阶段（1971—1973 年）是 4 位和 8 位低档微处理器时代，通常称为第 1 代，其典型产品是 Intel 4004 和 Intel 8008 微处理器和分别由它们组成的 MCS-4 和 MCS-8 微机。基本特点是采用 PMOS 工艺，集成度低（4 000 个晶体管/片），系统结构和指令系统都比较简单，主要采用机器语言或简单的汇编语言，指令数目较少（20 多条指令），基本指令周期为 $20 \sim 50 \mu s$，用于简单的控制场合。

1975 年 1 月，美国计算机爱好者爱德华·罗伯茨（E.Roberts）发明了世界上第一台微型计算机"牛郎星"（Altair 8800），如图 1-9 所示。它包括一个 Intel 8080 处理器、256 B 的存储器（后来增加为 4 KB）、一个电源、一个机箱和有大量开关和显示灯的面板。Altair 8800 的外观非常简陋，既没有输入数据的键盘，也没有输出计算结果的显示器。插上电源后，使用者需要用手按下面板上的开关，把二进制数 0 或 1 输进机器；计算完成后，面板上的几排小灯泡忽明忽灭，用发出的灯光信号表示计算结果。Altair 8800 掀起了一场改变整个计算机世界的革命，它的一些设计思想，如微型化设计方法、OEM（Original

Equipment Manufacturer，原始设备生产厂商）生产方式、开放式设计思想、硬件与软件分离等，直到今天依然具有重要的指导意义。

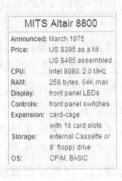

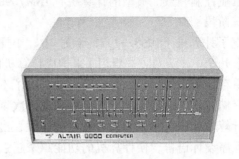

图 1-9　Altair 8800

（2）第二阶段（1973—1977 年）是 8 位中高档微处理器时代，通常称为第 2 代，其典型产品是 Intel 8080/8085、Motorola 公司的 M6800、Zilog 公司的 Z80 等。它们的特点是采用 NMOS 工艺，集成度提高约 4 倍，运算速度提高约 10～15 倍（基本指令执行时间 1～2μs），指令系统比较完善，具有典型的计算机体系结构和中断、DMA 等控制功能。软件方面除了汇编语言外，还有 BASIC、FORTRAN 等高级语言和相应的解释程序和编译程序，在后期还出现了操作系统。

（3）第三阶段（1978—1984 年）是 16 位微处理器时代，通常称为第 3 代，其典型产品是 Intel 公司的 8086/8088、Motorola 公司的 M68000、Zilog 公司的 Z8000 等微处理器。其特点是采用 HMOS 工艺，集成度（20 000～70 000 晶体管/片）和运算速度（基本指令执行时间是 0.5μs）都比第 2 代提高了一个数量级。指令系统更加丰富、完善，采用多级中断、多种寻址方式、段式存储机构、硬件乘除部件，并配置了软件系统。

这一时期著名微机产品有 IBM 公司的个人计算机。1981 年 IBM 公司推出的个人计算机采用 8088 CPU。紧接着 1982 年又推出了扩展型的个人计算机 IBM PC/XT，它对内存进行了扩充，并增加了一个硬盘驱动器。1984 年，IBM 公司推出了以 80286 处理器为核心组成的 16 位增强型个人计算机 IBM PC/AT。由于 IBM 公司在发展个人计算机时采用了技术开放的策略，使个人计算机风靡世界。

（4）第四阶段（1985—1992 年）是 32 位微处理器时代，又称为第 4 代。其典型产品是 Intel 公司的 80386/80486、Motorola 公司的 M69030/68040 等。其特点是采用 HMOS 或 CMOS 工艺，集成度高达 100 万个晶体管每片，具有 32 位地址线和 32 位数据总线。可完成六百万条指令每秒（Million Instructions Per Second，MIPS）。微型计算机的功能已经达到甚至超过超级小型计算机，完全可以胜任多任务、多用户的作业。同期，其他一些微处理器生产厂商（如 AMD、TEXAS 等）也推出了 80386/80486 系列的芯片。

1985 年 6 月，长城 0520 微机研制成功，这是我国自行研制并实现中文化、工业化、规模化生产的微型计算机，如图 1-10 所示。长城 0520-CH 微型计算机使用 10 MB 硬盘、256 KB 内存和 8 英寸（1 英寸=2.54 cm）的显示器，其性能超过当时的 IBM PC 和 NEC 980，同时，其汉字处理水平等项性能超过了当时包括 IBM 在内的国际知名品牌。这样一组在今天看来绝对是"老爷车级"的数字，却深刻地改写了中国计算机产业的发展历史。作为中国计算机史上第一台中国人自主设计、生产、销售的台式计算机长城 0520–CH，它的问世远远地超过了其所带来的技术进步本身的含义，标志着我国信息产业获得了里程碑意义上的重大突破和成功，它改变了我国计算机产业和世界的距离。

（5）第五阶段（1993—2005 年）是奔腾（Pentium）系列微处理器时代，通常称为第 5 代。典型产品是 Intel 公司的奔腾系列芯片及与之兼容的 AMD 的 K6 系列微处理器芯片。内部采用了超标量指令流水线结构，并具有相互独立的指令和数据高速缓存。随着 MMX(Multi Mediae Xtension)微处理器的出现，使微机的发展在网络化、多媒体化和智能化等方面跨上了更高的台阶。2000 年

图 1–10 长城 0520A 计算机（1985 年）

3 月，AMD 与 Intel 分别推出时钟频率达 1 GHz 的 Athlon 和 Pentium Ⅲ。2000 年 11 月，Intel 又推出了 Pentium 4 微处理器，集成度高达每片 4 200 万个晶体管，主频为 1.3～1.7 GHz。2002 年 11 月，Intel 推出的 Pentium 4 微处理器的时钟频率达到 3.06 GHz。对于个人计算机用户而言，多任务处理一直是困扰的难题，因为单处理器的多任务以分割时间段的方式来实现，此时的性能损失相当巨大。而在双内核处理器的支持下，真正的多任务得以应用，而且越来越多的应用程序甚至会为之优化，进而为其应用奠定了扎实的基础。

（6）第六阶段（2006 年至今）是酷睿（Core）系列微处理器时代，通常称为第 6 代。"酷睿"是一款领先节能的新型微架构，设计的出发点是提供卓然出众的性能和能效，提高每瓦特性能，也就是所谓的能效比。早期的酷睿是基于笔记本式计算机处理器的。

在通用微处理器的研发领域，Intel 公司一直处于领先位置。与此同时，作为它的竞争对手，AMD 公司先后推出了 K5、K6、Duron、Athon 等微处理器芯片。它们的共同特点是，都采用 IA–32（Intel Architecture–32）指令架构，并逐步增加了面向多媒体数据处理和网络应用的扩展指令，如 Intel 的 MMX、SSE 等指令集和 AMD 的 "3DNow!" 等。一般将自 8086 以来一直延续的这种指令体系通称为 x86 指令体系。

2006 年 8 月，Intel 正式发布了 Core（酷睿）架构处理器，第一次采用移动、桌面、服务器三大平台同核心架构的模式；2011 年 3 月，Intel 在桌面级和移动端处理器中采用了 Core i3、i5 和 i7 的产品分级构架；2014 年，首次发布桌面级 8 核心 16 线程处理器；2015 年，Intel 迎来了微电子的新时代，第五代 Core 系列处理器正式登场，新处理器除了拥有更强的性能和功耗优化外，同时支持 Intel Real Sense 技术，带来更加强大的体感交互体验；2018 年 4 月，第八代酷睿移动处理器、面向笔记本式计算机的英特尔酷睿 i9 处理器以及第八代酷睿处理器与英特尔傲腾内存相结合的全新英特尔酷睿+平台正式发布。4 核 8 线程、6 核 12 线程的设计让产品在性能方面实现了最大的飞跃，为用户带来了前所未有的硬盘读写速度，无论从工作、生产效率、游戏方面、还是内容创建方面都带来大幅度的性能提升。

由此可见，微型计算机的性能主要取决于它的核心器件——微处理器（CPU）的性能。

随着微型计算机的发展，在每一个阶段，它在集成度、性能等方面都有非常大的提高，微型计算机在今后将会有更快、更惊人的发展。未来的计算机将把信息采集、存储、处理、通信和人工智能结合在一起，具有形式推理、联想、学习和解释能力。它的系统结构将突破传统的概念，实现高度的并行处理。

1.1.2　计算机的分类及发展趋势

计算机工业的迅速发展，促使了计算类型的一再分化。从计算机的主要组成部件来看，目前的计算机主要采用半导体集成电路芯片；从市场上的主要产品来看，有超级计算机、微机、嵌入式系统等产品。未来计算机的发展趋势是巨型化、微型化、网络化和智能化。

1．计算机的分类

计算机产业发展迅速，技术不断更新，性能不断提高，出现了各种各样的计算机系统，按照不同的标准可以将其分为不同的类型。如果按照目前计算机产品的市场应用情况，大致可以分为大型计算机、微型计算机、嵌入式计算机等类型，如图1-11所示。

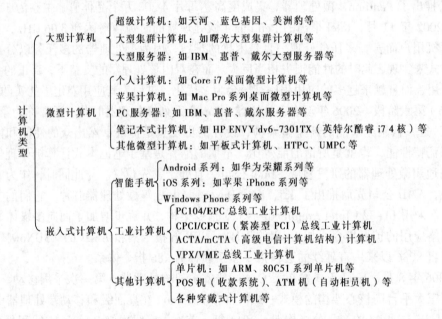

图1-11　计算机的基本类型

1）大型计算机

（1）计算机集群技术

大型计算机主要用于科学计算、军事、通信、金融等大型计算项目等。计算机集群的价格只有专用大型计算机的几十分之一，因此大型计算机大部分采用集群结构（占95%以上），只有极少的大型计算机采用专用系统结构。

计算机集群（Cluster）技术是将多台（几台到上万台）独立计算机（PC服务器），通过高速局域网组成一个机群，并以单一系统模式进行管理，使多台计算机像一台超级计算机那样统一管理和并行计算，如图1-12所示。集群中运行的单台计算机并不一定是高档计算机，但集群系统却可以提供高性能不停机服务。集群中每台计算机都承担部分计算任务，因此整个系统的计算能力非常高。同时，集群系统具有很好的容错功能，当集群中某台计算机出现故障时，系统可对这台计算机进行隔离，并通过各台计算机之间的负载转移机制，实现新的负载均衡，同时向系统管理员发出故障报警信号。

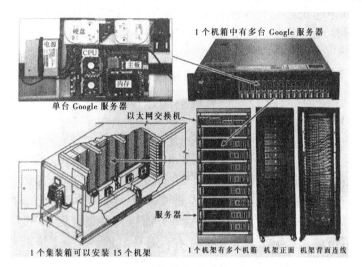

图 1-12　Google 集装箱式计算机集群系统

计算机集群一般采用 Linux 操作系统和集群软件实现并行计算，集群的扩展性很好，可以不断向集群中加入新计算机。计算机集群提高了系统的稳定性和数据处理能力。

（2）超级计算机系统

超级计算机又称巨型机、高性能计算机。其运算速度快，存储容量大，结构复杂，价格昂贵，主要用于国防和尖端科学研究领域。目前，巨型机主要用于战略武器（如核武器和反导弹武器）的设计、空间技术、石油勘探、长期天气预报及社会模拟等领域。

图 1-13 所示是由我国国家并行计算机工程技术研究中心研制的"神威·太湖之光"超级计算机，2017 年 11 月第四次蝉联世界 500 强计算机第 1 名。"神威·太湖之光"的峰值运算速度为 12.5 亿亿次每秒，持续计算速度为 9.3 亿亿次每秒。该超级计算机于 2016 年 6 月在无锡国家超级计算中心建立，虽然没有加速芯片，但是安装了 40 960 个中国自主研发的"申威 26010"众核处理器，占地面积 605 m^2。

图 1-13　神威·太湖之光

2018 年 6 月 8 日，美国能源部下属橡树岭国家实验室（ORNL）发布新一代超级计算机"顶点"（Summit），如图 1-14 所示。其浮点运算速度峰值达每秒 20 亿亿次，使美国问鼎阔别近 5 年之久的全球超算 500 强榜单。橡树岭国家实验室称，"顶点"使用了 4 608 个计算服务器，每个计算服务器中又含有两个国际商用机器公司生产的 22 核 Power9 处理器和 6 个英伟达公司生产的 Tesla V100 图形处理单元加速器。"顶点"将为能源、先进材料、人工智能等领域的研究提供前所未有的运算能力，并有望为天体物理学、材料学、癌症监测、系统生物学这些领域的研究带来突破。

与此同时，国家超算天津中心在 2018 年 5 月 17 日第二届世界智能大会上正式对外公布，中国将在 2018 年 6 月底之前完成超级计算机"天河三号"原型机的部署，年底正式投入使用。"天河三号"超级计算机是世界首台"E 级超算"，即运算速度超过百亿亿次每秒的超级计算机。也就是说，中国的"天河三号"是目前美国公布的"顶点"运算速度的 5 倍。"天河三号"原型机采用全自主创新，自主飞腾 CPU，自主天河高速互联通信，自主麒麟操作系统，全新的国产 Matrix 2000 加速器，其综合运算能力是"天河一号"的 200 倍，存储规模是"天河一号"的 100 倍。在计算密度、单块计算芯片计算能力、内部数据通信速率等方面也将得到极大提升。"天河三号"原型机由三组机柜组成，每组机柜高 2 m 左右，通身黑色，机身上嵌有蓝绿两条醒目的彩条，在彩条中间，"天河"两个字异常醒目。"天河三号"原型机如图 1-15 所示。

图 1-14　顶点计算机

图 1-15　"天河三号"原型机

2）微型计算机

1971 年，Intel 公司推出了 400x 系列芯片，Intel 公司将这套芯片称为 MCS-4 微型计算机系统，最早提出了微型计算机这一概念。但是，这仅仅是一套芯片而已，当时并没有组成一台真正意义上的微型计算机。以后，人们将装有微处理器芯片的机器称为微型计算机，简称微机。

（1）台式 PC 系列计算机

大部分个人计算机采用 Intel 公司 CPU 作为核心部件，凡是能够兼容 IBM PC 的计算机产品都称为 PC。目前，台式计算机基本采用 Intel 和 AMD 公司的 CPU 产品，这两个公司的 CPU 兼容 Intel 公司早期的 80x86 系列 CPU 产品，因此也将采用这两家公司 CPU 产品的计算机称为 x86 系列计算机。

如图 1-16 所示，台式计算机在外观上有立式和一体化两种类型，它们在性能上没有区别。台式计算机主要用于企业办公和家庭应用，因此要求有较好的多媒体功能。台式计算机应用广泛，应用软件也最为丰富，这类计算机有很好的性价比。

（a）立式计算机　　　　　　（b）一体化计算机

图 1-16　台式计算机

（2）PC 服务器

如图 1-17 所示，PC 服务器往往采用机箱式、刀片式和机架式。机箱式 PC 服务器体积较大，便于今后扩充硬盘等 I/O 设备；机架式 PC 服务器体积较小，尺寸标准化，扩充时在机柜中再增加一个机架式服务器即可。PC 服务器一般运行在 Windows Server 或 Linux 操作系统下，在软件和硬件上都与其他 PC 兼容。PC 服务器硬件配置一般较高。例如，它们往往采用高性能 CPU，如英特尔"至强"系统 CPU 产品，甚至采用多 CPU 结构；内存容量一般较大，而且要求具有 ECC（错误校验）功能；硬盘也采用高转速和支持热拔插的硬盘。大部分服务器需要全年不间断工作，因此往往采用冗余电源、冗余风扇。PC 服务器主要用于网络服务，因此对多媒体功能几乎没有要求，但是对数据处理能力和系统稳定性有很高的要求。

（a）机箱式服务器　　　　（b）刀片式服务器　　　　（c）机架式服务器

图 1-17　PC 服务器

目前，PC 在各个领域都取得了巨大成功。PC 成功的原因是拥有海量应用软件，以及优秀的兼容能力，而高性价比在很长一段时间里都是 PC 的市场竞争法宝。

（3）笔记本式计算机

笔记本式计算机主要用于移动办公，因此具有短小轻薄的特点。近年来流行的"上网本"和"超级本"都是笔记本式计算机的一种类型。笔记本式计算机在软件上与台式计算机完全兼容，在硬件上虽然按照 PC 设计规范制造，但由于受到体积限制，不同厂商之间的产品不能互换，硬件的兼容性较差。笔记本式计算机与台式计算机在相同配置下，笔记本式计算机的性能要低于台式计算机，价格也要高于台式计算机。笔记本式计算机的屏幕一般在 10～17 英寸之间，质量一般在 1～4 kg 之间，笔记本式计算机一般具有无线通信功能。笔记本式计算机如图 1-18 所示。

图 1-18　笔记本式计算机

（4）平板式计算机

平板式计算机（Tablet PC）最早由微软公司于 2002 年推出。平板式计算机是一种小型的、方便携带的个人计算机，如图 1-19 所示。平板式计算机在外观上只有杂志大小，目前主要采用苹果和安卓操作系统，它以触摸屏作为基本操作设备，所有操作都通过手指或手写笔完成，而不是传统的键盘或鼠标。平板式计算机一般用于阅读、上网、简单游戏等。平板式计算机的应用软件专用性强，这些软件不能在台式计算机或笔记本式计算机上运行，普通计算机上的软件也不能在平板式计算机上运行。

（a）微软公司的平板式计算机 　　　　　　　　　（b）苹果公司的 iPad

图 1-19 平板式计算机

3）嵌入式计算机

（1）嵌入式系统

嵌入式系统是为特定应用而设计的专用计算机系统。"嵌入"是将微处理设计和制造在某个设备内部的意思。嵌入式系统是一个外延极广的名词，凡是与工业产品结合在一起，并且具有计算机控制的设备都可以称为嵌入式系统，如图 1-20 所示。

嵌入式系统一般由嵌入式计算机和执行装置组成，嵌入式计算机是整个嵌入式系统的核心。执行装置也称被控对象，它可以接收嵌入式计算机发出的控制命令，执行规定操作或任务。执行装置可以很简单，如手机上的一个微型电机，当手机处于震动接收状态时打开；执行装置也可以很复杂，如 SONY公司的智能机器狗，它集成了多个微型控制电机和多种传感器，从而可以执行各种复杂的动作和感受各种状态信息。

图 1-20 嵌入式系统的应用

（2）智能手机

早期的手机是一种通信工具，用户不能安装程序，信息处理功能极为有限。智能手机打破了这些限制，它完全符合计算机关于程序控制和信息处理的定义，而且形成了丰富的应用软件市场，用户可以自由安装各种应用软件。智能手机作为一种大众化的计算机产品，性能越来越强大，应用领域越来越广泛。

智能手机是指具有完整的硬件系统和独立的操作系统，用户可以自行安装第三方服务商提供的程序，并可以实现无线网络接入的移动计算设备。智能手机的名称主要是针对手机功能而言的，并不意味着手机有很强大的"智能"。

智能手机既方便随身携带，又为第三方软件提供了性能强大的计算平台，因此是实现移动计算、普适计算的理想工具。很多信息服务可以在智能手机上展开，如个人信息管理（如日程安排、任务提醒等）、网页浏览、电子阅读、交通导航、程序下载、股票交易、移动支付、移动电视、视频播放、游戏娱乐等。结合 4G（第 4 代移动通信）网络的支持，智能手机势必成为一个功能强大的，集通话、短信、网络接入、影视娱乐为一体的综合性个人计算设备。

世界上公认的第一部智能手机 IBM Simon（西蒙）诞生于 1993 年，如图 1-21 所示。由 IBM 与 BellSouth 公司合作制造。它集当时的手提电话、个人数字助理（PDA）、传呼机、传真机、日历、行程表、世界时钟、计算器、记事本、电子邮件、游戏等功能于一身。IBM Simon 最大的特点是没有物理按键，完全依靠触摸屏操作，它采用 ROM-DOS 操作系统，只有一款名为 DispathchIt 的第三方应用软件。

（a）IBM Simon　　　　（b）目前的智能手机

图 1-21　智能手机

据统计，截至 2017 年底，我国的智能手机出货量达到了 25 亿部。

（3）工业计算机

工业计算机采用工业总线结构，它广泛用于工业、商业、军事、农业、交通等领域的过程控制和过程管理。

工业计算机有 CPU、内存、硬盘、外设及接口等硬件设备，并有实时操作系统、网络和通信协议、应用程序等软件系统。工业计算机的发展经历了 20 世纪 80 年代的 STD 总线工业计算机、90 年代的 PC104 总线工业计算机、21 世纪初期的 CompactPCI-E（紧凑型外设并行总线）总线工业计算机，以及目前的 CompactPCI-E、AdvancedTCA（先进电信计算机结构）等工业计算机。各种工业计算机如图 1-22 所示。

工业计算机的工作环境恶劣，往往工作在粉尘、烟雾、潮湿、震动、腐蚀等环境中，因此对系统的可靠性要求高。工业计算机对生产过程进行实时在线检测与控制，需要对工作状况的变化给予快速响应，因此对实时性要求较高。工业计算机有很强的输入/输出功能，可扩充符合工业总线标准的检测和控制板卡，完成工业现场的参数监控、数据采集、设备控制等任务。早期工业计算机往往采用专用的硬件结构、软件系统、网络系统等技术，而目前的工业计算机越来越 PC 化，如采用 Intel Core CPU，采用 PCI-E 总线，采用主流操作系统，采用工业以太网，支持主流编程语言等。

图 1-22　各种工业计算机

2．计算机发展趋势

未来的计算机将以超大规模集成电路为基础，朝着巨型化、微型化、网络化和智能化方向发展。

（1）巨型化

巨型化（或功能巨型化）是指具备高速运算、大存储容量和强大功能的巨型计算机。其运算能力一般在每秒千亿次以上、内存容量在几吉字节以上。巨型计算机主要用于天文、气象、地质和核技术、航天飞机和卫星轨道计算等尖端科学技术和军事国防系统的研究开发。

巨型计算机的技术水平是衡量一个国家技术和工业发展水平的重要标志。巨型计算机的发展集中体现了计算机科学技术的发展水平，推动了计算机系统结构、硬件和软件的理论和技术、计算数学及计算机应用等多个科学分支的发展。

（2）微型化

微型化（或体积微型化）是指利用微电子技术和超大规模集成电路技术，把计算机的体积进一步缩小，价格进一步降低。20 世纪 70 年代以来，由于大规模和超大规模集成电路的飞速发展，微处理器芯片连续更新换代，微型计算机连年降价，加上丰富的软件和外围设备，操作简单，使微型计算机很快普及到社会各个领域并走进了千家万户。

随着微电子技术的进一步发展，微型计算机将发展得更加迅速，其中笔记本式计算机、掌上式计算机等微型计算机必将以更优的性能价格比受到人们的欢迎。

（3）网络化

网络化（或资源网络化）是指利用通信技术和计算机技术，把分布在不同地点的计算机互联起来，按照网络协议相互通信，以达到所有用户都可共享软件、硬件和数据资源的目的。现在，计算机网络在交通、金融、企业管理、教育、邮电、商业等各行各业都得到了广泛的应用。

目前，各国都在开发三网合一的系统工程，即将计算机网、电信网、有线电视网合为一体。将来通过网络能更好地传送数据、文本资料、声音、图形和图像，用户可随时随地在全世界范围内拨打可视电话或收看任意国家的电视和电影。

（4）智能化

智能化（或处理智能化）就是要求计算机能模拟人的感觉和思维能力，也是第五代计算机要实现的目标。智能化的研究领域很多，其中最有代表性的领域是专家系统和机器人。目前已研制出的机器人可以代替人从事危险环境的劳动，在博弈领域的研究也发展迅速，计算机博弈被认为是人工智能领域最具挑战性的研究方向之一。2016 年 3 月，由 Google 旗下 DeepMind 公司研发的人工智能程序 AlphaGo（阿尔法围棋）在与围棋世界冠军、职业九段棋手韩国名将李世石的对弈中，以 4 比 1 的总比分获胜；2017 年 5 月，又以 3 比 0 的总比分击败了排名世界第一的世界围棋冠军柯洁。

展望未来，计算机的发展必然要经历很多新的突破。从目前的发展趋势来看，未来的计算机将是微电子技术、光学技术、超导技术和电子仿生技术相互结合的产物。第一台超高速全光数字计算机已由欧盟的英国、法国、德国、意大利和比利时等国的 70 多名科学家和工程师合作研制成功，光子计算机的运算速度比电子计算机快 1 000 倍。在不久的将来，超导计算机、神经网络计算机等全新的计算机也会诞生。届时计算机将发展到一个更高、更先进的水平。

1.1.3　计算机的特点及应用

现代电子计算机以电子器件为基本部件，内部数据采用二进制编码表示，工作原理采用"存储程序"的思想，有运算速度快、计算精度高、具有存储和记忆能力等特点。

1. 计算机的特点

计算机是一种可以进行自动控制、具有记忆功能的现代化计算工具和信息处理工具。它有以下四个方面的特点：

（1）记忆能力强

在计算机中有容量很大的存储装置，它不仅可以长久性地存储大量的文字、图形、图像、声音等信息资料，而且可以存储指挥计算机工作的程序。

（2）计算精度高与逻辑判断准确

它具有人类无能为力的高精度控制或高速操作任务，也具有可靠的判断能力，以实现计算机工作的自动化，从而保证计算机控制的判断可靠、反应迅速、控制灵敏。

（3）高速的处理能力

它具有神奇的运算速度，其速度可达到每秒几十亿次乃至上百亿次甚至更高。例如，为了将圆周率π的近似值计算到 707 位，一位数学家曾为此花费十几年的时间，而如果用现代的计算机来计算，可能瞬间就能完成，同时可达到小数点后 200 万位。

（4）能自动完成各种操作

计算机是由内部控制和操作的，只要将事先编制好的应用程序输入计算机，计算机就能自动按照程序规定的步骤完成预定的处理任务。

2. 计算机的应用

现在，计算机的应用已广泛且深入地渗透到人类社会的各个领域。从科研、生产、国防、文化、教育、卫生，直到家庭生活，都离不开计算机提供的服务。计算机的主要应用领域可归纳为如下几个方面：

（1）科学计算（或数值计算）

科学计算是指利用计算机来完成科学研究和工程技术中提出的数学问题的计算。在现代科学技术工作中，科学计算问题是大量的和复杂的。利用计算机的高速计算、大存储容量和连续运算的能力，可以实现人工无法解决的各种科学计算问题。

例如，建筑设计中为了确定构件尺寸，通过弹性力学导出一系列复杂方程，长期以来由于计算方法跟不上而一直无法求解。而计算机不但求解了这类方程，并且引发了弹性理论上的一次突破，出现了有限单元法。

（2）数据处理（或信息处理）

数据处理是指对各种数据进行收集、存储、整理、分类、统计、加工、利用、传播等一系列活动的统称。据统计，80%以上的计算机主要用于数据处理，这类工作量大、面宽，决定了计算机应用的主导方向。数据处理从简单到复杂已经历了三个发展阶段，分别是：

① 电子数据处理（Electronic Data Processing，EDP），它是以文件系统为手段，实现一个部门内的单项管理。

② 管理信息系统（Management Information System，MIS），它是以数据库技术为工具，实现一个部门的全面管理，以提高工作效率。

③ 决策支持系统（Decision Support System，DSS），它是以数据库、模型库和方法库为基础，帮助管理决策者提高决策水平，改善运营策略的正确性与有效性。

目前，数据处理已广泛地应用于办公自动化、企事业计算机辅助管理与决策、情报检索、图书管理、电影电视动画设计、会计电算化等各行各业。信息正在形成独立的产业，多媒体技术使信息展现在人们面前的不仅包括数字和文字，还包括声情并茂的声音和图像信息。

（3）辅助技术（或计算机辅助设计与制造）

计算机辅助技术包括 CAD、CAM 和 CAI 等。

① 计算机辅助设计（Computer Aided Design，CAD）。计算机辅助设计是利用计算机系统辅助设计人员进行工程或产品设计，以实现最佳设计效果的一种技术。它已广泛地应用于飞机、汽车、机械、电子、建筑和轻工等领域。例如，在电子计算机的设计过程中，利用 CAD 技术进行体系结构模拟、逻辑模拟、插件划分、自动布线等，从而大大提高了设计工作的自动化程度。又如，在建筑设计过程中，可以利用 CAD 技术进行力学计算、结构计算、绘制建筑图纸等，不但可以提高设计速度，而且可以大大提高设计质量。

② 计算机辅助制造（Computer Aided Manufacturing，CAM）。计算机辅助制造是利用计算机系统进行生产设备的管理、控制和操作的过程。例如，在产品的制造过程中，用计算机控制机器的运行，处理生产过程中所需的数据，控制和处理材料的流动及对产品进行检测等。使用 CAM 技术可以提高产品质量，降低成本，缩短生产周期，提高生产率和改善劳动条件。

将 CAD 和 CAM 技术集成，实现设计生产自动化，这种技术称为计算机集成制造系统（CIMS）。它的实现将真正做到无人化工厂（或车间）。

③ 计算机辅助教学（Computer Aided Instruction，CAI）。计算机辅助教学是利用计算机系统使用课件来进行教学。课件可以用制作工具或高级语言来开发制作，它能引导学生循序渐进地学习，使学生轻松自如地从课件中学到所需要的知识。CAI 的主要特色是交互教育、个别指导和因人施教。

（4）人工智能（Artificial Intelligence，AI）

人工智能是计算机模拟人类的智能活动，诸如感知、判断、理解、学习、问题求解和图像识别等。现在人工智能的研究已取得不少成果，有些已开始走向实用阶段。例如，能模拟高水平医学专家进行疾病诊疗的专家系统，具有一定思维能力的智能机器人等。

（5）网络应用

计算机技术与现代通信技术的结合构成了计算机网络。计算机网络的建立，不仅解决了一个单位、一个地区、一个国家中计算机与计算机之间的通信，各种软、硬件资源的共享，而且大大促进了国际间的文字、图像、视频和声音等各类数据的传输与处理。

（6）过程控制（或实时控制）

过程控制是利用计算机及时采集检测数据，按最优值迅速地对控制对象进行自动调节或自动控制。采用计算机进行过程控制，不仅可以大大提高控制的自动化水平，而且可以提高控制的及时性和准确性，从而改善劳动条件，提高产品质量及合格率。计算机过程控制已在机械、冶金、石油、化工、纺织、水电、航天等部门得到广泛应用。

例如，在汽车工业方面，利用计算机控制机床、控制整个装配流水线，不仅可以实现精度要求高、形状复杂的零件加工自动化，而且可以使整个车间或工厂实现自动化。

1.1.4　未来计算机

基于集成电路的计算机短期内还不会退出历史舞台。但一些新的计算机正在跃跃欲试地加紧研究，包括超导计算机、纳米计算机、光计算机、DNA 计算机和量子计算机等。

1. 超导计算机（Superconducting Computer）

芯片的集成度越高，计算机的体积越小，这样才不致因信号传输而降低整机速度，但这样一来会使机器发热严重。解决问题的出路是研制超导计算机。

超导计算机是利用超导技术生产的计算机及其部件，其开关速度达到几皮秒，运算速度比现在的电子计算机快，电能消耗量少。电流在超导体中流过时，电阻为零，介质不发热。1962 年，英国物理学家约瑟夫逊（Josephson）提出了"超导隧道效应"，即由超导体—绝缘体—超导体组成的器件（约瑟夫逊元件），当对其两端加电压时，电子就会像通过隧道一样无阻挡地从绝缘介质穿过，形成微小电流，而该器件两端的压降几乎为零。与传统的半导体计算机相比，使用约瑟夫逊器件的超导计算机的耗电量仅为其几千分之一，而执行一条指令的速度却要快 100 倍。1999 年 11 月，日本超导技术研究所与企业合作，制作了由 1 万个约瑟夫逊元件组成的超导集成电路芯片。

目前，科学家还在为此奋斗。企图寻找出一种"高温"超导材料，甚至一种室温超导材料。一旦这些材料找到后，人们可以利用它制成超导开关器件和超导存储器，再利用这些器件制成超导计算机。

2. 纳米计算机（Nanocomputer）

纳米计算机指将纳米技术运用于计算机领域所研制出的一种新型计算机。"纳米"本是一个计量单位，采用纳米技术生产芯片成本十分低廉，因为它既不需要建设超洁净生产车间，也不需要昂贵的实验设备和庞大的生产队伍。只要在实验室里将设计好的分子合在一起，就可以造出芯片，大大降低了生产成本。

2013 年 9 月 26 日斯坦福大学项目研究小组负责人马克斯·夏拉克尔宣布，人类首台基于碳纳米晶体管技术的计算机已成功测试运行，如图 1-23 所示。斯坦福大学的研究成果基于来自包括 IBM 等数家科研机构的技术成果之上。碳纳米管是由碳原子层以堆叠方式排列所构成的同轴圆管。该种材料具有体积小、传导性强、支持快速开关等特点，因此当被用于晶体管时，其性能和能耗表现要大幅优于传统硅材料。夏拉克尔团队打造的人类首台纳米计算机实际只包括了 178 个碳纳米管，并运行只支持计数和排列等简单功能的操作系统。然而，尽管原型看似简单，却已是人类多年的研究成果。

图 1-23　纳米计算机

3．光计算机（Optical Computer）

与传统硅芯片计算机不同，光计算机用光束代替电子进行计算和存储：它以不同波长的光代表不同的数据，以大量的透镜、棱镜和反射镜将数据从一个芯片传送到另一个芯片。

计算机的功率取决于其组成部件的运行速度和排列密度，光在这两个方面都很理想。光子的速度即光速，约为 30 万千米每秒，是宇宙中最快的速度。激光束对信息的处理速度可达现有半导体硅器件的 1 000 倍。1990 年，贝尔实验室推出了一台由激光器、透镜、反射镜等组成的计算机，这就是光计算机的雏形。随后，英、法、比、德、意等国的 70 多名科学家研制成功了一台光计算机，其运算速度比普通的电子计算机快 1 000 倍。

光计算机是由光代替电子或电流，实现高速处理大容量信息的计算机。其基础部件是空间光调制器，并采用光内连技术，在运算部分与存储部分之间进行光连接，运算部分可直接对存储部分进行并行存取。突破了传统的用总线将运算器、存储器、输入/输出设备相连接的体系结构。运算速度极高、耗电极低。目前尚处于研制阶段。

4．DNA 计算机（DNA Computer）

DNA 计算机是一种生物形式的计算机。它是利用 DNA（脱氧核糖核酸）建立的一种完整的信息技术形式，以编码的 DNA 序列（通常意义上计算机内存）为运算对象，通过分子生物学的运算操作以解决复杂的数学难题。DNA 分子是一条双螺旋的长链，上面布满了"珍珠"即核苷酸，其上拥有四种碱基，分别为腺嘌呤（A）、鸟嘌呤（G）、胞嘧啶（C）和胸腺嘧啶（T）。DNA 分子通过这些核苷酸的不同排列，能够表达出生物体各种细胞拥有的大量信息。数学家、生物学家、化学家以及计算机专家从中得到启迪。他们利用 DNA 能够编码信息的特点，先合成具有特定序列的 DNA 分子，使它们代表要求解的问题，然后通过生物酶的作用（相当于加减乘除运算），使它们相互反应，形成各种组合，最后过滤掉非正确的组合而得到的编码分子序列就是正确答案。

2004 年，中国第一台 DNA 计算机在上海交大问世。这种 DNA 计算机是在以色列魏茨曼研究所的 DNA 计算机的基础上进行改进后完成，其中包括用双色荧光标记对输入与输出分子进行同时检测，用测序仪对自动运行过程进行实时监测，用磁珠表面反应法固化反应提高可控性操作技术等，可在一定程度上完成模拟电子计算机处理 0、1 信号的功能。

未来的 DNA 计算机在研究逻辑、破译密码、基因编程、疑难病症防治以及航空航天等领域具有独特优势，应用前景十分乐观。比如，DNA 计算机的出现，使在人体内、在细胞内运行的计算机研制成为可能，它能够充当监控装置，发现潜在的致病变化，还可以在人体内合成所需的药物，治疗癌症、心脏病、动脉硬化等各种疑难病症，甚至在恢复盲人视觉方面也将大显身手。不过，由于受目前生物技术水平的限制，DNA 计算机真正进入现实生活尚需时日。

5．量子计算机（Quantum Computer）

量子计算机是一类遵循量子力学规律进行高速数学和逻辑运算、存储及处理量子信息的物理装置。当某个装置处理和计算的是量子信息，运行的是量子算法时，它就是量子计算机，承载 16 个量子位的硅芯片如图 1-24 所示。量子计算机的概念源于对可逆计算机的研究，研究可逆计算机的目的是解决计算机中的能耗问题。量子计算机以处于量子状态的原子作为中央处理器和内存，利用原子的量子特性进行信息处理。由于原子具有在同一时间处于两个不同位置的奇妙特性，即处于量子位的原子既可以代表 0 或 1，也能同时代表 0 和 1 及 0 和 1 之间的中间值，故无论从数据存储还是处理的角度，量子位的能力都是晶体管电子位的两倍。对此，有人曾经作过这样的比喻：假设一只老鼠准备绕过一只猫，根据经典物理学理论，它要么从左边过，要么从

图 1-24　承载 16 个量子位的硅芯片

右边过，而根据量子理论，它却可以同时从猫的左边和右边绕过。

2013 年 6 月 8 日，由中国科学技术大学潘建伟院士领衔的量子光学和量子信息团队首次成功实现了用量子计算机求解线性方程组的实验。相关成果发表在 2013 年 6 月 7 日出版的《物理评论快报》上，审稿人评价"实验工作新颖而且重要"，认为"这个算法是量子信息技术最有前途的应用之一"。

如何实现量子计算，方案并不少，问题是在实验上实现对微观量子态的操纵确实太困难了。这些计算机异常敏感，哪怕是最小的干扰（比如一束从旁边经过的宇宙射线）也会改变机器内计算原子的方向，从而导致错误的结果。迄今为止，世界上还没有真正意义上的量子计算机。但是，世界各地的许多实验室正在以巨大的热情追寻着这个梦想。

1.1.5　中国计算机事业的发展史

1956 年，周恩来总理提议、主持、制定我国《十二年科学技术发展规划》，选定了"计算机、电子学、半导体、自动化"作为"发展规划"的四项紧急措施，并制定了计算机科研、生产、教育发展计划。我国计算机事业由此起步。

1956 年 3 月，由闵乃大教授、胡世华教授、徐献瑜教授、张效祥教授、吴几康副研究员和北大的党政人员组成的代表团，参加了在莫斯科主办的"计算技术发展道路"国际会议。这次参会可以说是"取经"，为我国制定 12 年规划的计算机部分作技术准备。随后在制定的 12 年规划中确定中国要研制计算机，批准中国科学院成立计算技术、半

导体、电子学及自动化四个研究所。

1956 年 8 月 25 日，我国第一个计算技术研究机构——中国科学院计算技术研究所筹备委员会成立，著名数学家华罗庚任主任。这就是我国计算技术研究机构的摇篮。

1956 年，夏培肃完成了第一台电子计算机运算器和控制器的设计工作，同时编写了中国第一本电子计算机原理讲义。

1957 年，哈尔滨工业大学研制成功中国第一台模拟式电子计算机。

1958 年 8 月 1 日，我国第一台小型电子管数字计算机 103 机诞生。该机字长 32 位、每秒运算 30 次，采用磁鼓内部存储器，容量为 1K 字。

1958 年，我国第一台自行研制的 331 型军用数字计算机由哈尔滨军事工程学院研制成功。

1959 年 9 月，我国第一台大型电子管计算机 104 机研制成功。该机运算速度为每秒 1 万次，字长 39 位，采用磁芯存储器，容量为 2K～4K 字、并配备了磁鼓外部存储器、光电纸带输入机和 1/2 英寸磁带机。

1960 年，中国第一台大型通用电子计算机——107 型通用电子数字计算机研制成功。

1964 年，我国第一台自行研制的 119 型大型数字计算机在中科院计算所诞生，其运算速度每秒 5 万次，字长 44 位，内存容量为 4K 字。在该机上完成了我国第一颗氢弹研制的计算任务。

1965 年，中国第一台百万次集成电路计算机 DJS 型操作系统编制完成。

1965 年 6 月，我国自行设计的第一台晶体管大型计算机 109 乙机在中科院计算所诞生，字长 32 位，运算速度每秒 10 万次，内存容量为双体 24K 字。

1967 年 9 月，中科院计算所研制的 109 丙机交付用户使用。该机为用户服役 15 年，有效运算时间 10 万小时以上，平均使用效率 94%以上，被誉为"功勋机"。

1972 年，华北计算所等十几个单位联合研制出容量为 7.4 MB 的磁盘机。这是我国研制的能实际使用的最早的重要外围设备。

1974 年 8 月，DJS 130 小型多功能计算机分别在北京、天津通过鉴定，我国 DJS 100 系列机由此诞生。该机字长 16 位，内存容量 32K 字，运算速度每秒 50 万次，软件与美国 DG 公司的 NOVA 系列兼容。该产品在十多家工厂投产，至 1989 年底共生产了 1 000 台。

1974 年 10 月，国家计委批准了由国防科委、中国科学院、四机部联合提出的"关于研制汉字信息处理系统工程"（748 工程）的建议。工程分为键盘输入、中央处理及编辑、校正装置、精密型文字发生器和输出照排装置、通用型快速输出印字装置远距离传输设备、编辑及资料管理等软件系统、印刷制版成形等，共七个部分。748 工程为汉字进入信息时代做出了不可磨灭的贡献。

1977 年 4 月 23 日，清华大学、四机部六所、安庆无线电厂联合研制成功我国第一台微型机 DJS 050。

1978 年，电子部六所研制出以 Intel 8080 为 CPU、配有工业过程控制 I/O 部件的 DJS-054 微型控制机，这是我国第一台板级系列工控机。

1980 年 6 月，计算机总局颁发《软件产品实行登记和计价收费的暂行办法》，我国软件产业的行业规范由此诞生。

1980 年 10 月，经中宣部、国家科委、四机部批准，中国第一份计算机专业报纸——《计算机世界》创刊，由此带起了 IT 媒体这个新兴产业。

1981 年 3 月，GB 2312—1980《信息交换用汉字编码字符集　基本集》正式颁发。这是第一个汉字信息技术标准。

1981 年 7 月，由北京大学王选教授等负责总体设计的汉字激光照排系统原理样机通过鉴定。该系统在激光输出精度和软件的某些功能方面，达到了国际先进水平。

1982 年，中科院计算所研制出达到同类产品国际水平的每英寸 800/1600 位记录密度的磁带机，并由产业部门定型（ZDC207）生产。

1982 年 8 月，燕山计算机应用研究中心和华北终端设备公司研制的 ZD-2000 汉字智能终端通过鉴定并投产。

1982 年 10 月，国务院成立电子计算机和大规模集成电路领导小组，万里任组长，方毅、吕东、张震寰任副组长。

1983 年 8 月，"五笔字型"汉字编码方案通过鉴定。该输入法后来成为专业录入人员使用最多的输入法。

1983 年，中科院计算所研制的 GF20/11A 汉字微机系统通过鉴定，这是我国第一台在操作系统核心部分进行改造的汉字系统，并配置了汉化的关系数据库。

1983 年 11 月，中科院计算所研制成功我国第一台千万次大型向量计算机 757 机，字长 64 位，内存容量 52 万字，运算速度每秒 1 000 万次。

1983 年 12 月，国防科技大学研制成功我国第一台亿次巨型计算机银河-I，运算速度每秒 1 亿次。银河机的研制成功，标志着我国计算机科研水平达到了一个新高度。

1983 年 12 月，电子部六所开发的我国第一台 PC——长城 100 DJS-0520 微机（与 IBM PC 兼容）通过部级鉴定。

1983 年，电子部六所开发成功微机汉字软件 CCDOS，这是我国第一套与 IBM PC-DOS 兼容的汉字磁盘操作系统。

1984 年，国务院成立电子工业振兴领导小组，时任国务院副总理的李鹏任组长。

1984 年，邓小平同志在上海参观微电子技术及其应用展时说："计算机要从娃娃抓起。"全国出现微机热。

1985 年 6 月，第一台具有字符发生器的汉字显示能力、具备完整中文信息处理能力的国产微机——长城 0520CH 开发成功。由此我国微机产业进入了一个飞速发展、空前繁荣的时期。

1985 年，中科院自动化所研制出国内第一套联机手写汉字识别系统，即汉王联机手写汉字识别系统。

1986 年 3 月，在邓小平同志的关怀下，国家高技术发展计划即 863 计划启动。

1987 年，中科院高能所通过低速的 X.25 专线第一次实现了国际远程联网。

1987 年，第一台国产 286 微机——长城 286 正式推出。

1988 年，第一台国产 386 微机——长城 386 推出，中国发现首例计算机病毒。

1987 年 9 月 20 日，钱天白教授发出了中国第一封 E-mail，由此揭开了中国人使用 Internet 的序幕。

1987 年 11 月，中国电信在广州建立了我国第一个模拟移动电话网，正式开办移动电话业务。

1987 年，我国破获第一起计算机犯罪大案。某银行系统管理员利用所掌管的计算机，截留贪污国家应收贷款利息 11 万余元。

1988 年，电子工业部六所、清华大学、南方信息公司联合研制成功我国第一套国产以太局域网系统。

1988 年 9 月 8 日，中国软件技术公司推出第一个商品化的英汉全文机器翻译系统——译星 1.0 版，它装有 10 万个英语词汇。

1988 年，计算机病毒开始传入我国。据《计算机世界》报道，在我国统计系统内部，多台 IBM PC 及其兼容机的 MS-DOS 系统通过软盘感染上了"小球病毒"。

1988 年，电子部六所等单位联合研制出我国第一个工作站系列——华胜 3000 系列。

1988 年，希望公司发布超级组合式中文平台 UCDOS。此后，该软件一度成为我国 DOS 平台市场份额最大的中文操作系统。

1989 年 5 月，清华大学电子系推出我国最早的印刷文本识别系统产品——清华 OCR 试用版，该产品后来成为市场份额最大的多体印刷汉字识别系统。

1989 年 7 月，金山公司的 WPS 软件问世，它填补了我国计算机字处理软件的空白，并得到了极其广泛的应用。

1989 年，我国第一个大学校园计算机网在清华大学建成。该网采用清华大学自主研制的 X.25 分组交换机和分组拆装机 PAD，并开通了 Internet 电子邮件通信。

1990 年，中国首台高智能计算机——EST/IS4260 智能工作站诞生，长城 486 计算机问世。

1990 年，北京用友电子财务技术公司的 UFO 通用财务报表管理系统问世。这个被专家称誉为"中国第一表"的系统，改变了我国报表数据处理软件主要依靠国外产品的局面。

1991 年 6 月 4 日，我国正式发布实施《计算机软件保护条例》。

1991 年 12 月，中国邮电工业总公司与解放军信息工程学院合作开发的 HJD-04 程控交换机通过国家鉴定。这是我国自主开发的第一个数字程控交换机机型。

1991 年，新华社、科技日报、经济日报正式启用汉字激光照排系统。

1992 年，中国最大的汉字字符集——6 万电脑汉字字库正式建立。

1992 年 1 月 17 日，中美就知识产权保护问题签署谅解备忘录，3 月 17 日生效。我国开始遵照国际公约对计算机软件进行保护。

1992 年 4 月 27 日，机电部颁发《计算机软件著作权登记办法》，我国正式开始受理计算机软件著作权登记。

1993 年，具有标志性意义的"曙光一号"高性能计算机诞生。1995 年，以研发、生产高性能计算机为主的曙光公司在科技部、中科院的支持下成立。1995—2009 年，曙光公司走过了 14 年的历程，全程见证和积极参与了中国高性能计算机的发展。1995 年，从国外进口的高性能计算机还需要在外国人的监控下才能使用，2009 年，曙光公司已经推出了排名全球前十、运算速度超过百万亿次的超级计算机"曙光 5000"。在这 14 年当中，中国高性能计算机经历了从无到有、由弱到强的巨大发展。

2009 年 10 月，中国首台千万亿次超级计算机"天河一号"诞生。这台计算机每秒 1 206 万亿次的峰值速度和每秒 563.1 万亿次的 Linpack（Linear system package，线性系统软件包）实测性能，使中国成为继美国之后世界上第二个能够研制千万亿次超级计算机的国家。

2010 年 5 月 31 日，曙光公司和中科院共同研制的曙光"星云"以 Linpack 值 1 271 万亿次，在第 35 届全球超级计算机五百强排名中列第二位。

2010 年 11 月 15 日，经过一年时间全面的系统升级后，"天河一号"在第 36 届全球超级计算机五百强排名中夺魁。升级后的"天河一号"实测运算速度可达每秒 2 570 万亿次。

2011 年，全球互联网用户数量为 50.5 亿，其中有 23% 是中国人，占其他国家数量的两倍多。

2014 年 6 月 9 日，习近平总书记在中国科学院第十七次院士大会、中国工程院第十二次院士大会开幕式上发表重要讲话，对人工智能和相关智能技术进行了高度评价，对开展人工智能和智能机器人技术开发发出了庄严号召。

2015 年十二届全国人大三次会议上，李克强总理在政府工作报告中对人工智能技术的重要作用给予了充分肯定，并在国务院发布的《中国制造 2025》中明确指出实现制造强国的战略目标，与人工智能技术的发展密切相关，人工智能是智能制造不可或缺的核心技术。

2016 年 4 月，工业和信息化部、国家发展改革委、财政部等三部委联合印发了《机器人产业发展规划（2016—2020 年）》，为"十三五"期间中国机器人产业发展描绘了清晰的蓝图。同年 5 月，国家发改委和科技部等 4 部门联合印发《"互联网+"人工智能三年行动实施方案》，明确智能产业的发展重点与具体扶持项目，进一步体现出人工智能已被提升至国家战略高度。

2017 年 7 月 8 日，国务院宣布计划到 2030 年，人工智能理论、技术与应用总体达到世界领先水平，成为世界主要人工智能创新中心，智能经济、智能社会取得明显成效，为跻身创新型国家前列和经济强国奠定重要基础。

2016—2017 两年间，我国研制的超级计算机"神威·太湖之光"与"天河二号"连续四次占据国际 TOP500 榜单前两位。2017 年底，其浮点运算速度分别为每秒 9.3 亿亿次和每秒 3.39 亿亿次。

2018 年 5 月 17 日，国家超算天津中心在第二届世界智能大会上正式公布，中国将在 2018 年 6 月底前完成"E 级超算天河三号"原型机的部署，其运算速度将超过每秒百亿亿次，设计采用全自主创新，年底正式投入使用。

1.1.6 计算机界著名奖项

计算机界的著名奖项有图灵奖和计算机先驱奖。

1. 图灵奖

艾伦·麦席森·图灵（Alan Mathison Turing，1912—1954），英国数学家、逻辑学家，被称为计算机科学之父、人工智能之父。图灵是计算机科学理论的创始人，1936年，图灵在具有划时代意义的论文《论可计算数及其在判定问题中的应用》中，论述了一种理想的通用计算机，被后人称为图灵机。1950年，图灵发表了著名论文《计算机器与智能》，论文指出，如果机器对于质问的响应与人类做出的响应完全无法区别，那么这台机器就具有了智能。这一论断称为图灵测试，它奠定了人工智能的基础。

1931年图灵进入剑桥大学国王学院，毕业后到美国普林斯顿大学攻读博士学位。图灵不只是一位抽象数学家，他还是一位擅长电子技术的工程专家，第二次世界大战期间，他是英国密码破译小组的主要成员，曾协助军方破解德国的著名密码系统Enigma，帮助盟军取得了第二次世界大战胜利。

图灵奖（Turing Award）以图灵的名字命名，是计算机界的最高技术荣誉，有"计算机诺贝尔奖"之称。图灵奖由美国计算机协会（Association for Computer Machinery，ACM）评选，始自1966年，用以奖励那些对计算机科学研究与推动计算机技术发展有卓越贡献的杰出科学家。图灵奖对获奖者的要求极高，评奖程序也极严，一般每年只奖励一名计算机科学家，只有极少数年度有两名以上在同一方向上做出贡献的科学家同时获奖。图灵奖奖杯为图灵碗，如图1-25所示。

图灵奖的奖金目前由Google和Intel赞助。迄今为止已有63位在计算机领域做出突出贡献的科学家获此殊荣（详细情况见附录A）。美籍华裔科学家姚期智2000年由于在计算理论方面的贡献而获奖，包括伪随机数的生成算法、加密算法和通信复杂性。2004年，姚期智当选为中国科学院外籍院士。同年57岁的姚期智辞去了普林斯顿大学终身教职，卖掉了在美国的房

图1-25　图灵奖奖杯——图灵碗

子，正式加盟清华大学高等研究中心，担任全职教授。2017年2月，放弃外国国籍成为中国公民，正式转为中国科学院院士，加入中国科学院信息技术科学部。

2. 计算机先驱奖

计算机先驱奖（Computer Pioneer Award）由IEEE-CS设立于1980年。从第一台计算机诞生到1980年，计算机本身经历了巨大的发展变化，各种类型的计算机在各个领域、各个部门发挥着巨大的作用，推动了社会文明和人类进步。在这一巨大的、前所未有的科技成果的背后，是无数计算机科学家和工程技术人员奉献的智慧、创造才能和辛勤努力，尤其是其中的佼佼者所做出的关键性贡献。IEEE-CS为此做出决定，设立计算机先驱奖以奖励这些理应赢得人们尊敬的学者和工程师。与其他奖项不同的是，计算机先驱奖规定获奖者的成果必须是在15年以前完成的，这样一方面保证了获奖者的成果确实已经得到时间的考验，不会引起分歧；另一方面又保证了获奖者是名副其实的"先驱"，是走在历史前面的人。此外，该奖项还兼顾了理论与实践、技术与工程、硬件与软件、系统与部件等各个与计算机科学技术发展有关的领域，每年可有多人获奖。

　　1981 年计算机先驱奖的得主是华裔科学家杰弗里·朱（Jeffrey Chuan Chu）。杰弗里·朱 1919 年出生于天津，1942 年在明尼苏达大学取得电气工程学士学位以后进入宾夕法尼亚大学，于 1945 年获得硕士学位。他是世界上第一台电子计算机 ENIAC 研制组成员，是 ENIAC 总设计师莫里奇和埃克特的得力助手，在 ENIAC 的线路设计和实验调试中发挥了重要作用。

1.2　计算机科学与技术学科

　　计算机科学与技术学科简称计算机学科。经过这些年的发展，这个学科变得非常宽泛，特别是网络技术出现后，计算机科学与技术学科所涵盖的内容进一步丰富，应用面更加宽广，使得"计算"泛化和平民化了。在这个发展过程中，该学科的一些分支学科已经形成，在科学、技术、应用等方面都有了自己丰富的内涵，并有自己的根本问题。按照 ACM、AIS、IEEE-CS 专家们的说法，这种变化深刻地影响着专业教育，"计算"的概念已经难以用一个学科来定义，它们分别有着自己的完整性和教育特色。

1.2.1　计算机科学与技术学科的定义及研究范畴

　　计算学科和计算机学科是两个重要的概念。什么能被（有效地）自动执行是计算学科的根本问题。计算机学科是研究计算机的设计、制造和利用计算机进行信息获取、表示、存储和处理控制等的理论、原则、方法和技术的学科。

1. 计算学科

　　如何认知计算学科，存在很多争论。美国计算机协会（ACM）与美国电气电子工程师学会（IEEE）于 1985 年春联手组成任务组，经过近 4 年的工作，提交了在计算教育史上具有里程碑意义的《计算作为一门学科》（*Computing as a Discipline*）的报告，报告将计算机科学、计算机工程、计算机科学与工程、计算机信息学及其他类似名称的专业及其研究范畴统称计算学科。

　　计算学科是对描述和变换信息的算法过程进行的系统研究，包括理论、分析、设计、效率、实现和应用等。计算学科包括对计算过程的分析及计算机的设计和使用。

　　计算学科的根本问题是：什么能被（有效地）自动执行。

2. 计算机学科

　　2001—2005 年，美国计算机协会与美国电气电子工程师学会任务组做了大量的工作，提交了计算机科学（Computer Science，CS）、信息系统（Information System，IS）、软件工程（Software Engineering，SE）、计算机工程（Computer Engineering，CE）、信息技术（Information Technology，IT）五个分支学科（专业）的教程及相应的总报告，如图 1-26 所示。该报告给出了五个分支学科的知识体系及相应的核心课程，为各专业教学计划的设计奠定了基础，同时也为公众认知和选择这些专业提供了帮助。

3. 计算机学科的研究范畴

　　计算机学科是研究计算机的设计、制造和利用计算机进行信息获取、表示、存储和处理控制等的理论、原则、方法和技术的学科，因此它包括计算机科学和计算机技术两个方面。计算机科学侧重于研究现象和揭示规律，计算机技术则侧重于研制计算机和研究使用计算机进行处理的方法和技术手段。所以，计算机科学与技术除了具有较强的科学性外，还具有较强的工程性和实用性，因此，它是一门科学性和工程性并重、理论与实践紧密联系的学科，同时对绝大多数人来说它还是以技术为主的学科。

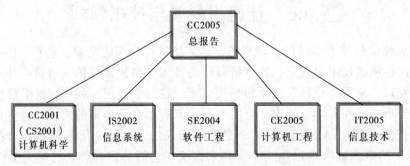

图 1-26　计算教程结构图

根据我国高校的情况，我国教育部高等学校计算机科学与技术教学指导委员会（简称"计算机教指委"）制定的《高等学校计算机科学与技术发展战略研究报告暨专业规范（试行）》采纳了 CC2005（Computing Curricula 2005）报告中的四个分支学科，并以专业方向的形式进行规范，它们是：计算机科学、计算机工程、软件工程和信息技术。

1.2.2　计算机科学与技术学科知识体系

CC2001—CC2005 把计算机科学与技术学科知识体系划分成 14 个主要领域。

1．离散结构（Discrete Structures，DS）

DS1. Functions, relations and sets;

DS2. Basic logic;

DS3. Proof techniques;

DS4. Basics of counting;

DS5. Graphs and trees;

DS6. Discrete probability。

主要内容包括集合论、数理逻辑、近世代数、图论及组合数学等。

该领域与计算学科各主领域有着紧密的联系。CC2001 为了强调它的重要性，特意将它列为计算学科的第一个主领域。该主领域以"抽象"和"理论"两个学科形态出现在计算学科中，它为计算学科各分支领域解决其基本问题提供了强有力的数学工具。

2．程序设计基础（Programming Fundamentals，PF）

PF1. Fundamental programming constructs;

PF2. Algorithms and problem-solving;

PF3. Object-oriented programming;

PF4. Fundamental data structures;

PF5. Recursion;

PF6. Event-driven and concurrent programming;

PF7. Using APIs。

主要内容包括程序设计结构、算法、问题求解和数据结构等。

它考虑的是如何对问题进行抽象。它属于学科抽象形态方面的内容，并为计算学科各分支领域基本问题的感性认识（抽象）提供方法。

基本问题主要包括：

① 对给定的问题如何进行有效的描述并给出算法？

② 如何正确选择数据结构？

③ 如何进行设计、编码、测试和调试程序？

3．算法和复杂性（Algorithms and Complexity，AL）

AL1. Basic algorithmic analysis;

AL2. Algorithmic strategies;

AL3. Fundamental computing algorithms;

AL4. Distributed algorithms;

AL5. Basic computability theory;

AL6. The complexity classes P and NP;

AL7. Automata theory;

AL8. Advanced algorithmic analysis;

AL9. Cryptographic algorithms;

AL10. Geometric algorithms;

AL11. Parallel algorithms。

主要内容包括算法的复杂度分析、典型的算法策略、分布式算法、并行算法、可计算理论、P 类和 NP 类问题、自动机理论、密码算法以及几何算法等。

抽象形态的主要内容：算法分析、算法策略（如蛮干算法、贪婪算法、启发式算法、分治法等）、并行和分布式算法等。

理论形态的主要内容：可计算性理论、计算复杂性理论、P 和 NP 类问题、并行计算理论、密码学等。

设计形态的主要内容：对重要问题类的算法的选择、实现和测试，对通用算法的实现和测试（如哈希表、图和树的实现与测试），对并行和分布式算法的实现和测试，对组合问题启发式算法的大量实验测试，密码协议等。

基本问题主要包括：

① 对于给定的问题类最好的算法是什么？要求的存储空间和计算时间有多少？空间和时间如何折中？

② 访问数据的最好方法是什么？

③ 算法最好和最坏的情况是什么？

④ 算法的平均性能如何？

⑤ 算法的通用性如何？

4. 程序设计语言（Programming Languages，PL）

PL1. Overview of programming languages；

PL2. Fundamental issues in language design；

PL3. Virtual machines；

PL4. Introduction to language translation；

PL5. Language translation systems；

PL6. Type systems；

PL7. Models of execution control；

PL8. Declaration，modularity and storage management；

PL9. Programming language semantics；

PL10. Programming paradigms；

PL11. Language-based constructs for parallelism。

主要内容包括程序设计模式、虚拟机、类型系统、执行控制模型、语言翻译系统、程序设计语言的语义学、基于语言的并行构件等。

抽象形态的主要内容：基于语法和动态语义模型的语言分类（如静态型、动态型、函数式、过程式、面向对象的、逻辑、规格说明、报文传递和数据流），按照目标应用领域的语言分类（如商业数据处理、仿真、表处理和图形），程序结构的主要语法和语义模型的分类（如过程分层、函数合成、抽象数据类型和通信的并行处理），语言的每一种主要类型的抽象实现模型，词法分析、编译、解释和代码优化的方法，词法分析器、扫描器、编译器组件和编译器的自动生成方法等。

理论形态的主要内容：形式语言和自动机、图灵机（过程式语言的基础）、POST系统（字符串处理语言的基础）、λ演算（函数式语言的基础）、形式语义学、谓词逻辑、时态逻辑、近世代数等。

设计形态的主要内容：把一个特殊的抽象机器（语法）和语义结合在一起形成的统一的可实现的整体特定语言（如过程式的 COBOL、FORTRAN、ALGOL、Pascal、Ada、C，函数式的 LISP，数据流的 SISAL、VAL，面向对象的 Smalltalk、CLU、C++，逻辑的 Prolog，字符串 SNOBOL 和并发 CSP、Concurrent Pascal、Modula 2），特定类型语言的指定实现方法，程序设计环境、词法分析器和扫描器的产生器（如 YACC、LEX），编译器产生器，语法和语义检查、成型、调试和追踪程序，程序设计语言方法在文件处理方面的应用（如制表、图、化学公式），统计处理等。

基本问题主要包括：

① 语言（数据类型、操作、控制结构、引进新类型和操作的机制）表示的虚拟机的可能组织结构是什么？

② 语言如何定义机器？机器如何定义语言？

③ 什么样的表示法（语义）可以有效地描述计算机应该做什么？

5. 计算机结构与组织（Architecture and Organization，AR）

AR1. Digital logic and digital systems;

AR2. Machine level representation of data;

AR3. Assembly level machine organization;

AR4. Memory system organization and architecture;

AR5. Interfacing and communication;

AR6. Functional organization;

AR7. Multiprocessing and alternative architectures;

AR8. Performance enhancements;

AR9. Architecture for networks and distributed systems。

主要内容包括数字逻辑、数据的机器表示、汇编级机器组织、存储技术、接口和通信、多道处理和预备体系结构、性能优化、网络和分布式系统的体系结构等。

抽象形态的主要内容：布尔代数模型，基本组件合成系统的通用方法，电路模型和在有限领域内计算算术函数的有限状态机，数据路径和控制结构模型，不同的模型和工作负载的优化指令集，硬件可靠性（如冗余、错误检测、恢复与测试），VLSI 装置设计中的空间、时间和组织的折中，不同的计算模型的机器组织（如时序的、数据流、表处理、阵列处理、向量处理和报文传递），分级设计的确定，即系统级、程序级、指令级、寄存器级和门级等。

理论形态的主要内容：布尔代数、开关理论、编码理论、有限自动机理论等。

设计形态的主要内容：快速计算的硬件单元（如算术功能单元、高速缓冲存储器），冯·诺依曼机（单指令顺序存储程序式计算机），RISC 和 CISC 的实现，存储和记录信息、检测与纠正错误的有效方法，对差错处理的具体方法（如恢复、诊断、重构和备份过程），为 VLSI 电路设计的计算机辅助设计（CAD）系统和逻辑模拟、故障诊断、硅编译器等，在不同计算模型上的机器实现（如数据流、树、LISP、超立方结构、向量和多处理器），超级计算机等。

基本问题主要包括：

① 实现处理器内存和机内通信的方法是什么？

② 如何设计和控制大型计算系统，而且使其令人相信，尽管存在错误和失败，但它仍然是按照我们的意图工作的？

③ 哪种类型的体系结构能够有效地包含许多在一个计算中能够并行工作的处理元素？

④ 如何度量性能？

6．操作系统（Operating Systems，OS）

OS1. Overview of operating systems;

OS2. Operating system principles;

OS3. Concurrency;

OS4. Scheduling and dispatch;

OS5. Memory management;

OS6. Device management;

OS7. Security and protection;

OS8. File systems；

OS9. Real-time and embedded systems；

OS10. Fault tolerance；

OS11. System performance evaluation；

OS12. Scripting。

主要内容包括操作系统的逻辑结构、并发处理、资源分配与调度、存储管理、设备管理、文件系统等。

抽象形态的主要内容：不考虑物理细节（如面向进程而不是处理器、面向文件而不是磁盘）而对同一类资源上进行操作的抽象原则，用户接口可以察觉的对象与内部计算机结构的绑定（Binding），重要的子问题模型（如进程管理、内存管理、作业调度、两级存储管理和性能分析），安全计算模型（如访问控制和验证）等。

理论形态的主要内容：并发理论、调度理论（特别是处理机调度）、程序行为和存储管理的理论（如存储分配的优化策略）、性能模型化与分析等。

设计形态的主要内容：分时系统、自动存储分配器、多级调度器、内存管理器、分层文件系统和其他作为商业系统基础的重要系统组件、构建操作系统（如 UNIX、DOS、Windows）的技术、建立实用程序库的技术（如编辑器、文件形式程序、编译器、连接器和设备驱动器）、文件和文件系统等内容。

基本问题主要包括：

① 在计算机系统操作的每一个级别上，可见的对象和允许进行的操作各是什么？

② 对于每一类资源、能够对其进行有效利用的最小操作集是什么？

③ 如何组织接口才能使得用户只需与抽象的资源而非硬件的物理细节打交道？

④ 作业调度、内存管理、通信、软件资源访问、并发任务间的通信及可靠性与安全的控制策略是什么？

⑤ 通过少数构造规则的重复使用进行系统功能扩展的原则是什么？

7. 以网络为中心的计算（Net-Centric Computing，NC）

NC1. Introduction to net-centric computing；

NC2. Communication and networking；

NC3. Network security；

NC4. The web as an example of client-server computing；

NC5. Building web applications；

NC6. Network management；

NC7. Compression and decompression；

NC8. Multimedia data technologies；

NC9. Wireless and mobile computing。

主要内容包括计算机网络的体系结构、网络安全、网络管理、无线和移动计算及多媒体数据技术等。

抽象形态的主要内容：分布式计算模型（如 C/S 模式、合作时序进程、消息传递和远方过程调用）、组网（分层协议、命名、远程资源利用、帮助服务和局域网协议）、网络安全模型（如通信、访问控制和验证）等。

理论形态的主要内容：数据通信理论、排队理论、密码学、协议的形式化验证等。

设计形态的主要内容：排队网络建模和实际系统性能评估的模拟程序包、网络体系结构（如以太网、FDDI、令牌网）、包含在 TCP/IP 中的协议技术、虚拟电路协议、Internet、实时会议等。

基本问题主要包括：

① 网络中的数据如何进行交换？

② 网络协议如何验证？

③ 如何保证网络的安全？

④ 分布式计算的性能如何评价？

⑤ 分布式计算如何组织才能够使通过通信网连接在一起的自主计算机参加到一项计算中，而网络协议、主机地址、带宽和资源则具有透明性？

8. 人机交互（Human-Computer Interaction，HC）

HC1. Foundations of human-computer interaction;

HC2. Human-centered software evaluation;

HC3. Human-centered software development;

HC4. Graphical user-interface design;

HC5. Graphical user-interface programming;

HC6. HCI aspects of multimedia systems;

HC7. HCI aspects of collaboration and communication。

主要内容包括以人为中心的软件开发和评价、图形用户接口设计、多媒体系统的人机接口等。

抽象形态的主要内容：人的表现模型（如理解、运动、认知、文件、通信和组织）、原型化、交互对象的描述、人机通信（含减少人为错误和提高人的生产力的交互模式心理学研究）等。

理论形态的主要内容：认知心理学、社会交互科学等。

设计形态的主要内容：交互设备（如键盘、语音识别器）、有关人机交互的常用子程序库、图形专用语言、原型工具、用户接口的主要形式（如子程序库、专用语言和交互命令）、交互技术（如选择、定位、定向、拖动等技术）、图形拾取技术、以"人为中心"的人机交互软件的评价标准等。

基本问题主要包括：

① 表示物体和自动产生供阅览的照片的有效方法是什么？

② 接受输入和给出输出的有效方法是什么？

③ 怎样才能减小产生误解和由此产生的人为错误的风险？

④ 图表和其他工具怎样才能通过存储在数据集中的信息去理解物理现象？

9. 图形学与可视计算（Graphics and Visual Computing，GV）

GV1. Fundamental techniques in graphics;

GV2. Graphic systems;

GV3. Graphic communication；

GV4. Geometric modeling；

GV5. Basic rendering；

GV6. Advanced rendering；

GV7. Advanced techniques；

GV8. Computer animation；

GV9. Visualization；

GV10. Virtual reality；

GV11. Computer vision。

主要内容包括计算机图形学、可视化、虚拟现实、计算机视觉等四个学科子领域的研究内容。

抽象形态的主要内容：显示图像的算法、计算机辅助设计（CAD）模型、实体对象的计算机表示、图像处理和加强的方法。

理论形态的主要内容：二维和高维几何（包括解析、投影、仿射和计算几何）、颜色理论、认知心理学、傅里叶分析、线性代数、图论等。

设计形态的主要内容包括：不同的图形设备上图形算法的实现、不断增多的模型和现象的实验性图形算法的设计与实现、在显示中彩色图的恰当使用、在显示器和硬拷贝设备上彩色的精确再现、图形标准图形语言和特殊的图形包、不同用户接口技术的实现（含位图设备上的直接操作和字符设备的屏幕技术）、用于不同的系统和机器之间信息转换的各种标准文件互换格式的实现、CAD系统、图像增强系统等。

基本问题主要包括：

① 支撑图像产生及信息浏览的更好模型。

② 如何提取科学的（计算和医学）和更抽象的相关数据？

③ 图像形成过程的解释和分析方法。

10. 智能系统（Intelligent Systems，IS）

IS1. Fundamental issues in intelligent systems；

IS2. Search and constraint satisfaction；

IS3. Knowledge representation and reasoning；

IS4. Advanced search；

IS5. Advanced knowledge representation and reasoning；

IS6. Agents；

IS7. Natural language processing；

IS8. Machine learning and neural networks；

IS9. AI planning systems；

IS10. Robotics。

主要内容包括约束可满足性问题、知识表示和推理、Agent、自然语言处理、机器学习和神经网络、人工智能规划系统和机器人学等。

抽象形态的主要内容：知识表示（如规则、框架和逻辑）及处理知识的方法（如演绎、推理）、自然语言理解和自然语言表示的模型（包括音素表示和机器翻译）、语音识别与合成、从文本到语音的翻译、推理与学习模型（如不确定、非单调逻辑、Bayesian 推理）、启发式搜索方法、分支界限法、控制搜索、模仿生物系统的机器体系结构（如神经网络）、人类的记忆模型及自动学习和机器人系统的其他元素等。

理论形态的主要内容：逻辑（如单调、非单调和模糊逻辑）、概念依赖性、认知、自然语言理解的语法和语义模型、机器人动作和机器人使用的外部世界模型的运动学和力学原理、相关支持领域（如结构力学、图论、形式语法、语言学哲学与心理学）等。

设计形态的主要内容：逻辑程序设计软件系统的设计技巧、定理证明、规则评估、在小范围领域中使用专家系统的技术、专家系统外壳程序、逻辑程序设计的实现（如PROLOG）、自然语言理解系统、神经网络的实现、国际象棋和其他策略性游戏的程序、语音合成器、识别器、机器人等。

基本问题主要有：

① 基本的行为模型是什么？如何建造模拟它们的机器？

② 规则评估、推理、演绎和模式计算在多大程度上描述了智能？

③ 通过这些方法模拟行为的机器的最终性能如何？

④ 传感数据如何编码才使得相似的模式有相似的代码？

⑤ 电机编码如何与传感编码相关联？

⑥ 学习系统的体系结构怎样？

⑦ 这些系统是如何表示它们对这个世界的理解的？

11. 信息管理（Information Management，IM）

IM1. Information models and systems;

IM2. Database systems;

IM3. Data modeling;

IM4. Relational databases;

IM5. Database query languages;

IM6. Relational database design;

IM7. Transaction processing;

IM8. Distributed databases;

IM9. Physical database design;

IM10. Data mining;

IM11. Information storage and retrieval;

IM12. Hypertext and hypermedia;

IM13. Multimedia information and systems;

IM14. Digital libraries。

主要内容包括信息模型与信息系统、数据库系统、数据建模、关系数据库、数据库查询语言、关系数据库设计、事务处理、分布式数据库、数据挖掘、信息存储与检索、超文本和超媒体、多媒体信息与多媒体系统、数字图书馆等。

抽象形态的主要内容：表示数据的逻辑结构和数据元素之间关系的模型（如 E-R

模型、关系模型、面向对象的模型），为快速检索的文件表示（如索引）、保证更新时数据库完整性（一致性）的方法，防止非授权泄露或更改数据的方法，对不同类信息检索系统和数据库（如超文本、文本、空间的、图像、规则集）进行查询的语言，允许文档在多个层次上包含文本、视频、图像和声音的模型（如超文本），人的因素和接口问题等。

理论形态的主要内容：关系代数、关系演算、数据依赖理论、并发理论、统计推理、排序与搜索、性能分析及支持理论的密码学。

设计形态的主要内容：关系、层次、网络、分布式和并行数据库的设计技术，信息检索系统的设计技术，安全数据库系统的设计技术，超文本系统的设计技术，把大型数据库映射到磁盘存储器的技术，把大型的只读数据库映射到光存储介质上的技术等。

基本问题主要包括：

① 使用什么样的建模概念来表示数据元素及其相互关系？

② 怎样把基本操作（如存储、定位、匹配和恢复）组合成有效的事务？

③ 这些事务怎样才能与用户有效地进行交互？

④ 高级查询如何翻译成高质量的程序？

⑤ 哪种机器体系结构能够进行有效的恢复和更新？

⑥ 怎样保护数据，以避免非授权访问、泄露和破坏？

⑦ 如何保护大型的数据库，以避免由于同时更新引起的不一致性？

⑧ 当数据分布在许多机器上时如何保护数据、保证性能？

⑨ 文本如何索引和分类才能够进行有效的恢复？

12．软件工程（Software Engineering，SE）

SE1. Software processes;

SE2. Software requirements and specifications;

SE3. Software design;

SE4. Software validation;

SE5. Software evolution;

SE6. Software project management;

SE7. Software tools and environments;

SE8. Component-based computing;

SE9. Formal methods;

SE10. Software reliability;

SE11. Specialized systems development。

主要内容包括软件过程、软件需求与规格说明、软件设计、软件验证、软件演化、软件项目管理、软件开发工具与环境、基于构件的计算、形式化方法、软件可靠性、专用系统开发等。

抽象形态的主要内容：规约方法（如谓词转换器、程序设计演算、抽象数据类型和 Floyd-Hoare 公理化思想）、方法学（如逐步求精法、模块化设计）、程序开发自动化方法（如文本编辑器、面向语法的编辑器和屏幕编辑器）、可靠计算的方法学（如容错、安全、可靠性、恢复、多路冗余）、软件工具与程序设计环境、程序和系统的测度与评价、软件系统到特定机器的相匹配问题域、软件研制的生命周期模型等。

理论形态的主要内容：程序验证与证明、时态逻辑、可靠性理论及支持领域，谓词演算、公理语义学和认知心理学等。

设计形态的主要内容：归约语言、配置管理系统、版本修改系统、面向语法的编辑器、行编辑器、屏幕编辑器和字处理系统、实际使用并受到支持的特定软件开发方法（如 HDM、Dijkstra、Jackson、Mills 和 Yourdon 倡导的方法）、测试的过程与实践（如遍历、手工仿真、模块间接口的检查）、质量保证与工程管理、程序开发和调试、成型、文本格式化和数据库操作的软件工具、安全计算系统的标准等级与确认过程的描述、用户接口设计、可靠容错的大型系统的设计方法、以"公众利益为中心"的软件从业人员认证体系。

基本问题主要包括：

① 程序和程序设计系统发展背后的原理是什么？

② 如何证明一个程序或系统满足其规格说明？

③ 如何编写不忽略重要情况且能用于安全分析的规格说明？

④ 软件系统是如何历经不同的各代进行演化的？

⑤ 如何从可理解性和易修改性着手设计软件？

13. 社会道德和职业问题（Social and Professional Issues，SP）

SP1. History of computing；

SP2. Social context of computing；

SP3. Methods and tools of analysis；

SP4. Professional and ethical responsibilities；

SP5. Risks and liabilities of computer-based systems；

SP6. Intellectual property；

SP7. Privacy and civil liberties；

SP8. Computer crime；

SP9. Economic issues in computing；

SP10. Philosophical frameworks。

主要内容包括计算的历史、计算的社会背景、分析方法和工具、专业和道德责任、基于计算机系统的风险与责任、知识产权、隐私与公民的自由、计算机犯罪、与计算有关的经济问题、哲学框架等。

该主领域属于学科设计形态方面的内容。根据一般科学技术方法论的划分，该领域中的价值观、道德观属于设计形态中技术评估方面的内容。知识产权属于设计形态中技术保护方面的内容。而 CC1991 报告提到的美学问题则属于设计形态中技术美学方面的内容。

基本问题主要包括：

① 计算学科本身的文化、社会法律和道德的问题。

② 有关计算的社会影响问题，以及如何评价可能的一些答案的问题。

③ 哲学问题。

④ 技术问题及美学问题。

14．数值计算（Computational Science，CN）

CN1. Numerical analysis；

CN2. Operations research；

CN3. Modeling and simulation；

CN4. High-performance computing。

主要内容包括数值分析、运筹学、模拟和仿真、高性能计算。

抽象形态的主要内容：物理问题的数学模型（连续或离散）的形式化表示、连续问题的离散化技术、有限元模型等。

理论形态的主要内容：数论、线性代数、数值分析，以及支持领域，包括微积分、实数分析、复数分析和代数等。

设计形态的主要内容：用于线性代数的函数库与函数包、常微分方程、统计、非线性方程和优化的函数库与函数包、把有限元算法映射到特定结构上的方法等。

基本问题主要包括：

① 如何精确地以有限的离散过程近似表示连续和无限的离散过程？

② 如何处理这种近似产生的错误？

③ 给定某一类方程，在某精确度水平上能以多快的速度求解？

④ 如何实现方程的符号操作，如积分、微分，以及到最小项的归约？

⑤ 如何把这些问题的答案包含到一个有效的、可靠的、高质量的数学软件包中？

1.2.3 计算机科学与技术专业实践

一个合格的计算机专业人才，应该具有交流、获取知识与信息的基本能力、学科基本能力、创新能力、工程实现能力、团队合作能力等。其中最为重要的是学科基本能力。而学科基本能力包括计算思维能力、算法设计和分析能力、程序设计与实现能力，以及系统分析、开发与应用能力。学科基本能力的培养，并不是一两门孤立的课程就可以完成的，要用明确的系列课程构成相应的训练系统，逐步养成学科优秀人才所要求的"能力"和"素质"。计算机科学与技术专业总体上可以安排四大系列：基础理论系列、程序设计与算法系列、软件技术系列、硬件技术系列，它们与相应的学科基本能力相对应，如图1-27所示。

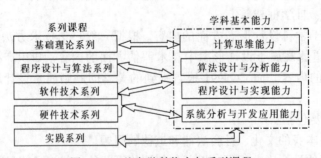

图 1-27 基本学科能力与系列课程

基础理论系列主要由一些数学类和计算模型类课程组成，包括高等数学、线性代数、计算方法、概率论与数理统计、离散数学，以及形式语言与自动机理论、数学建模等。

程序设计与算法系列的基本部分包括算法初步、高级语言程序设计、面向对象技术引论、数据结构与算法等课程。

软件技术系列课程包括操作系统、编译系统、数据库系统、软件工程、人工智能等课程以及其他选修课。

硬件技术系列则要从认识电路开始，逐渐走向系统及其应用，包括电工与电子技术基础、数字逻辑、模拟电子技术、计算机组成、计算机网络等课程。

实践系列构成实践体系，包括各种实验和实践环节，如课程实验、课程设计、专业实习和毕业设计。它们与理论系列课程有机结合，构成整体，通过对典型问题求解的探索与体验，实现学科能力的培养和形成。

计算机学科的基本形态是抽象、理论、设计。抽象是将实际问题转换成计算机能处理的形式，并对处理的结果进行分析。抽象源于实验科学，主要要素为数据采集方法和假设的形式说明、模型的构造与预测、实验分析、结果分析，为可能的算法、数据结构和系统结构等构造模型时使用。然后对所建立模型的假设、不同的设计策略，以及所依据的理论进行实验。理论则是以便于计算机处理的形式研究有关问题的基本原理，具有构造型数学特征。设计是指实现问题求解的系统的设计与实现，其主要要素为需求说明、规格说明、设计和实现方法、测试和分析，用来开发待求解问题的系统。因此，实践与计算科学的整个过程是紧密相关的。

实践教学注重于学生将所学的书本知识用于具体问题的求解能力的培养。通过实践，不仅可以让学生掌握如何解决实际问题，而且可以引导学生通过实践对一些未知进行探索，培养学生对问题的敏锐性，在实践过程中寻求"登峰造极"的感觉，进而激发学生对问题、对科学、对专业的兴趣和热爱，很好地引导学生以极大的兴趣探讨各种各样的问题，培养学生的创新精神，使得学生在知识、能力和素质等方面都得到提升。

1.2.4 计算思维

计算思维通过广义的计算来描述各类自然过程和社会过程。理论科学、实验科学和计算科学作为科学发现的三大支柱，推动着人类文明进步和科技发展。与三大科学方法对应的是三大科学思维：理论思维、实验思维和计算思维。

1. 计算工具与思维方式的相互影响

计算机科学家迪科斯彻（Edsger Wybe Dijkstra）说过："我们使用的工具影响着我们的思维方式和思维习惯，从而也将深刻地影响着我们的思维能力。"计算的发展也影响着人类的思维方式，从最早的结绳计数，发展到目前的电子计算机，人类思维方式发生了相应的改变。例如，计算生物学改变着生物学家的思维方式；计算机博弈论改变着经济学家的思维方式；计算社会科学改变着社会学家的思维方式；量子计算改变着物理学家的思维方式。计算思维已成为各个专业利用计算机求解问题的必备素养。

2．计算思维概述

计算思维是美国卡内基·梅隆大学（CMU）周以真（Jeannette M. Wing）教授提出的一种理论。周以真认为：计算思维是运用计算机科学的基础概念去求解问题、设计系统和理解人类行为的，它涵盖了计算机科学的一系列思维活动。

国际教育技术协会（ISTE）和计算机科学教师协会（CSTA）于 2011 年给计算思维做了一个可操作性的定义，即计算思维是一个问题解决的过程，该过程包括以下特点：

① 制定问题，并能够利用计算机和其他工具来帮助解决该问题。

② 要符合逻辑地组织和分析数据。

③ 通过抽象，如模型、仿真等，再现数据。

④ 通过算法思想（一系列有序的步骤），支持自动化的解决方案。

⑤ 分析可能的解决方案，找到最有效的方案，并且有效结合这些步骤和资源。

⑥ 将该问题的求解过程进行推广并移植到更广泛的问题中。

3．计算思维的特征

周以真教授在《计算思维》论文中，提出了以下计算思维的基本特征：

① 计算思维是每个大学生必须掌握的基本技能，它不仅属于计算机科学家，也应当使每个孩子在培养解析能力时，不仅掌握阅读、写作和算术（3R），还要学会计算思维。

② 计算思维是人的、不是计算机的思维方式。计算思维是人类求解问题的思维方法，而不是要使人类像计算机那样思考。

③ 计算思维是数学思维和工程思维的相互融合。计算机科学本质上来源于数学思维，但是受计算设备的限制，迫使计算机科学家必须进行工程思考，不能只是数学思考。

④ 计算思维建立在计算过程的能力和限制之上。需要考虑哪些事情人类比计算机做得好，哪些事情计算机比人类做得好。最根本的问题是：什么是可计算的？

⑤ 为了有效地求解一个问题，我们可能要进一步问：一个近似解是否就够了呢？是否允许漏报和误报？计算思维就是通过简化、转换和仿真等方法，把一个看起来困难的问题，重新阐释成一个我们知道怎样解决的问题。

⑥ 计算思维采用抽象和分解的方法，将一个庞杂的任务或设计分解成一个适合于计算机处理的系统。计算思维是选择合适的方式对问题进行建模，使它易于处理，在我们不必理解每一个细节的情况下，就能够安全地使用或调整一个大型的复杂系统。

根据以上周以真教授的分析可以看到：计算思维以设计和构造为特征。计算思维是运用计算科学的基本概念，进行问题求解、系统设计和一系列思维活动。

计算机学科中问题求解的抽象特征要求拥有高水平的计算思维能力，这决定了从业者要有较强的理论基础。然而，只关注理论将会使得理论变成空中楼阁，甚至会阻碍学生真正掌握理论知识。因此，学习过程不再只是"我学了什么"，而是"我会做什么"。只有加强实践，不断提高动手能力，才能适应当今世界的激烈竞争。

小　结

在第一台电子计算机诞生之前，人类所使用的计算工具经历了算筹、算盘、计算尺、手摇机械计算机、电动机械计算机等阶段。根据所使用的电子元器件，电子计算机经历了电子管、晶体管、中小规模集成电路、大规模和超大规模集成电路四个阶段。目前，计算机的发展趋势是巨型化、微型化、网络化和智能化。计算机具有记忆能力强、计算精度高与逻辑判断准确、高速的处理能力、能自动完成各种操作等基本特点。计算机的主要应用领域有科学计算、数据处理、辅助设计、人工智能、网络应用和过程控制等。目前，一些新的计算机正在加紧研究，如超导计算机、纳米计算机、光计算机、DNA 计算机和量子计算机等。

计算机界的著名奖项有图灵奖和计算机先驱奖。图灵奖被誉为"计算机诺贝尔奖"，迄今为止已有 63 位在计算机领域做出突出贡献的科学家获此殊荣。美籍华裔科学家姚期智 2000 年由于在计算理论方面的贡献而获图灵奖。

计算机科学与技术学科简称为计算机学科。计算机学科是对描述和变换信息的算法过程进行系统研究，包括理论、分析、设计、效率、实现和应用。计算机科学与技术学科的根本问题是什么能被（有效地）自动进行。CC2001～CC2005 把计算机科学与技术学科知识体系划分成 14 个主要领域。一个合格的计算机专业人才，应该具有交流、获取知识与信息的基本能力、学科基本能力、创新能力、工程实现能力、团队合作能力等。计算思维是运用计算机科学的基础概念去求解问题、设计系统和理解人类行为的一系列思维活动，是每个大学生必须掌握的基本技能。

习 题

1. 简述计算机的发展历程。
2. 计算机有哪些特点？
3. 简述计算学科的定义及其根本问题。
4. 简述计算机科学与技术专业知识体系。
5. 简述计算机科学与技术学科的三个学科基本形态。

计算机基础知识 ‹‹‹

核心内容

● 图灵机模型；

● 进位制数及其相互转换；

● 数据编码；

● 算术运算及逻辑运算；

● 声音及图像的表示。

本章首先介绍计算的概念和图灵机模型理论。然后，介绍计算机中数据的存储和表示，包括进位制数及其相互转换，原码、反码和补码及其转换，字符、字符串和汉字，图像和声音等数据的表示，以及数据的算术运算和逻辑运算等内容。

2.1 计算及图灵机模型

广义的计算包括数学计算、逻辑推理、文法的产生式、集合论的函数、组合数学的置换、变量代换、图形图像的变换、数理统计等，也包括人工智能解空间的遍历、问题求解、图论的路径问题、网络安全、代数系统理论、上下文表示感知与推理、智能空间等，甚至包括数字系统设计、软件程序设计、机器人设计、工程设计和预测系统等设计问题。

计算的实质就是字符串的变换，是指从一个已知的初始符号串开始，在有限步骤内按照一定规则进行变换最终得到目标符号串的过程。

1936 年，图灵（见图 2-1）提出了一种抽象的计算模型——图灵机。图灵机是一种结构十分简单但计算能力很强的计算模型，它可以用来计算所有能想象到的可计算函数。图灵机模型理论是计算学科最核心的理论之一，图灵机模型为计算机设计指明了方向。图灵机模型是算法分析和程序语言设计的基础理论。

1. 图灵的基本思想

图灵的基本思想是用机器来模拟人们用纸笔进行数学运算的过程，他把这样的过程看作下列两种简单的动作：

① 在纸上写或擦除某个符号。

图 2-1 图灵

② 把注意力从纸的一个位置移动到另一个位置。

2．图灵机的直观描述

为了模拟人的这种运算过程，图灵构造出一台假想的机器，该机器由以下几个部分组成（见图2-2）。

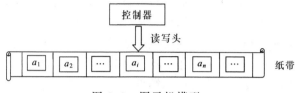

图 2-2 图灵机模型

① 一条两端可以无限伸展的纸带（TAPE），纸带被划分为一系列均匀的方格，每个方格中包含一个来自有限字母表的符号。

② 一个读写头（HEAD）。读写头可以沿带子方向左右移动，它负责读出或写入当前所指方格上的符号，并能改变当前方格上的符号。

③ 一套控制规则（TABLE）。控制规则就是一个图灵机程序，它根据当前机器所处的状态及当前读写头所指方格上的符号来确定读/写头下一步的动作，并改变状态寄存器的值，令机器进入一个新的状态。

④ 一个状态寄存器。它用来保存图灵机当前所处的状态及下一个新状态，图灵机所有可能状态的数目是有限的，并且有一个特殊的状态，称为停机状态。

这个机器的每一部分都是有限的，但它有一个潜在的无限长的纸带，因此这种机器只是一个理想的设备。图灵认为这样的一台机器就能模拟人类所能进行的任何计算过程。

3．图灵机的形式化定义

图灵机模型可形式化定义为一个五元组（K, Σ, δ, s, H），其中：

① K 是有穷状态的集合。

② Σ 是字母表，即符号的集合 $\{S_0, S_1, S_2, \cdots, S_p\}$。通常认为这个有穷字母表仅有 S_0、S_1 两个字符，其中 S_0 可以看作 0，S_1 可以看作 1，它们只是两个符号，要说有意义的话，也只有形式的意义。

③ $s \in K$ 是初始状态。

④ $H \in K$ 是停机状态的集合，当控制器内部状态为停机状态时图灵机结束计算。

⑤ δ 是转移函数，即控制器的规则集合。一个给定机器的规则集合，即"程序"，认为是机器内的五元组（$q_i S_j S_k R$（或 L 或 N）q_l）形式的指令集，五元组定义了机器在一个特定状态下读入一个特定字符时所采取的动作。五个元素的含义如下：

q_i 表示机器目前所处的状态。

S_j 表示机器从方格读入的符号。

S_k 表示机器用来代替 S_j 写入方格中的符号。

R、L、N 分别表示向右移动一格、向左移动一格、不移动。

q_l 表示下一步机器的状态。

4．图灵机的工作原理

机器从给定带子上的某起点出发，每移动一格，读写头就读出纸带上的符号，然后传送给控制器，控制器由一套控制规则和一个状态寄存器组成；控制器根据读出的符号及寄存器中机器当前的状态（条件），查询应当执行哪一条控制规则，然后根据规则要求，将新符号写入纸带，以及在寄存器中写入新状态；机器的动作完全由其初始状态及机内五元组来决定，一个机器计算的结果是从机器停止时带子上的信息得到的。

【例2.1】设 b 表示空格，q_1 表示机器的初始状态，q_4 表示机器的结束状态，如果带子上的输入信息是10100010，读写头对准最右边第一个为0的方格，状态为初始状态 q_1。按照以下规则执行之后，输出正确的计算结果。

计算的规则如下：① $q_1 0 1 L q_2$；② $q_1 1 0 L q_3$；③ $q_1 b b N q_4$；④ $q_2 0 0 L q_2$；⑤ $q_2 1 1 L q_2$；⑥ $q_2 b b N q_4$；⑦ $q_3 0 1 L q_2$；⑧ $q_3 1 0 L q_3$；⑨ $q_3 b b N q_4$。

计算过程如图2-3所示。

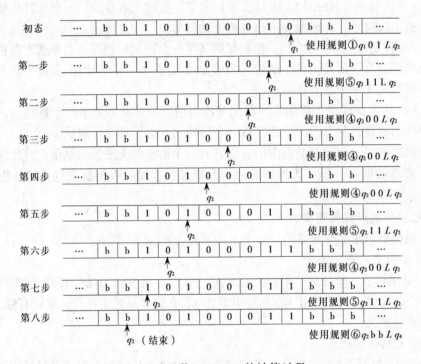

图2-3　函数 $S(X)=X+1$ 的计算过程

初态：图灵机启动后，控制器读出寄存器当前状态为 q_1，读写头读出当前纸带的内容为0；因此控制器根据当前的条件，执行规则①，即读写头在纸带写入1，读写头向左移动一格，并将寄存器新状态设置为 q_2。

第一步：控制器读出当前寄存器状态为 q_2，读写头读出当前纸带的内容为1；控制器根据当前的条件，执行规则⑤，即在纸带写入1，读写头向左移动一格，并将寄存器新状态设置为 q_2。

第二步：控制器读出当前寄存器状态为 q_2，读写头读出当前纸带的内容为0；图灵机根据当前条件，执行规则④，即在纸带写入0，读写头向左移动一格，并将寄存

器新状态设置为 q_2。

第三步：控制器读出当前寄存器的状态为 q_2，读写头读出当前纸带的内容为 0；因此控制器根据当前条件，执行规则④，即在纸带写入 0，读写头向左移动一格，并将寄存器新状态设置为 q_2。

第四步：控制器读出当前寄存器状态为 q_2，读写头读出当前纸带的内容为 0；因此控制器根据当前条件，执行规则④，即在纸带写入 0，读写头向左移动一格，并将寄存器新状态设置为 q_2。

第五步：控制器读出当前寄存器状态为 q_2，读写头读出当前纸带的内容为 1；图灵机根据当前条件，执行规则⑤，即在纸带写入 1，读写头向左移动一格，并将寄存器新状态设置为 q_2。

第六步：控制器读出当前寄存器状态为 q_2，读写头读出当前纸带的内容为 0；图灵机根据当前条件，执行规则④，即在纸带写入 0，读写头向左移动一格，并将寄存器新状态设置为 q_2。

第七步：控制器读出当前寄存器状态为 q_2，读写头读出当前纸带的内容为 1；因此控制器根据当前条件，执行规则⑤，即在纸带写入 1，读写头向左移动一格，并将寄存器新状态设置为 q_2。

第八步：控制器读出当前寄存器的状态为 q_2，读写头读出当前纸带的内容为空格 b；因此控制器根据当前条件，执行规则⑥，即在纸带写入空格 b，读写头向左移动一格，并将寄存器新状态设置为机器的结束状态 q_4。

此时，图灵机完成计算工作，进入结束状态，纸带上的内容 10100011 就是计算的结果，以上计算过程即为函数 $S(x)=x+1$ 的计算过程。

5. 图灵机的特点

在上面的案例中，图灵机使用了 0、1、b 等符号，可见图灵机由有限符号构成。

如果图灵机的符号表有 11 个符号，如 $\{0,1,\cdots,9,b\}$，那么图灵机就可以用十进制来表示整数值；但这时的程序要长得多，确定当前规则要花更多的时间。符号表中的符号越多，用机器表示的困难就越大。

图灵机可以依据程序对符号表要求的任意符号序列进行计算，因此，同一个图灵机可以进行规则相同、对象不同的计算，具有数学上函数 $f(x)$ 的计算能力。

如果图灵机的初始状态（读写头的位置、寄存器的状态）不同，那么计算的含义与计算的结果就可能不同。按照每条规则进行计算时，都要参照当前的机器状态，计算后也可能改变当前的机器状态，而状态是计算机科学中非常重要的一个概念。

在图灵机中，虽然程序按顺序来表示指令序列，但是程序并非顺序执行。因为指令（规则）中关于下一状态的指定，说明了指令可以不按程序的顺序执行。这意味着，程序的三种基本结构——顺序、判断、循环在图灵机中得到了充分体现。

专用图灵机将计算对象、中间结果和最终结果都保存在纸带上，程序保存在控制器中，这意味着程序与数据是分离的。由于控制器中的程序是固定的，那么专用图灵机只能完成规定的计算（输入可以多样化）。通用图灵机可以把程序也放在纸带上（程序和数据混合在一起），而控制器中的程序能够将纸带上的指令逐条读进来，再按照要求进行计算。

6. 图灵机的重大意义

图灵机不是一种具体的机器，它是一种理论思维模型。图灵机完全忽略了计算机的硬件特征，考虑的核心是计算机的逻辑结构。图灵机是一个理想的计算模型，或者说是一种理想中的计算机，本身并没有直接带来计算机的发明。

图灵机是对计算本质的认识，它可以分析什么是可计算的，什么是不可计算的。一个问题能不能解决，在于能不能找到一个解决这个问题的算法，然后根据这个算法编制程序在图灵机上运行。如果图灵机能够在有限步骤内停机，则这个问题就能解决；如果找不到这样的算法，或者这个算法在图灵机上运行时不能停机，则这个问题无法用计算机解决。

图灵指出："凡是能用算法解决的问题，也一定能用图灵机解决；凡是图灵机解决不了的问题，任何算法也解决不了。"可用一个图灵机来计算其值的函数是可计算函数，找不到图灵机来计算其值的函数是不可计算函数。即：可计算性 ⇔ 图灵可计算性。

2.2 计算机中的数据存储和表示

在计算机系统中，由于电子器件的开关特性，数据和指令都是采用二进制代码来表示的。二进制是德国数学家莱布尼茨在 18 世纪发明的。

二进制数的每一位只能是数字 0 或者 1，它只有形式的意义，对于不同的应用，可以赋予不同的含义。因此，可以使用二进制来表示数值、字符、图形、图像和声音。为了有效地进行信息的传输、存储和处理，需要建立一套信息表示系统，这就需要对信息进行编码。下面分别介绍进位制数及其相互转换，原码、反码和补码及其相互转化，数字、西文字符和汉字，图像和声音等数据的表示，以及数据的算术运算和逻辑运算。

2.2.1 进位制数及其相互转换

在计算机中，只能存储二进制（Binary）数。然而在实际的应用中，由于二进制不直观，因此，在程序的输入和输出中一般仍采用十进制（Decimal）数，而在分析计算机内部工作时，常用到十六进制（Hexadecimal），这样，就需要进行相应的数制转换。下面，将介绍二进制数及与其相关的八进制（Octal）数和十六进制数，然后介绍各种进位制数之间的相互转换。

1. 进位制数

众所周知，任何一个十进制数都是由 0～9 这 10 个数字组成的。十进制数 365（读作三百六十五）是表示 3 个 100、6 个 10、5 个 1 相加的数值，可表示为

$$(365)_{10} = 3 \times (10)^2 + 6 \times (10)^1 + 5 \times (10)^0$$

因此，十进制数的基数是 10，个位权值为 1，十位权值为 10，百位权值为 100，依此类推。

（1）基数

基数 R 表示相对应的一种进位规则，同时也表示该进位制中所使用符号的个数。

十进制数的进位规则是"逢十进一，借一当十"，是由 0～9 这 10 个数字符号组成的，所以十进制数的基数是 10；二进制数是由 0、1 两种代码组成的，低位向高位采用"逢二进一，借一当二"的进位规则，基数为 2；八进制数的基数为 8，遵循"逢八进一，借一当八"的进位规则，且由 0～7 这 8 个数字组成；十六进制数基数是 16，遵循"逢十六进一，借一当十六"的进位规则，且由 16 个符号组成，这 16 个符号分别是 0～9 这 10 个数字再加上 A～F 这 6 个字母，其中 A～F 分别对应表示数值 10～15。依此类推，任意的 R 进制数基数为 R。这 4 种进位制数间的对应关系如表 2-1 所示。

表 2-1 不同进位制数对应关系

十进制数（D）	二进制数（B）	八进制数（Q）	十六进制数（H）
0	0000	0	0
1	0001	1	1
2	0010	2	2
3	0011	3	3
4	0100	4	4
5	0101	5	5
6	0110	6	6
7	0111	7	7
8	1000	10	8
9	1001	11	9
10	1010	12	A
11	1011	13	B
12	1100	14	C
13	1101	15	D
14	1110	16	E
15	1111	17	F

（2）权值

一种进位数制中各位上的 1 所表示的值为该位的权值。

十进制数中，同样的符号 1 出现在个位表示 1，出现在十位表示 10，而出现在小数点后第一位则表示 0.1。同样，对于二进制数，小数点左端第一位 1 表示数值 1（2^0），第二位表示数值 2（2^1），第三位表示数值 4（2^2）；而小数点右端第一位 1 则表示数值 0.5（2^{-1}），第二位"1"表示数值 0.25（2^{-2}）。因此，权值不但与基数 R 有关，还与该进位制下数值中的位置有关。常见进位制数中各位权值如表 2-2 所示。

表 2-2　不同进位制数对应关系

位　置	小　数　点　前				小数点	小　数　点　后	
	4	3	2	1	.	1	2
十进制数	10^3	10^2	10^1	10^0	.	10^{-1}	10^{-2}
二进制数	2^3	2^2	2^1	2^0	.	2^{-1}	2^{-2}
八进制数	8^3	8^2	8^1	8^0	.	8^{-1}	8^{-2}
十六进制数	16^3	16^2	16^1	16^0	.	16^{-1}	16^{-2}

（3）数的表示

引入进位制的概念后，数的表示就应该指明其进位值，一般可用以下两种方法指明一个数的进位制：

① 括号下标法。用圆括号将数字括起来，括号外右下角用数字标明进位制。例如，$(123)_{10}$ 表示十进制数 123，$(123)_8$ 表示八进制数 123，而 $(123)_2$ 的表示是错误的。

② 字母法。还可以用数字后面紧跟表示某进位制的英文字母〔D（十进制）、B（二进制）、Q（八进制）、H（十六进制）〕的方法指明该数的进位制。如 123D、10110B、2AH 等。

2．进位制数的相互转换

（1）二进制数向十进制数转换

二进制数转换成十进制数采用"按权值相加"的方法，即按照十进制数的运算规则，将二进制数各位的数码乘以对应的权值再累加起来。在这一过程中，要频繁地计算 2 的整数次幂。表 2-3 给出了 2 的整数次幂和十进制数的对应关系。

表 2-3　2 的整数次幂与十进制数的对应关系

2^n	2^8	2^7	2^6	2^5	2^4	2^3	2^2	2^1	2^0	2^{-1}	2^{-2}	2^{-3}	2^{-4}
十进制数	256	128	64	32	16	8	4	2	1	0.5	0.25	0.125	0.062 5

【例 2.2】将 $(10101.101)_2$ 转换为十进制数。

将二进制数按各位权值展开，然后计算得结果，即该二进制数所对应的等值的十进制数。

$$(10101.101)_2 = 1 \times 2^4 + 0 \times 2^3 + 1 \times 2^2 + 0 \times 2^1 + 1 \times 2^0 + 1 \times 2^{-1} + 0 \times 2^{-2} + 1 \times 2^{-3}$$
$$= 16 + 4 + 1 + 0.5 + 0.125$$
$$= (21.625)_{10}$$

推广：任意 R 进制数向十进制数转换都可采用按权值相加的方法实现。

【例 2.3】将五进制数 $(123.4)_5$ 转换为十进制数。

$$(123.4)_5 = 1 \times 5^2 + 2 \times 5^1 + 3 \times 5^0 + 4 \times 5^{-1}$$
$$= 25 + 10 + 3 + 0.8$$
$$= (38.8)_{10}$$

（2）十进制数向二进制数转换

十进制数转换成二进制数时，整数部分与小数部分必须分开转换。整数部分采用"除 2 取余"的方法，小数部分采用"乘 2 取整"的方法。

【例 2.4】将十进制数 $(37.4)_{10}$ 转换为二进制数。

待转换数既有整数部分又有小数部分，应将两部分分离后分别转换。

① 先用"除 2 取余"的方法转换整数部分 $(37)_{10}$。

```
2 | 37        余数
    2 | 18      1      ↑    （低位）
        2 | 9    0
            2 | 4  1
                2 | 2  0
                    2 | 1  0
                        0    1      （高位）
```

即 $(37)_{10}=(100101)_2$。

"除 2 取余"方法的具体规则是：将十进制数的整数部分反复除以 2，如果相除后余数为 1，则对应的二进制数位为 1；如果余数为 0，则对应的二进制数位为 0；逐次相除，直到商为 0 时停止。记录结果时，第一次除法得到的余数为二进制数的低位（第 K_0 位），最后一次余数为二进制数的高位（第 K_n 位）。

② 再用"乘 2 取整"的方法转换小数部分 $(0.4)_{10}$。

```
        0.4
    ×    2      取出整数
        0.8      0      （高位）
        0.8
    ×    2
        1.6      1
        0.6
    ×    2
        1.2      1      （低位）
```

即 $(0.4)_{10} = (0.011)_2$。

"乘 2 取整"方法的具体规则是：将十进制数的小数部分反复乘 2，每次乘 2 后，如果所得积的整数部分为 1，则相应的二进制数位为 1，然后取出整数 1，余数部分继续相乘；如果积的整数部分为 0，则相应二进制数位为 0，余数部分继续相乘；直到乘 2 后小数部分为 0 时停止。需注意用此方法实现小数转换过程结束的条件是小数部分为 0 或者达到精度要求时停止，这是因为有些小数乘 2 后的结果总是不等于 0，此时就需要用精度来限制转换结果小数的位数。

综上可知：$(37.4)_{10}=(100101.011)_2$。

推广：十进制数要转换为任意的 R 进制数，整数部分用"除 R 取余"的方法，小数部分用"乘 R 取整"的方法。即"除基取余"和"乘基取整"的转换方法，这里的"基"就是指该进位制数的基数 R。

【例 2.5】将十进制数 $(132)_{10}$ 转换为六进制数。

十进制整数转换为六进制数，采用"除基取余"的方法实现，这里的基数是6。

```
6 | 132        余数      ↑   （低位）
    6 | 22       0
        6 | 3     4
            0     3              （高位）
```

即 $(132)_{10} = (340)_6$。

【例 2.6】 将十进制数 $(0.23)_{10}$ 转换为五进制数，结果保留 3 位小数。

十进制小数转换为五进制数，采用"乘基取整"的方法实现，这里的基数是5。

```
         0.23
    ×       5     取出整数
    ─────────
         1.15       1      （高位）
         0.15
    ×       5
    ─────────
         0.75       0
         0.75
    ×       5
    ─────────
         3.75       3      （低位）
```

即 $(0.23)_{10} = (0.103)_5$。

（3）二进制数、八进制数和十六进制数间的相互转换

由于二进制与八进制、二进制与十六进制之间有一一对应的关系，即三位二进制数与一位八进制数之间一一对应，对应关系如表2-4所示；四位二进制数与一位十六进制数之间一一对应，对应关系如表2-5所示。所以二进制数与八进制数、十六进制数之间的转换可以采用"直接转换法"实现。

表2-4　二进制数与八进制数对应关系表

八进制数	二进制数	八进制数	二进制数
0	000	4	100
1	001	5	101
2	010	6	110
3	011	7	111

表2-5　二进制数与十六进制数对应关系表

十六进制数	二进制数	十六进制数	二进制数
0	0000	8	1000
1	0001	9	1001
2	0010	A	1010
3	0011	B	1011
4	0100	C	1100

续表

十六进制数	二进制数	十六进制数	二进制数
5	0101	D	1101
6	0110	E	1110
7	0111	F	1111

【例 2.7】二进制数与八进制数间的转换。

① 将二进制数$(10010111011.11001)_2$转换为八进制数。

将该二进制数作如下分组：

$$\boxed{0}10\quad 010\quad 111\quad 011.\quad 110\quad 01\boxed{0}$$

对应为　　　　　　2　　 2　　 7　　 3 . 6　　 2

即$(10010111011.11001)_2 = (2273.62)_8$。

二进制数转换为八进制数的具体规则是：从小数点开始以三位数字为一组，分别向小数点左边和右边方向依次分组，头尾一组不足三位的分别在最高位前和最低位后补若干个 0 后凑足三位。然后将每组三位二进制数按照对应关系转换为八进制数，即为转换结果。

② 将八进制数$(345.76)_8$转换为二进制数。

八进制数各位数字对应的二进制数如下：

$$3\quad 4\quad 5\quad .\quad 7\quad 6$$
$$011\quad 100\quad 101\quad .\quad 111\quad 110$$

即$(345.76)_8 = (11100101.11111)_2$，最高位之前以及最低位之后的 0 可以省略不写。

【例 2.8】将十进制数$(263.125)_{10}$转换为十六进制数。

十进制数转换为十六进制数可用除基取余和乘基取整的方法。也可将十进制数先转换为二进制数，然后用直接转换法再转换为十六进制数。

```
2 | 263      余数                        0.125
2 | 131    1   ↑ (低位)          ×          2      取出整数
2 |  65    1                        0.250       0      ↑ (低位)
2 |  32    1                        0.250
2 |  16    0                 ×          2
2 |   8    0                        0.500       0
2 |   4    0                        0.500
2 |   2    0                 ×          2
2 |   1    0                        1.000       1      ↓ (高位)
     0     1   (高位)
```

即$(263.125)_{10} = (100000111.001)_2$。

二进制数转换为十六进制数的方法可参考二进制数转换为八进制数的方法，所不同的是由于一位十六进制数与四位二进制数一一对应，所以分组时应该四位为一组进行划分。

$$0001 \quad 0000 \quad 0111 \quad . \quad 0010$$
$$1 \qquad 0 \qquad 7 \quad . \quad 2$$

即 $(263.125)_{10} = (107.2)_{16}$。

2.2.2　数据单位

计算机中数据的常用单位有位、字节和字。

1．位

位是计算机中最小的信息单位，又称"比特"，记为 bit（binary digit 的缩写），是用 0 或 1 来表示的 1 个二进制数位。计算机中最直接、最基本的操作就是对二进制位的操作。

2．字节

字节（Byte）简写为 B，为了表示数据中的所有字符（字母、数字及各种专用符号，有 128～256 个），需要 7 位或 8 位二进制数。因此，人们采用 8 位为 1 字节，即 1 字节由 8 个二进制数位组成。

字节是计算机中用来表示存储空间大小的基本容量单位。例如，计算机内存的存储容量、磁盘的存储容量等都是以字节为单位表示的。除用字节为单位表示存储容量外，还可以用千字节（KiloBytes，KB）、兆字节（MegaBytes，MB）、吉字节（GigaBytes，GB）、太字节（TeraBytes，TB）、拍字节（PetaBytes，PB）、艾字节（ExaByte，EB）、泽字节（ZettaByte，ZB）及尧字节（YottaByte，YB）等来表示存储容量。

它们之间存在下列换算关系：

$$1 \text{ B} = 8 \text{ bit}$$
$$1 \text{ KB} = 1024 \text{ B} = 2^{10}\text{B}$$
$$1 \text{ MB} = 1024 \text{ KB} = 2^{10}\text{KB} = 2^{20}\text{B}$$
$$1 \text{ GB} = 1024 \text{ MB} = 2^{10}\text{MB} = 2^{30}\text{B}$$
$$1 \text{ TB} = 1024 \text{ GB} = 2^{10}\text{GB} = 2^{40}\text{B}$$
$$1 \text{ PB} = 1024 \text{ TB} = 2^{10}\text{TB} = 2^{50}\text{B}$$
$$1 \text{ EB} = 1024 \text{ PB} = 2^{10}\text{PB} = 2^{60}\text{B}$$
$$1 \text{ ZB} = 1024 \text{ EB} = 2^{10}\text{EB} = 2^{70}\text{B}$$
$$1 \text{ YB} = 1024 \text{ ZB} = 2^{10}\text{ZB} = 2^{80}\text{B}$$

3．字（word）

字记为 word 是计算机信息交换、加工、存储的基本单元。字用二进制代码表示。一个字由一个字节或若干字节构成。它可以代表数据代码、字符代码、操作码和地址码或其组合。计算机的"字"用来表示数据或信息长度。常见的有 8 位、16 位、32 位、64 位等，字长越长，计算机一次处理的信息位就越多，精度就越高。字长是衡量计算机性能的一个重要指标。

2.2.3　数据编码

在计算机及数字系统中，数据都以二进制数形式进行编码，下面介绍几种数字和

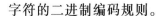

字符的二进制编码规则。

1．数字编码

计算机经常需要将十进制数转换成二进制数。利用二进制数与十进制数间的转换方法存在两方面的问题。一是数值转换需要进行乘法和除法运算，这大大增加了数制转换的复杂性。例如，在计算 50+50 时，首先要把十进制的 50 转换成二进制数：$(50)_{10}$ = $(110010)_2$，这个过程要做多次除法，而计算机进行除法运算的速度较慢；计算出结果$(110010)_2$之后，还要再将加法计算结果转换成十进制数 100，这需要一个做乘法的过程，对计算机来说，虽然乘法比除法简单，但也会降低计算效率。二是小数转换需要进行浮点运算，而浮点数的存储和计算都较为复杂，计算效率低。

计算机中用 BCD（Binary Coded Decimal）码表示十进制数，这是一种用 4 位二进制数表示一位十进制数的代码，用 4 位二进制数 16 种组合其中的 10 种组合分别对应一位十进制数的 0～9 这 10 个数字，这样就有多种不同的编码方案，如 8421 码、2421码和余 3 码等。按照不同的编码规则，每一种 BCD 编码方案中选用 0000～1111 其中的 10 种组合，而其余 6 种组合在该 BCD 码是不会出现的。需要指出的是，BCD 码是一种用二进制数形式表示十进制数的代码，其形式上是二进制代码，但实质上是十进制数，计算遵循十进制数的计算规则。几种常见的 BCD 码如表 2-6 所示。

表 2-6　几种常见的 BCD 码对照表

十 进 制 数	8421 码	2421 码	余 3 码
0	0000	0000	0011
1	0001	0001	0100
2	0010	0010	0101
3	0011	0011	0110
4	0100	0100	0111
5	0101	1011	1000
6	0110	1100	1001
7	0111	1101	1010
8	1000	1110	1011
9	1001	1111	1100

（1）8421 码

8421 码是最常见的有权 BCD 码。四位二进制代码权值固定，分别为 8、4、2、1，这样十进制数中的 0～9 分别对应的 8421 码为 0000～1001，所以 8421 码中没有 1010～1111 这 6 种组合。例如，十进制数 6 表示为 8421 码为 0110，十进制数 28 表示为 8421码为 00101000。

（2）2421 码

2421 码也是一种有权 BCD 码，所不同的是 2421 码的四位二进制代码权值分别为2、4、2、1，所以 2421 码 1011 表示十进制数 5。2421 码是一种对 9 自补的代码，将任意代码的四位二进制数各位取反后得到代码值与原代码值之和正好是9。例如，十进制数5的2421码1011，取反后0100对应十进制数正好是5对9的补数4。

（3）余3码

余3码是在8421码的基础上加3（0011）得到，因各位没有固定的权值，所以余3码是无权码。余3码也是一种对9的自补码，例如十进制数5的余3码为1000，各位取反后0111正好是4的余3码。余3码还有一个特点，就是两个余3码相加后进位与十进制数进位一致。但由于每个加数余3，和便余6，所以用余3码做加法运算后的和需要修正。修正方法是：若和没有进位则减3修正，若和有进位则加3修正得到和的余3码。例如，4和8的余3码分别是0111和1011，做加法运算：

3和6的余3码分别是0110和1001，做加法运算：

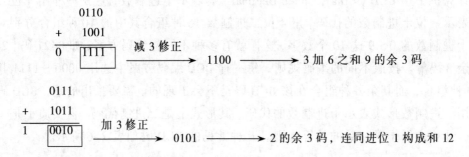

2．可靠性编码

可靠性编码是为提高计算机内代码在生成及传输过程中的可靠性而采用的一种编码。可靠性编码具有避免错误发生、及时发现和纠正错误的功能。下面介绍两种常用的可靠性编码：格雷码和奇偶校验码。

（1）格雷码

格雷（Gray）码是一种表示数字的编码，其编码规则是：任意两个相邻代码之间有且仅有一位二进制数不同，其余各位数字均相同。特别注意，一组格雷码的第一个数与最后一个数也视为相邻，即只相差一位数字而构成首尾连接循环相邻，因此格雷码是一种循环码。按此编码规则可形成多种编码方案。采用格雷码可避免代码在顺序变化过程中由于线路延迟而在电路上产生的瞬间错误。四位二进制数的格雷码的一种编码方案如表2-7所示。

表2-7　格雷码的一种编码方案

十 进 制 数	二 进 制 数	格 雷 码
0	0000	0000
1	0001	0001
2	0010	0011
3	0011	0010
4	0100	0110
5	0101	0111

十 进 制 数	二 进 制 数	格 雷 码
6	0110	0101
7	0111	0100
8	1000	1100
9	1001	1101
10	1010	1111
11	1011	1110
12	1100	1010
13	1101	1011
14	1110	1001
15	1111	1000

（2）奇偶校验码

奇偶校验码分为奇校验码和偶校验码两种，用于检验二进制信息在传输过程中是否出错。它是通过在二进制信息前加一位奇偶校验位 0 或 1，使得整个奇偶校验码中 1 的个数为事先约定好的奇数个或偶数个。例如，二进制信息 0110101 中有四个 1，若要形成奇校验码，传输前需在最高位之前加一个 1 构成 10110101，这样在传送过程中若某一位出现错误，便可通过检查数据中 1 的奇偶性发现。由此可见，奇偶校验码检验一位错误或奇数位的错误是有效的，对于代码中出现的偶数位错误却无法发现。

3. 字符编码

计算机除了用于数值计算外，还要处理大量的非数值信息，其中字符信息占有很大比重。字符信息包括西文字符（字母、数字、符号）和汉字字符。需要对字符信息进行二进制编码后，才能存储在计算机中并进行处理。如果每个字符对应一个唯一的二进制数，这个二进制数就称为字符编码。西文字符与汉字字符由于形式不同，编码方式也不同。

1）ASCII 码

计算机除了处理数字字符外，还需要处理一些字母、标点符号、运算符号及特殊符号等字符，这些字符在计算机中是如何表示的呢？ASCII 码（American Standard Code for Information Interchange，美国标准信息交换码）为这些字符的表示提供了一个统一的标准，其制定于 1967 年。

（1）ASCII 码的编码规则

ASCII 码由一位奇偶校验码加 7 位数据信息组成，可表示 128 种不同的字符，包括 26 个大写英文字母、26 个小写英文字母、10 个数字字符、33 个专用符号及 33 个控制字符。ASCII 字符对照如表 2-8 所示。

ASCII 码采用 7 位二进制数对 1 个字符进行编码，由于计算机存储器的基本单位是字节，因此以 1 个字节来存放 1 个 ASCII 字符编码，每个字节的最高位为 0。ASCII 码是一个非常可靠的标准，在键盘、显卡、系统硬件、打印机、字体文件、操作系统和 Internet 上，相比其他标准，ASCII 码更常用且更流行。

表 2-8　ASCII 码对照表

低四位 $b_3b_2b_1b_0$	高　三　位 $b_6b_5b_4$							
	000	001	010	011	100	101	110	111
0000	NUL	DLE	SP	0	@	P	`	p
0001	SOH	DC1	!	1	A	Q	a	q
0010	STX	DC2	"	2	B	R	b	r
0011	ETX	DC3	#	3	C	S	c	s
0100	EOT	DC4	$	4	D	T	d	t
0101	ENQ	NAK	%	5	E	U	e	u
0110	ACK	SYN	&	6	F	V	f	v
0111	BEL	ETB	'	7	G	W	g	w
1000	BS	CAN	(	8	H	X	h	x
1001	HT	EM	)	9	I	Y	i	y
1010	LF	SUB	*	:	J	Z	j	z
1011	VT	ESC	+	;	K	[	k	{
1100	FF	FS	,	<	L	\	l	|
1101	CR	GS	-	=	M	]	m	}
1110	SO	RS	.	>	N	^	n	~
1111	SI	US	/	?	O	_	o	DEL

（2）ASCII 码的应用案例

【例 2.9】Hello 的 ASCII 码。

查 ASCII 码表可知，Hello 的 ASCII 码如表 2-9 所示。

表 2-9　Hello 的 ASCII 码

H	e	l	l	o
01001000	01100101	01101100	01101100	01101111

（3）ASCII 码的编码规律

数字字符 0～9 的 ASCII 码高 4 位编码（$b_7b_6b_5b_4$）为 0011，低 4 位编码（$b_3b_2b_1b_0$）为 0000～1001。当去掉高 4 位时，低 4 位正好是 0～9 的二进制数形式。这样编码既满足正常排序关系，又有利于完成 ASCII 码与二进制数之间的转换。

26 个字母的 ASCII 码是连续的：大写字母 A～Z 的编码值为 65～90（01000001～01011010），小写字母 a～z 的编码值为 97～122（01100001～01111010）。大、小写字母编码的差别表现在第 6 位（b_5），大写字母第 6 位（b_5）值为 0，小写字母第 6 位（b_5）值为 1，它们之间的 ASCII 码值十进制形式相差 32。因此，大、小写英文字母之间的编码转换非常便利。

ASCII 码定义了 33 个无法显示的控制码，它们主要用于打印或显示格式控制，进行信息分隔，在数据通信时进行传输控制等用途，但是目前已经极少使用了。

2）汉字编码

汉字在计算机中同样采用二进制数进行编码,但由于汉字数量远远多于西文符号的数量,所以汉字编码比西文符号编码要复杂得多。为了使每一个汉字有一个全国统一的代码,我国于 1981 年颁布了第一个汉字编码的国家标准:GB 2312—1980《信息交换用汉字编码字符集　基本集》,这个字符集是我国中文信息处理技术的发展基础,也是目前国内所有汉字系统的统一标准。在这个标准中公布了常用汉字 6 763 个,包括常用一级汉字 3 755 个,以拼音排序,二级汉字 3 008 个,以偏旁排序。显然用八位二进制数来为汉字编码是远远不够的,所以汉字的编码采用双字节字符集(DBCS),即用 2 个字节来表示一个汉字,这是不同于西文字符的一点。

汉字编码按照汉字的输入、存储处理和输出可分输入码、内部码和字形码三类。人们通过键盘等设备按照汉字的输入码输入汉字,计算机接收到这个输入码后将其转换为计算机的内部码存储,若要显示或打印汉字则需要将内部码以点阵形式转换为汉字的字形码,如图 2-4 所示。

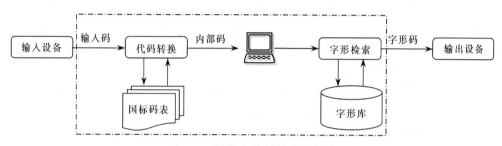

图 2-4　汉字在计算机中的转换

（1）输入码

一个汉字对应的标准键盘上按键的组合构成了这个汉字的输入码。输入码编码方案有多种,大致可分为区位码、拼音码、字形码和音形码四种。区位码是由四位十进制数组成的。常用的国标区位码将所有汉字分为 94 个区,每个区又划分成 94 个位,这样一个汉字的区位码就是由它所在的两位区码和两位位码组成。如"国"字在第 25 区第 90 位,所以它的区位码为 2590。拼音码是按照汉字的汉语拼音组成的汉字输入码,这种编码方案易于记忆但重码率高。字形码是按照汉字的笔顺、笔画用字母或数字对汉字进行编码,五笔字型输入法就是按照这种方案对汉字进行编码的。音形码吸收了拼音码与字形码的优点,同时结合了字音和字形进行编码。

（2）内部码

由于输入法不同造成了汉字的输入码不唯一,但内部码是唯一的。计算机内部使用的汉字编码称为汉字内部码或汉字机内码,汉字内部码由国标码演化而来。国标码中每个字节的最高位为 0,这与国际通用的 ASCII 码无法区分,因此,把国际码的两个字节的最高位分别加 1,就变成了汉字机内码,这样解决了国标码与 ASCII 码的冲突,保持了中英文的良好兼容性。国标码是由十进制的区码和位码先转换为十六进制的区码和位码,再将这个十六进制代码的第一个字节和第二个字节分别加上 20H 得到的。

【例2.10】已知"国"字的区位码为2590，求它的内部码。

第一步：先将十进制的区码25和位码90转换为十六进制。

$$(25)_{10} = (19)_{16} \qquad (90)_{10} = (5A)_{16}$$

第二步：将十六进制的区位码加上2020H，得到其国标码。

$$195AH+2020H = 397AH$$

第三步：将国标码两个字节的最高位分别加1，即国标码加8080H，得到其机内码。

$$397AH+8080H = B9FAH$$

（3）字形码

输入码和机内码主要解决了字符信息的输入、存储、传输、计算、处理等问题，而字符信息在显示和打印输出时，需要另外对"字形"进行编码。通常将字体编码的集合称为字库，将字库以文件的形式存放在硬盘中。在字符输出（显示或打印）时，根据字符编码在字库中找到相应的字体编码，再输出到外设（显示器或打印机）中。汉字的风格有多种形式，如宋体、黑体、楷体等，因此计算机中有几十种中英文字库。由于字库没有统一的标准，同一字符在不同计算机中显示和打印时，字符形状可能会有所差异。

字体编码有点阵字体和矢量字体两种类型。

① 点阵字体编码。点阵字体编码是将每个汉字看作一个由点组成的方阵，即由 $n \times n$ 个小方格组成的方阵，有笔画的部分显示黑点，用0表示，否则是白色背景，用1表示，使这个方阵在屏幕看起来是一个汉字。显示一个汉字一般采用 16×16 点阵、24×24 点阵或 48×48 点阵。点阵字体最大的缺点是不能放大，一旦放大后字符边缘就会出现锯齿现象。图2-5所示显示了"大"字的 16×16 点阵图。

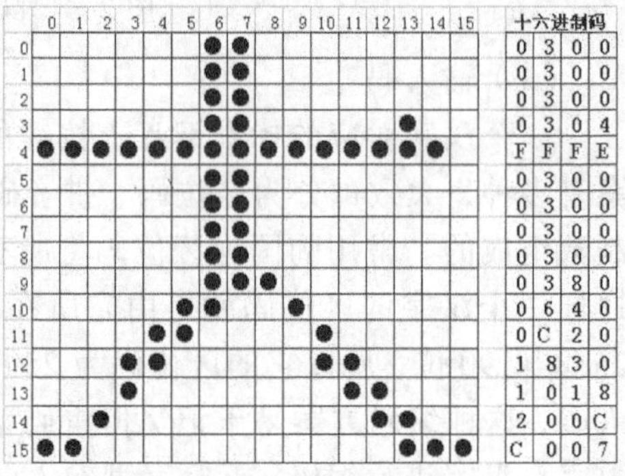

② 矢量字体编码。矢量字体保存的是每个字符的数学描述信息，在显示和打印矢量字体时，要经过一系列的运算才能输出结果。矢量字体可以无限放大，笔画轮廓仍然保持圆滑。

图2-5 "大"字的点阵图

字体绘制可以通过FontConfig＋FreeType＋PanGo三者协作来完成。其中，FontConfig负责字体管理和配置，FreeType负责单个字体的绘制，PanGo则完成对文字的排版布局。

矢量字体有多种不同的形式，其中 TrueType（字体描述技术）应用最为广泛；但是 TrueType 只是一个字体，要让字体在屏幕上显示，还需要字体驱动库，如 FreeType 就是一种高效的字体驱动引擎。FreeType 是一个字体函数库，它可以处理点阵字体和多种矢量字体，包括 TrueType 字体。FreeType 代码开源免费，而且采用模块化设计，很容易扩充和裁减，如果只支持 TrueType 字体，裁减后的 FreeType 文件大小只有 25 KB 左右。

如图 2-6 所示，矢量字体最重要的特征是轮廓（Outline）和字体精调（Hint）控制点。轮廓是一组封装的路径，它由线段或贝塞尔曲线（二次或三次贝塞尔曲线）组成。字形控制点有轮廓锚点和精调控制点，缩放这些点的坐标值将缩放整个字体轮廓。

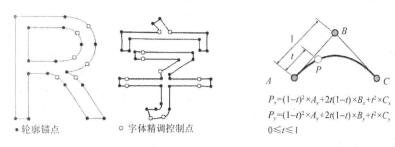

$$P_x = (1-t)^2 \times A_x + 2t(1-t) \times B_x + t^2 \times C_x$$
$$P_y = (1-t)^2 \times A_y + 2t(1-t) \times B_y + t^2 \times C_y$$
$$0 \leq t \leq 1$$

● 轮廓锚点　　○ 字体精调控制点

图 2-6　矢量字体轮廓（左）和二次贝赛尔曲线计算公式图

轮廓虽然精确描述了字体的外观形式，但是数学上的正确对人眼来说并不见得合适。特别是字体缩小到较小的分辨率时，字体可能变得不好看或者不清晰。字体精调就是采用一系列技术，用来精密调整字体，让字体变得更美观、更清晰。

计算机大部分时候采用矢量字体显示和打印。矢量字体尽管可以任意缩放，但缩得太小时仍然存在问题，字体会变得不好看或者不清晰，即使使用字体精调技术，效果也不一定好。因此，小字体一般采用点阵字体来弥补矢量字体的不足。

矢量字体的显示大致需要以下几个步骤：加载字体→设置字体大小→加载字体数据→字体转换（旋转或缩放）→字体渲染（计算并绘制字体轮廓、填充色彩）等。可见，在计算机屏幕显示一整屏文字，计算机要做的计算工作量比我们想象的要大得多。

在汉字技术的发展过程中涌现出了一批杰出人物，中国科学家王选就是其中之一。王选（1937—2006），男，汉族，籍贯江苏无锡，生长于上海，中国科学院院士，中国工程院院士，汉字激光照排系统的创始人和技术负责人。1981 年后，他主持研制成功的汉字激光照排系统、方正彩色出版系统相继推出并得到大规模应用，为新闻、出版全过程的计算机化奠定了基础，被誉为"汉字印刷术的第二次发明"，曾先后获日内瓦国际发明展览金牌、中国专利发明金奖、联合国教科文组织科学奖、国家重大技术装备研制特等奖等众多奖项。王选的杰出成果实现了中国出版印刷行业"告别铅与火、迎来光与电"的技术革命，成为中国自主创新和用高新技术改造传统行业的杰出典范。

从甲骨文至今，汉字文化一直在不间断地传承与发展。汉字是现今世界上使用人数最多的文字，在信息技术高速发展的今天，汉字输入编码已成为一个非常重要的技术领域。如今林林总总的汉字输入编码方案呈现出一种"万马奔腾"的局面，可归纳为区位码、形码、音码以及音形码（形音码）四种。其中形码由于重码率低，所以有利于提高录入速度，但这种编码方案面临的一个主要问题就是如何从汉字内在文化精髓的角度考虑拆字，比如汉字的书写顺序、汉字结构的完整性等问题。音码的主要优势是易学易记，但其主要问题除了由同音字引起的高重码率外，一个更严重的问题就是长期使用音码输入造成的"提笔忘字"的现象。而音形码和形音码在结合了二者优点的同时也在所难免地暴露出了各自的缺点。

汉字是中华民族传统文化的瑰宝，汉字编码能否体现其博大精深的文化内涵，它的推广应用是否有助于民族的文化传播，有助于提高全民族的文化素质，是汉字输入编码发展历程中除了输入效率外需要考虑的另一个重要问题。

2.2.4 声音、图像的表示

声音、图像等多媒体信息在计算机中也以二进制形式表示。只有将原始的多媒体数据进行数字化处理后，计算机才能够识别并处理这些数据，如图 2-7 所示。在计算机中，声音往往用波形文件或压缩音频文件的方式表示；图像主要用位图编码和矢量编码两种方式表示和存储。将模拟声音信号转换成二进制数的过程称为声音的数字化处理。

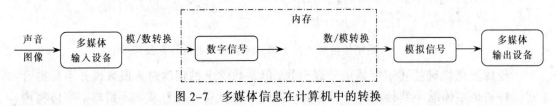

图 2-7　多媒体信息在计算机中的转换

1. 声音的数字化

1）声音的数字化处理过程

声音在空气中以声波的形式传输，声波是一种连续的模拟量。例如，对着话筒讲话时，话筒根据它周围空气压力的不同变化，输出连续变化的电压值。这种变化的电压值是对讲话声音的模拟，称为模拟音频。模拟音频电压值输入到录音机时，电信号转换成磁信号记录在录音磁带上，因而记录了声音；但这种记录声音的方式不利于计算机存储和处理，要使计算机能存储和处理这种连续的音频信号，必须将模拟音频数字化。声音的数字化处理过程如图 2-8 所示。

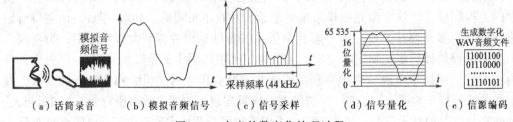

（a）话筒录音　　（b）模拟音频信号　　（c）信号采样　　　（d）信号量化　　（e）信源编码

图 2-8　声音的数字化处理过程

（1）采样

任何连续信号均可以表示成离散样值的符号序列，存储在数字系统中，因此模拟信号转换成数字信号必须经过采样过程。采样过程是在每个固定时间间隔内对模拟音频信号截取一个振幅值，并用给定字长的二进制数表示，可将连续的模拟音频信号转换成离散的数字音频信号。截取模拟音频信号振幅值的过程称为采样，所得到的振幅值为采样值。单位时间内采样次数越多（采样频率越高），数字信号就越接近原声。

奈奎斯特（Nyquist）采样定理指出："模拟信号离散化采样频率达到信号最高频率的 2 倍时，可以无失真地恢复原信号。"人耳听力范围在 20 Hz～20 kHz 之间，声音采样频率达到 20 kHz×2＝40 kHz 时，就可以满足要求。目前，声卡的采样频率达到了 44.1 kHz。

（2）量化

量化是将信号的连续取值近似为有限多个离散值的过程，音频信号的量化精度（也称采样位数），一般用二进制数的位数衡量。例如，如果声卡的量化位数为 16 位，那么就有 $2^{16}=65\ 535$ 种量化等级。目前，声卡大多为 24 位或 32 位量化精度（采样位数）。

（3）编码

模拟音频经采样、量化后得到了一大批原始音频数据，对这些信源数据进行规定编码（如 WAV、MP3 等）后，再加上音频文件格式的头部，就得到了一个数字音频文件。这项工作由声卡和音频处理软件（如 Adobe Audition）共同完成。

计算机中声音的二进制信息是以音频文件的形式存放的。音频文件格式日新月异，目前比较流行的有 CD、WAVE、MP3、Real 等。其中 CD 格式由于有较高的采样频率和采样精度，所以音质较好，但文件容量大是其主要缺点。WAVE 格式是 Microsoft Windows 本身提供的音频格式，标准格式的 WAVE 文件和 CD 格式可以具有相同的采样频率和采样精度，也具有较好的音质，是目前 PC 上广为流行的声音文件格式，几乎所有的音频编辑软件都能识别。MP3 是指 MPEG 标准中的音频部分，也就是 MPEG 音频层，它是一种有损压缩，但由于利用了人耳的特性，削减音乐中人耳听不到的成分，同时尽可能地维持原来的声音质量，使它成为一种很受欢迎的音频格式。Real 的文件格式主要有 RA（RealAudio）、RM（RealMedia，RealAudio G2）、RMX（RealAudio Secured）等，主要适用于低速率网络的在线传输。

2）声音信号的输入与输出

数字音频信号可以通过网络、光盘、数字话筒、电子琴 MIDI 接口等设备输入计算机。模拟音频信号一般通过模拟话筒和音频输入接口（line in）输入计算机，然后由声卡转换为数字音频信号，这一过程称为模数（A/D）转换。需要将数字音频播放出来时，可以利用音频播放软件将数字音频文件解压缩，然后通过声卡或音频处理芯片，将离散的数字音频信号再转换成连续的模拟音频信号（如电压），这一过程称为数模（D/A）转换。

2．图像的数字化

1）图像的数字化过程

数字图像（Image）可以由数码照相机、数字摄像机、扫描仪、手写笔等设备获取，这些图像处理设备按照计算机能够接收的格式，对自然图像进行数字化处理，然后通过设备与计算机之间的接口传输到计算机，并且以文件的形式存储在计算机中。当然，数字图像也可以直接在计算机中进行自动生成或人工设计，或由网络、U 盘等设备输入。

当计算机将数字图像输出到显示器、打印机、电视机等设备时，必须将离散化的数字图像合成为一幅图像处理设备能够接收的自然图像。

2）图像的编码

（1）二值图的编码

只有黑、白两色的图像称为二值图。图像信息是一个连续的变量，离散化的方法是设置合适的取样分辨率（采样），然后对二值图中的每一个像素用 1 位二进制数表示，就可以对二值图进行编码。一般将黑色点编码为 1，白色点编码为 0（量化），如图 2-9 所示。

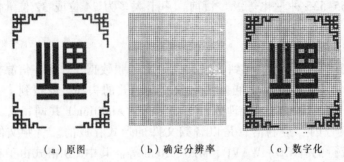

（a）原图　　　（b）确定分辨率　　　（c）数字化

图 2-9　二值图的数字化处理

图像分辨率（采样精度）是指单位长度内包含的像素点的数量，其单位为 dpi（点/英寸）。图像分辨率为 1 024×768 像素时，表示每一条水平线上包含 1 024 个像素点，垂直方向有 768 条线。图像分辨率不仅与图像的尺寸有关，还受到输出设备（如显示器点距）等因素的影响。图像分辨率决定了图像细节的精细程度，图像分辨率越高，包含的像素就越多，图像就越清晰，图像输出质量也越好。同时，太高的图像分辨率会增加文件占用的存储空间。

（2）灰度图像的编码

灰度图的数字化方法与二值图相似，不同的是将白色与黑色之间的过渡灰色按对数关系分为若干亮度等级，然后对每个像素点按亮度等级进行量化。为了便于计算机存储和处理，一般将亮度分为 0～255 个等级（量化精度），而人眼对图像亮度的识别小于 64 个等级，因此对 256 个亮度等级的图像，人眼难以识别出亮度差。

（3）彩色图像的编码

显示器上的任何色彩，都可以用红、绿、蓝（RGB）三种基色按不同比例混合得到，因此图像中的每个像素点可以用 3 个字节进行编码。如图 2-10 所示，红色用 1 个字节表示，亮度范围为 0～255 个等级（R=0～255）；绿色和蓝色进行同样处理（G=0～255，B=0～255）。

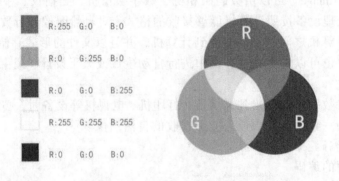

图 2-10　彩色图像的编码方式

如图 2-10 所示，一个白色像素点的编码为"R＝255，G＝255，B＝255"；一个黑色像素点的编码为"R＝0，G＝0，B＝0"；一个红色像素点的编码为"R＝255，G＝0，B＝0"；一个桃红色像素点的编码为"R＝236，G＝46，B＝140"；等等。

采用以上编码方式，一个像素点可以表达的色彩范围为 $2^{24}＝1\,670$ 万种色彩，这时人眼已很难分辨出相邻两种颜色的区别了。一个像素点总计用多少位二进制数表示，称为色彩深度（量化精度），如上述案例中的色彩深度为 24 位。目前，大部分显示器的色彩深度为 32 位，其中，8 位记录红色，8 位记录绿色，8 位记录蓝色，8 位记录透明度（Alpha）值，它们一起构成一个像素的显示效果。

3）点阵图像的特点

点阵图像由多个像素点组成，二值图、灰度图和彩色图都是点阵图像（也称位图），简称图像。点阵图像能真实细腻地反映图片的层次、色彩，但文件体积相对矢量图形文件较大。常见的位图图像格式有 BMP、TIF、JPG、PNG 和 GIF 等。显示图像时，可以看到构成整个图像的像素点，由于这些像素点非常小（取决于图像分辨率），因此图像的颜色和形状显得是连续的；一旦将图像放大观看，图像中的像素点会使线条和形状显得参差不齐。缩小图像尺寸时，也会使图像变形，因为缩小图像是通过减少像素点来使整个图像变小的。

大部分情况下，点阵图像通过数码照相机、数字摄像机、扫描仪等设备获得，也可以利用图像处理软件（如 Photoshop 等）创作和编辑。

4）矢量图形的编码

矢量图形（Graphic）使用直线或曲线来描绘图形。矢量图形以几何图形居多，它是一种面向对象的图形。矢量图形采用特征点和计算公式（如图 2-6 所示的二次贝塞尔曲线）对图形进行表示和存储。矢量图形保存的是每一个图形元件的描述信息，如一个图形元件的起始坐标、终止坐标和弧度等。在显示和打印矢量图形时，要经过一系列的数学运算才能输出矢量图形。矢量图形在理论上可以无限放大，图形轮廓仍然能保持圆滑。

如图 2-11 所示，矢量图形只记录生成图形的算法和图形上的某些特征点参数。矢量图形中的曲线是由短的直线逼近的（插补），通过图形处理软件可以方便地将矢量图形放大、缩小、移动、旋转、变形等。矢量图形最大的优点是无论进行放大、缩小或旋转等操作，图形都不会失真、变色和模糊。由于构成矢量图形的各个图形元件是相对独立的，因而在矢量图形中可以只编辑修改其中的某一个图形元件，而不会影响图形中其他的图形元件。

（a）AutoCAD 图形　　　　　（b）3ds Max 图形　　　　　（c）分形图

图 2-11　矢量图形

矢量图形只保存算法和特征点参数（如分形图），因此占用的存储空间较小，打印输出和放大时的图形质量较高；但是，矢量图形也存在以下缺点。

① 难以表现色彩层次丰富逼真图像效果。

② 无法使用简单、廉价的设备将图形输入到计算机中并矢量化。

③ 矢量图形目前没有统一的标准格式，大部分矢量图形格式存在不开放和知识产权问题，这造成了矢量图形在不同软件中进行交换的困难，也给多媒体应用带来了极大的不便。

矢量图形主要用于线框型图片、工程制图、二维动画设计、三维物体造型、美术字体设计等。大多数绘图软件（如 Visio）、计算机辅助设计软件（如 AutoCAD）、二维动画软件（如 Flash CS）和三维造型软件（如 3ds Max）等，都采用矢量图形作为基本图形存储格式。矢量图形可以很好地转换为点阵图像，但是，点阵图像转换为矢量图形时效果很差。

2.2.5 算术运算及逻辑运算

算术运算和逻辑运算是计算机中的两大基本运算。基本的算术运算主要包括加、减、乘、除四则运算，它们遵循二进制的运算规则。基本的逻辑运算主要包括逻辑与、或、非三种运算。

1. 计算机中数的表示

（1）定点表示与浮点表示

实数在计算机中的表示需要解决小数点的表示问题，计算机中表示小数点有定点表示法和浮点表示法两种方法。

① 定点表示。定点表示就是计算机中数字小数点的位置是固定不变的表示。小数点一般固定在最低位之后（定点整数）或最高位之前（定点小数）。机器中的小数点并非由实际设备保存，而是一个约定的假想位置。对于字长为 n 的计算机表示带符号数时，最高位 b_{n-1} 为符号位，b_{n-2}，b_{n-3}，$\cdots$，b_0 为数值位，若小数点位置约定在最高数值位之前，即 b_{n-1} 与 b_{n-2} 之间，表示定点小数，可表示的数值范围 S 为 $-1 < S < 1$，其精度由 n 值大小决定。若小数点位置约定在数值位最低位（b_0）之后，表示定点整数，可表示的数值范围 S 为 $-2^{n-1} < S < 2^{n-1}$。表示既有整数部分又有小数部分的实数时，需事先确定一个比例因子将实际数放大或缩小为定点整数或定点小数形式。例如，要表示的数有 011.11 和 10.101，可选取比例因子为 2^{-3}，使得这两个数转换为定点小数：

$$011.11 \times 2^{-3} = 0.011\ 11$$
$$10.101 \times 2^{-3} = 0.010\ 101$$

或选取比例因子 2^3，使其转换为定点整数：

$$011.11 \times 2^3 = 011\ 110$$
$$10.101 \times 2^3 = 10\ 101$$

② 浮点表示。浮点表示就是计算机中数字小数点的位置不是固定不变而是浮动的一种表示。这种机内表示法源于数学中的"记阶表示法"。例如：

$$5678=0.5678 \times 10^{4}$$
$$-0.000\ 056\ 78=-0.5678 \times 10^{-4}$$

任意实数 N 都可由尾数 S、基数 R 和阶码 J 三部分由记阶表示法的形式组成，即
$$N=S \times R^{J}$$

在 5678 的记阶表示法 0.5678×10^{4} 中，$S=0.5678$，$R=10$，$J=4$；而在 $-0.000\ 056\ 78$ 的记阶表示法 -0.5678×10^{-4} 中，$S=-0.5678$，$R=10$，$J=-4$，二者只是尾数和阶码的符号不同。

计算机中的浮点表示法正是源于以上的记阶表示法，由于计算机内的数都是二进制数，基数 $R=2$ 可以省略，所以用浮点表示法表示一个数只需尾数和阶码两部分即可，其中尾数和阶码都是带符号数，所以各有一位符号位。若机器字长为 w，则浮点表示法表示一个数的存储字格式如下：

J_f	J	S_f	S
1位阶符	n位阶码	1位尾符	m位尾数

且有 $m+n+2=w$。例如，机器字长为 16 位，其中阶码长度占 4 位，则尾数部分占 10 位，则数 -10011.01 在机器中表示为：

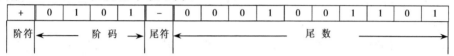

+	0	1	0	1	-	0	0	0	1	0	0	1	1	0	1
阶符	←	阶码	→		尾符					尾　数					→

由此可见，字长相同的情况下，浮点表示法所能表示的数值范围比定点表示法较大，而定点表示法所能表示的有效位数比浮点表示法的多，即定点表示法精度相对较高。为了避免浮点表示法的这一缺点，常采用规格化小数表示浮点数的尾数部分，即规定浮点数尾数部分用纯小数形式表示，且当尾数不为 0 时，其绝对值应大于或等于 0.5，即小数点后第一位必须为 1，否则应通过修改阶码及左右移动尾数实现，以最大程度地避免丢失有效数字，提高数字的表示精度。

（2）原码、反码及补码表示

带符号数在计算机中是如何存储和处理的呢？数的符号有正号"+"和负号"-"两种，正好对应二进制数 0、1 两种代码，所以计算机中数的符号只需用一位二进制数表示，并规定用 0 表示正号，1 表示负号。如四位二进制数 $+1101$，在计算机中表示时需将符号数值化后转换为五位二进制代码 01101。

这种用+、-号来表示数的正、负号的二进制数叫真值，如上例中的 $+1101$ 即为真值；与真值相对应，将+、-号数值化为 0 或 1 后能直接被计算机所表示的二进制数叫机器数。由此可见，对于 n 位二进制真值，在其数值的最高位之前加一个二进制符号位便构成 $n+1$ 位机器数。

考虑到机器数与真值的转换直观与便于计算等需求，将机器数分为原码、反码和补码三种。假设机器字长为 n，则能表示 $n-1$ 位数值的真值 $x=fb_{n-2}b_{n-3}\cdots b_1b_0$，其中 f 可取+号或-号，$b_i=0$ 或 1，分别用 $[x]_原$、$[x]_反$ 和 $[x]_补$ 表示真值 x 的原码、反码和补码。

当真值 x 为正数时，$[x]_原=[x]_反=[x]_补=0b_{n-2}b_{n-3}\cdots b_1b_0$

当真值 x 为负数时，$[x]_原=1b_{n-2}b_{n-3}\cdots b_1b_0$

$$[x]_反=1\overline{b_{n-1}}\,\overline{b_{n-3}}\ldots\overline{b_1}\,\overline{b_0}$$

$$[x]_{\uparrow h}=1\bar{b}_{n-1}\bar{b}_{n-3}\ldots\bar{b}_1\bar{b}_0+1$$

当真值 x 为正数时，x 的原码、反码和补码相同，符号位为 0，数值位为 x 的数值位；当真值 x 为负数时，符号位均为 1，原码的数值位保持真值的数值位不变，反码的数值位为真值的数值位每位取反，补码数值位为真值数值位每位取反后加 1，即反码加 1。为便于区分符号位，书写时机器数可用 "，" 将符号位与数值位分隔，如机器数 $0b_{n-2}b_{n-3}\cdots b_1b_0$ 也表示为 $0,b_{n-2}b_{n-3}\cdots b_1b_0$。

【例 2.11】已知真值 $x_1=+11001$，$x_2=-10101$，求 x_1 和 x_2 的原码、反码及补码。

x_1 为正数，所以　　　　　$[x_1]_原=[x_1]_反=[x_1]_{\uparrow h}=011001$

x_2 为负数，所以　　　　　$[x_2]_原=110101$

$$[x_2]_反=101010$$

$$[x_2]_{\uparrow h}=101011$$

也可以根据三种机器数的性质由已知机器数转换为真值。

【例 2.12】已知 $[x]_{\uparrow h}=100111$，求真值 x。

由补码的符号位为 1 可知 x 为负数，负数补码的数值位是通过真值数值位每位取反后加 1 得到，反之，将补码先减 1 再每位取反即可得到真值的数值位，连同符号-便是真值。

$100111-1=100110$，数值位取反后为 111001，即 $[x]_原=1\ 11001$。所以真值

$$x=-11001$$

【例 2.13】由于机器精度问题，计算机中的 0 分为+0 和-0 两种，分别求+0 和-0的原码、反码和补码，假设机器字长为 8 位。

对于正数，$[+0]_原=[+0]_反=[+0]_{\uparrow h}=00000000$

对于负数，$[-0]_原=10000000$

$\qquad\qquad[-0]_反=11111111$

$\qquad\qquad[-0]_{\uparrow h}=11111111+1=00000000$，其中最高位进位 1 溢出不显示

所以，+0 与-0 的原码和反码不一样但补码一样，$[+0]_{\uparrow h}=[-0]_{\uparrow h}=00000000$，而补码中的 10000000 规定用来表示真值为-10000000（-2^7）的补码。

2．算术运算

（1）二进制的四则运算

二进制数加法运算遵循 "逢二进一" 的运算法则：

$\qquad$0+0=0$\qquad\qquad$0+1=1$\qquad\qquad$1+0=1$\qquad\qquad$1+1=0（有进位）

二进制数减法运算遵循 "借一当二" 的运算法则：

$\qquad\qquad$0-0=1$\qquad\qquad$1-0=1$\qquad\qquad$1-1=0$\qquad\qquad$0-1=1（有借位）

二进制数乘、除运算的计算方法同十进制数的乘、除方法，只是遵循二进制数的进位规则即可。

【例 2.14】求 1001 与 0011 的和。

$$
\begin{array}{r}
1001 \quad —\quad 加数9\\
+\ \ 0011 \quad —\quad 加数3\\
\hline
1100 \quad —\quad 和12
\end{array}
$$

【例2.15】求 1001 与 0011 的差。

$$
\begin{array}{r}
1001 \quad —— \text{被减数 9}\\
-\ 0011 \quad —— \text{减数 3}\\
\hline
0110 \quad —— \text{差 6}
\end{array}
$$

【例2.16】求 1101 与 0110 的乘积。

$$
\begin{array}{r}
1101 \quad —— \text{因数 13}\\
\times\ 0110 \quad —— \text{因数 6}\\
\hline
0000\\
1101\\
1101\\
0000\\
\hline
1001110 \quad —— \text{积 78}
\end{array}
$$

【例2.17】求 11001101 与 101 的商。

$$
\begin{array}{r}
\text{除数} \quad 5 \ —— 101 \overline{)11001101} \quad —— \text{被除数 205}\\
\end{array}
$$

商 101001 —— 商 41

```
        101001 —— 商 41
101)11001101 —— 被除数 205
    101
    ---
     101
     101
     ---
      101
      101
      ---
        0
```

（2）机器数的加、减运算

机器数中原码表示最直观，补码最不直观，但补码的加、减运算规则较原码和反码简单。

用原码做加、减运算时，若两运算数符号相异（异号数相加或同号数相减），则需考虑其绝对值的大小关系，运算结果的符号为绝对值较大数的符号，值为两数绝对值相减的结果。

用反码进行加、减运算时，符号位连同数值位一起参与运算，若计算结果的最高位产生进位，则需将此进位 1 加到结果的最低位，即反码运算需要"循环进位"。可通过下式将反码的加、减法运算全部转换为加法运算：

$$[x+y]_反=[x]_反+[y]_反$$
$$[x-y]_反=[x]_反+[-y]_反$$

用补码进行加、减运算时，符号位连同数值位一起参与运算，当最高位的符号位产生进位时直接丢掉即可，不需"循环进位"。同样可通过下式将补码的加、减法运算全部转换为加法运算：

$$[x+y]_补=[x]_补+[y]_补$$
$$[x-y]_补=[x]_补+[-y]_补$$

【例 2.18】已知 $x=+0110$，$y=-1001$，求用补码求 $x+y$ 和 $x-y$。

$$[x]_{补}=00110，[y]_{补}=10111，[-y]_{补}=[1001]_{补}=01001$$
$$[x+y]_{补}=[x]_{补}+[y]_{补}=00110+10111=11101$$
$$[x-y]_{补}=[x]_{补}+[-y]_{补}=00110+01001=01111$$

所以，$x+y=-0011$，$x-y=+1111$。

由上可知，计算机中用补码做加、减运算最为简单。

3．逻辑运算

德国数学家莱布尼茨（Leibniz）首先提出了用演算符号表示逻辑语言的思想；英国数学家乔治·布尔（George Boole）于 1847 年创立了布尔代数；美国科学家香农（Claude Elwood Shannon）将布尔代数用于分析电话开关电路。布尔代数为解决工程实际问题提供了坚实的理论基础。

（1）逻辑运算的特点

逻辑代数中有三种基本的逻辑运算："或"运算、"与"运算和"非"运算，由这些基本的逻辑运算复合而成的"或非""与非""与或非""异或"等运算也是常见的逻辑运算。逻辑运算的运算数和运算结果都是逻辑值，只有 1 和 0 两种取值，它们不代表数值的大小，只表示事物的性质或状态。例如，命题判断中的"真"与"假"，程序流程图中的"是"与"否"，工业控制系统中的"开"与"关"，数字电路中的"高电平"与"低电平"等。通常用英文字母代表一个逻辑变量，如 A。

一个逻辑关系往往有多种不同的逻辑表达式，可以利用逻辑代数的基本规律和一些常用的逻辑恒等式，对逻辑表达式进行化简操作，以简化数字电路和设计。

逻辑运算与算术运算的规律不完全相同，所有逻辑运算都要注意以下问题：

① 逻辑运算是一种位运算，逐位按规则运算即可。

② 在逻辑运算中，非运算的优先级最高，与运算次之，或运算最低。

③ 逻辑运算中不同位之间没有任何关系，当然也就不存在进位或借位问题。

④ 逻辑运算由于没有进位，因此不存在溢出问题。

⑤ 逻辑运算数据没有符号问题，因此逻辑值在计算机中以原码形式进行表示和存储。

⑥ 逻辑运算由于具有以上特征，因此特别适合用于计算机逻辑电路设计。

（2）"或"运算

"或"运算又称逻辑加运算，运算符号为+，有时也用 ∨ 表示，是双目运算，式子"F 等于 A 加 B"写作 $F=A+B$，表示逻辑变量 A 和 B 做"或"运算，运算结果赋值给逻辑变量 F。"或"运算的逻辑关系为"遇 1 为 1，全 0 为 0"，即只要有一个运算数值为 1 结果即为 1，否则结果为 0。可用一张真值表来描述这样的逻辑关系，如表 2-10 所示。

由此可见"或"运算的运算法则为

$$0+0=0 \qquad 0+1=1 \qquad 1+0=1 \qquad 1+1=1$$

利用电子元件制造出符合或运算规则的电子器件，将这个电子器件称为或门，或门的表示符号如图 2-12 所示。或运算的应用是对某位二进制数进行置位（置为 1）运算。

表 2-10　"或"运算真值表

A	B	F
0	0	0
0	1	1
1	0	1
1	1	1

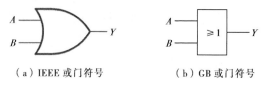

（a）IEEE 或门符号　　　　　（b）GB 或门符号

图 2-12　或运算的表示符号

（3）"与"运算

"与"运算又称逻辑乘运算，是双目运算，运算符号为 "·" 或 ∧，也可省略不写，式子 "F 等于 A 与 B" 写作 $F = A \cdot B$ 或 $F = AB$，表示逻辑变量 A 和 B 做 "与" 运算，运算结果赋值给 F。"与" 运算的逻辑关系为 "遇 0 为 0，全 1 为 1"，即只要有一个运算数值为 0 结果即为 0，否则结果为 1。"与" 运算的逻辑关系真值表如表 2-11 所示。

表 2-11　"与"运算真值表

A	B	F
0	0	0
0	1	0
1	0	0
1	1	1

如果利用电子元件制造出符合与运算规则的电子器件，将这个电子器件称为与门，与门的表示符号如图 2-13 所示。与运算的应用是对某位二进制数进行复位（置为 0）运算。

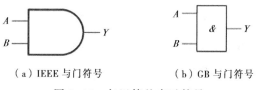

（a）IEEE 与门符号　　　　　（b）GB 与门符号

图 2-13　与运算的表示符号

（4）"非"运算

"非"运算是单目运算，运算符号为 "—" 或 "¬"，式子 "F 等于非 A" 写作 $F = \overline{A}$ 或 $F = \neg A$，表示变量 A 取反后赋值给 F。"非" 运算的逻辑关系为对运算变量求反运算，真值表如表 2-12 所示。

表 2-12 "非"运算真值表

A	F
0	1
1	0

利用电子元件制造出符合非运算规则的电子器件称为非门，非门的表示符号如图 2-14 所示。在逻辑门符号中，一般用"小圆圈"表示逻辑值取反。非运算的应用是对某部分（1～n 字节）二进制数进行全部反转（求全反）运算。

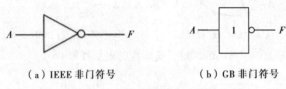

（a）IEEE 非门符号　　　　（b）GB 非门符号

图 2-14　非运算的表示符号

（5）"异或"运算

"异或"运算也是双目运算，运算符号为"⊕"，式子写作 $F = A \oplus B$，逻辑关系为当 A、B 取值相同时结果为 0，相异时结果为 1，真值表如表 2-13 所示。

表 2-13 "异或"运算真值表

A	B	F
0	0	0
0	1	1
1	0	1
1	1	0

由表 2-13 可见，"异或"运算的运算结果 F 与算术运算中加法运算和完全一致。异或运算的应用是对某位二进制数进行反转（求位反）运算，异或门的表示符号如图 2-15 所示。

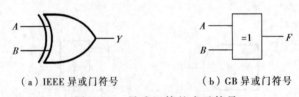

（a）IEEE 异或门符号　　　　（b）GB 异或门符号

图 2-15　异或运算的表示符号

与"异或"运算的逻辑关系相反的一种运算叫"同或"运算，运算符号为"⊙"，其逻辑关系为运算变量值相同时运算结果为 1，相异时结果为 0。

$$A \odot B = \overline{A \oplus B}$$

（6）复合逻辑运算

常见的逻辑运算除了上述一些基本逻辑运算外，还有"与非"运算、"或非"运算及"与或非"运算等，其逻辑运算表达式及真值表如表 2-14 所示。

表 2-14 几种复合逻辑运算真值表

(a)"与非"运算 $F = \overline{A \cdot B}$

A	B	F
0	0	1
0	1	1
1	0	1
1	1	0

(b)"或非"运算 $F = \overline{A + B}$

A	B	F
0	0	1
0	1	0
1	0	0
1	1	0

(c)"与或非"运算 $F = \overline{AB + CD}$

A	B	C	D	F
0	0	0	0	1
0	0	0	1	1
0	0	1	0	1
0	0	1	1	0
0	1	0	0	1
0	1	0	1	1
0	1	1	0	1
0	1	1	1	0
1	0	0	0	1
1	0	0	1	1
1	0	1	0	1
1	0	1	1	0
1	1	0	0	0
1	1	0	1	0
1	1	1	0	0
1	1	1	1	0

【例 2.19】已知 $F = A\overline{B} + \overline{A}B$,求变量 A、B 分别取四种组合时 F 的值。

两个变量最多可有四种不同二进制组合,可以用真值表的形式逐步列出当 AB 组合取值确定时该逻辑表达式各成分的值,如表 2-15 所示。

表 2-15 真 值 表

A	B	$\overline{A}$	$\overline{B}$	$A\overline{B}$	$\overline{A}B$	F
0	0	1	1	0	0	0
0	1	1	0	0	1	1
1	0	0	1	1	0	1
1	1	0	0	0	0	0

由此可见,对于 $F = A\overline{B} + \overline{A}B$,当 A、B 取值同为 0 或同为 1 时,F 值为 0,否则 F 值为 1,与异或运算的逻辑关系完全一致,即

$$A \oplus B = A\overline{B} + \overline{A}B$$

 小 结

计算的实质就是字符串的变换。是从一个已知的初始符号串开始,在有限步骤内按照一定规则进行变换最终得到目标符号串的过程。1936 年,图灵提出了一种抽象的计算模型——图灵机。图灵的研究成果为:可计算性 $\Leftrightarrow$ 图灵可计算性。

在计算机中，二进制数的每一位只能是数字0或者1，它只有形式的意义，对于不同的应用，可以赋予不同的含义。因此，可以使用二进制来表示数值、字符、声音和图像等多媒体信息。对于这些数据，需要进行相应的编码。在实际的应用中，由于二进制不直观，因此，在程序的输入和输出中一般仍采用十进制数，而在分析计算机内部工作时，常用到十六进制数，这样，就需要进行相应的转换。

计算机中数据的常用单位有位、字节和字。

算术运算和逻辑运算是计算机中的两大基本运算。算术运算主要包括加、减、乘、除四则运算，逻辑运算主要包括逻辑与、或、非三种运算。

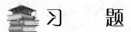 习　　题

1. 简述图灵机模型的基本思想。
2. 简述冯·诺依曼型计算机的基本思想。
3. 汉字编码可分为哪几类？列举出几种常见的输入码。
4. 定点表示法与浮点表示法各有什么特点？
5. 为什么说计算机中用补码做加减运算最简单？
6. 搜集资料，了解图灵机模型的主要应用领域有哪些。

计算机系统结构 <<<

第 3 章

核心内容

- 计算机系统构成；
- 计算机硬件系统；
- 中央处理器；
- 存储器；
- 输入/输出设备；
- 计算机工作原理；
- 计算机软件系统；
- 系统软件；
- 应用软件。

本章首先对计算机系统的组成做初步介绍。然后分别就硬件系统和软件系统进行较为详细的阐述。其中，在硬件系统部分，首先对冯·诺依曼型计算机及计算机工作原理做详细介绍，然后分别对中央处理器、存储器、输入/输出设备等进行系统的介绍。在软件系统部分，首先介绍软件系统结构；然后对其中的操作系统做较为详细的叙述，包括操作系统的定义、发展及功能等；最后对软件开发基础进行简单的介绍。

3.1 计算机系统构成

计算机系统由硬件系统和软件系统组成。计算机硬件系统是指构成计算机的所有实体部件的集合，通常这些部件由电路（电子元件）、机械等物理部件组成，它们都是看得见、摸得着的物理实体，通常称为"硬件"。计算机硬件系统主要包括中央处理机、存储器和输入/输出外围设备，如显示器、主机等，是构成计算机的实体。计算机软件系统是指管理计算机软件和硬件资源、控制计算机运行的程序、命令、指令及数据等，又称"软设备"，是指计算机系统中的程序及其文档。程序是计算任务的处理对象和处理规则的描述；文档是为了便于了解程序所需的阐明性资料。微型计算机系统构成如图 3-1 所示。

计算机系统具有接收和存储信息、按程序快速计算和判断并输出处理结果等功能。计算机是依靠硬件系统和软件系统的协同工作来执行一个具体任务。硬件是计算机系统的物质基础，没有硬件就不能称其为计算机；而软件是计算机的语言，是硬件功能的扩充和完善，没有软件的支持，计算机就无法使用。任何软件都是建立在硬件基础上的，离不开硬件的支持。但如果没有软件的支持，硬件的功能就不能得到充分的发挥。目前大、中、小型及微型计算机系统基本上由硬件系统和软件系统两大部分组成。

图 3-1　微型计算机系统构成

3.2　计算机硬件系统

计算机硬件是构成计算机系统的所有物理器件、部件、设备及相应的工作原理与设计、制造、检测等技术的总称。广义的硬件包含硬件本身及其工程技术两部分。计算机系统的物理元器件包括集成电路、印制电路板及其他磁性元件、电子元件等。计算机系统的硬件设备包括控制器、运算器、存储器、输入/输出设备等，其中，控制器和运算器两部分集成起来构成了计算机硬件系统的核心单元——中央处理器（CPU）。

3.2.1　冯·诺依曼体系结构及计算机工作原理

1. 冯·诺依曼体系结构

所谓计算机体系结构，是指构成计算机硬件系统的主要部件的总体布局、部件的主要功能及部件之间的连接方式。冯·诺依曼体系结构来源于 EDVAC（101）方案。

1945 年 6 月，美籍匈牙利科学家约翰·冯·诺依曼（John von Neumann）起草了一个存储程序通用电子计算机方案——EDVAC（Electronic Discrete Variable Automatic Computer，离散变量自动电子计算机），对 ENIAC 进行了改造。这项完美的设计为现代电子计算机的结构奠定了基础，提出了在数字计算机内部的存储器中存放程序的概念（Stored Program Concept）。这是所有现代电子计算机的范式，称为"冯·诺依曼结构"，按这一结构建造的计算机称为存储程序计算机（Stored Program Computer），又称通用计算机。长达 101 页的 EDVAC 方案是计算机发展史上的一个划时代的文献，它向世界宣告：电子计算机时代开始了。而为这个方案做出贡献的冯·诺依曼（见图 3-2）

则被人们誉为"电子计算机之父"。

图3-2 约翰·冯·诺依曼

EDVAC方案明确规定新机器有五个构成部分：① 计算器；② 控制器；③ 存储器；④ 输入设备；⑤输出设备，并描述了这五部分的职能和相互关系。EDVAC方案有两个非常重大的改进：一是采用二进制；二是完成了存储程序，可以自动地从一个程序指令进到下一个程序指令，其作业可以通过指令自动完成。"指令"包括数据和程序，把它们用码的形式输入计算机的记忆装置中，即用记忆数据的同一记忆装置存储执行运算的命令，这就是所谓存储程序的新概念。这个概念被誉为计算机史上的一个里程碑。

① 输入设备：用于将程序（指令的集合，告诉计算机做什么以及怎么做的工作步骤）和数据从外界输入计算机（存储器），供计算机处理，主要任务是数字化。

② 存储器：是计算机的记忆装置，用于存放程序和数据。

③ 运算器：是计算机对数据进行加工处理的部件，完成加、减、乘、除等基本算术运算和与、或、非等基本逻辑运算。

④ 控制器：用于控制计算机各部件协调工作。控制器从存储器中取出指令（告诉计算机做什么以及怎么做）并根据指令向有关部件发出控制命令。

⑤ 输出设备：用于将计算机的处理结果转换成外界能够识别的文字、电压等信息并输出。

冯·诺依曼的功绩在于运用雄厚的数理知识和非凡的抽象、分析和综合能力，在EDVAC方案的总体配置和逻辑设计中起到了关键作用。时至今日，所有计算机都没有突破（实质突破）冯·诺依曼体系结构。图3-3所示为冯·诺依曼体系结构。

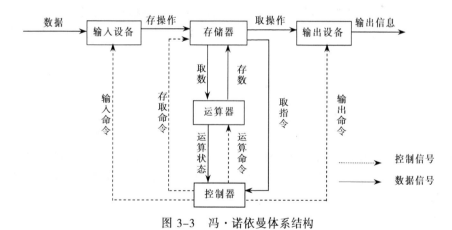
图3-3 冯·诺依曼体系结构

2. 计算机工作原理

根据冯·诺依曼体系结构构成的计算机，必须具有如下功能：把需要的程序和数据送至计算机中；具有长期记忆程序、数据、中间结果及最终运算结果的能力；能够完成各种算术、逻辑运算和数据传送等数据加工处理的能力；能够根据需要控制程序走向，并能根据指令控制机器的各部件协调操作；能够按照要求将处理结果输出给用户。

为此，计算机的工作原理可概括如下（结合图 3-3）：

① 控制器发出输入命令启动输入设备将程序和数据输入到计算机的存储器中。

② 控制器发出存取命令从存储器取出一条指令。

③ 将取出的指令存储到控制器中；控制器分析指令并向运算器发出相应的运算命令。

④ 运算器从存储器中取出数据执行相应的操作，并将结果存入存储器中（或暂存在运算器）。重复执行取指令→分析指令→执行指令。指令是一个非常低级的操作，计算机所做的每一件事都被分解为一系列极其简单又极其快速的算术运算和逻辑运算。

⑤ 控制器发出输出命令启动输出设备将计算机的处理结果输出给用户。

在冯·诺依曼体系结构下计算机的定义：能够按照事先存储的程序，自动、高速地对数据进行输入、处理、存储和输出的系统。

传统的冯·诺依曼型计算机从本质上讲是采取串行顺序处理的工作机制，即使有关数据已经准备好，也必须逐条执行指令序列。而提高计算机性能的根本方向之一是并行处理。因此，近年来人们谋求突破传统冯·诺依曼体制的束缚，称为非诺依曼化。对非诺依曼化的探讨仍在争议中，一般认为它表现在以下三个方面：

① 在冯·诺依曼体制范畴内，对传统冯·诺依曼机进行改造，如采用多个处理部件形成流水处理，依靠时间上的重叠提高处理效率；又如组成阵列机结构，形成单指令流多数据流，提高处理速度。这些方向已比较成熟，成为标准结构。

② 用多个冯·诺依曼机组成多机系统，支持并行算法结构。这方面的研究目前比较活跃。

③ 从根本上改变冯·诺依曼机的控制流驱动方式。例如，采用数据流驱动工作方式的数据流计算机，只要数据已经准备好，有关的指令就可并行地执行。这是真正非诺依曼化的计算机，它为并行处理开辟了新的前景，但由于控制的复杂性，仍处于实验探索之中。

3.2.2 CPU

中央处理器（Central Processing Unit，CPU）也称微处理器（Microprocessor），是计算机的主要设备之一。其功能主要是解释计算机指令及处理计算机软件中的数据。计算机的可编程性主要是指对 CPU 的编程。CPU 是计算机中的核心部件，体积虽然不大，但它却是一台计算机的运算核心和控制核心。计算机中所有操作都由 CPU 负责控制和运算。

1. CPU 的构成

CPU 包括运算逻辑部件、寄存器部件和控制部件。CPU 从存储器或高速缓冲存储器中取出指令，放入指令寄存器，并对指令译码。它把指令分解成一系列的微操作，然后发出各种控制命令，执行微操作系列，从而完成一条指令的执行。指令是计算机规定执行操作的类型和操作数的基本命令。指令由一个字节或者多个字节组成，其中包括操作码字段、一个或多个有关操作数地址的字段及一些表征机器状态的状态字和特征码。

（1）运算逻辑部件

运算逻辑部件是进行算术运算和逻辑运算的基本部件。算术运算有加、减、乘、除等；逻辑运算有比较、移位、与、或、非、异或等，也可执行地址的运算和转换。在控制器的控制下，运算逻辑部件从存储器中取出数据进行运算，然后将运算结果写回存储器中。

（2）寄存器部件

寄存器部件包括通用寄存器、专用寄存器和控制寄存器。

通用寄存器又可分定点数和浮点数两类，它们用来保存指令中的寄存器操作数和操作结果。通用寄存器是中央处理器的重要组成部分，大多数指令都要访问到通用寄存器。通用寄存器的宽度决定计算机内部的数据通路宽度，其端口数目往往可影响内部操作的并行性。

专用寄存器是为了执行一些特殊操作所需用的寄存器。

控制寄存器通常用来指示机器执行的状态，或者保存某些指针，有处理状态寄存器、基地址寄存器、特权状态寄存器、条件码寄存器、处理异常事故寄存器及检错寄存器等。

有时中央处理器中还有一些缓存，用来暂时存放一些数据指令，缓存越大，CPU的运算速度越快。

（3）控制部件

控制部件主要用来控制程序和数据的输入、输出，以及各个部件之间的协调运行。控制器由程序计数器、指令寄存器、指令译码器和其他控制单元组成。控制器工作时，它根据程序计数器中的地址，从存储器中取出指令，送到指令寄存器中，再由控制器发出一系列命令信号，送到相关硬件部位，引起相应动作，完成指令所规定的操作。

大、中、小型和微型计算机中央处理器的规模和实现方式不尽相同，工作速度也变化较大。中央处理器可以由几块电路块甚至由整个机架组成。如果中央处理器的电路集成在一片或少数几片大规模集成电路芯片上，则称为微处理器。

2. CPU 的产品类型

市场上的 CPU 产品主要分为两类：x86 系列和非 x86 系列。

x86 系列 CPU 主要由 Intel 和 AMD 两家公司生产，Intel 公司是 CPU 领域的技术领头人。x86 系列 CPU 产品在操作系统一级相互兼容，产品主要用于台式计算机、笔记本式计算机、高性能服务器等领域。

非 x86 系列 CPU 的设计和生产厂商非常多，主要有：ARM（安媒）公司的 ARM 系列 CPU；IBM 公司的 PowerPC 系列 CPU，产品主要用于军事、航空等工业控制领域；MIPS系列 CPU，如中国的"龙芯"CPU，产品主要用于工业控制、嵌入式系统、安全等领域。非 x86 系列 CPU 由于指令系统各不相同，它们在硬件和软件方面都不兼容。

随着智能手机的发展，ARM CPU 近年来异军突起，占据了智能手机 95% 以上的市场，在工业控制、物联网等领域也攻城略地，风生水起。ARM 公司并不生产 CPU 产品，它只设计 CPU 内核，以知识产权（IP 核）的形式提供 CPU 内核设计版图，然后向 CPU 二次开发商和生产厂商收取专利费用。著名的二次开发和生产厂商有美国的高通公司（"骁龙"系列 CPU）和我国华为公司（"海思"系列 CPU），其他的有苹果、三星、联发科等公司。

3．Intel 酷睿系列 CPU 产品

Intel 公司的 CPU 类型有："酷睿"（Core）系列，主要用于桌面型计算机；"至强"（Xeon）系列，主要用于高性能服务器；嵌入式系列，如"凌动"（Atom）系列和 8051 系列等。

"酷睿"系列 CPU 是 Intel 公司的主力产品，一般分 Core i7、Core i5、Core i3 三个档次（从第 7 代开始，出现了高端的 Core i9 CPU）。"酷睿"系列产品经历了 8 代的发展。

① Intel Core 2 Duo 2Quad/2Extreme/i7/i5/i3，如 Core i7 860（第 1 代，45 nm/32 nm 工艺，2006—2008 年）。

② Intel Core i3/i5/i7 2×××，如 Core i7 2600K（第 2 代，32 nm 工艺，2011 年）。

③ Intel Core i3/i5/i7 3×××，如 Core i7 3770K（第 3 代，22 nm 工艺，2012 年）。

④ Intel Core i3/i5/i7 4×××，如 Core i5 4670K（第 4 代，22 nm 工艺，2013 年）。

⑤ Intel Core i3/i5/i7 5×××，如 Core i7 5960X（第 5 代，22/14 nm 工艺，2015 年）。

⑥ Intel Core i3/i5/i7 6×××，如 Core i7 6700K（第 6 代，14 nm 工艺，2015 年）。

⑦ Intel Core i3/i5/i7/i9 7×××，如 Core i9 7900X（第 7 代，14 nm 工艺，2016 年、2017 年）。

⑧ Intel Core i3/i5/i7/i9 8×××，如 Core i7 8700K（第 8 代，14 nm 工艺，2018 年）。

4．CPU 的主要性能指标

（1）主频

主频又称时钟频率，单位是兆赫（MHz）或吉赫（GHz），用来表示 CPU 的运算、处理数据的速度。CPU 的主频＝外频×倍频系数。很多人认为主频就决定着 CPU 的运行速度，这是片面的，主频和实际的运算速度存在一定的关系，但并不是一个简单的线性关系。CPU 的主频与 CPU 实际的运算能力是没有直接关系的，主频表示 CPU 内数字脉冲信号振荡的速度。CPU 的运算速度还要看 CPU 的流水线、总线等各方面的性能指标。主频和实际的运算速度是有关的，只能说主频仅仅是 CPU 性能表现的一个方面，而不代表 CPU 的整体性能。

（2）外频

外频是 CPU 的基准频率，单位是 MHz。CPU 的外频决定着整块主板的运行速度。通俗地说，在台式计算机中，所说的超频，都是超 CPU 的外频（一般情况下，CPU 的倍频都是被锁住的）。但对于服务器 CPU 来讲，超频是绝对不允许的。前面说到 CPU 决定着主板的运行速度，两者是同步运行的，如果把服务器 CPU 超频了，改变了外频，会产生异步运行，造成整个服务器系统的不稳定。

（3）前端总线频率

前端总线（FSB）频率即总线频率，它直接影响 CPU 与内存直接数据交换速度。数据带宽＝(总线频率×数据位宽)/8，数据传输最大带宽取决于所有同时传输的数据的宽度和传输频率。

（4）CPU 的位和字长

位采用二进制，代码只有 0 和 1，其中无论是 0 还是 1，在 CPU 中都是一"位"。CPU 的字长是指 CPU 内部算术逻辑运算单元（ALU）一次处理二进制数据的位数。目前，CPU 的 ALU 有 32 位和 64 位两种类型，x86 系列的 CPU 字长为 64 位，大多数平板式计算机和智能手机的 CPU 字长为 32 位。由于 x86 系列 CPU 向下兼容，因此 16 位、32 位的软件也可以运行在 64 位 CPU 中。

由于常用的英文字符用 8 位二进制就可以表示，所以通常就将 8 位称为一个字节。字长的长度是不固定的，对于不同的 CPU，字长的长度也不一样。

（5）倍频系数

倍频系数是指 CPU 主频与外频之间的相对比例关系。在相同的外频下，倍频越高 CPU 的频率也越高。

（6）高速缓存

高速缓存的大小也是 CPU 的重要指标之一，而且缓存的结构和大小对 CPU 速度的影响非常大。CPU 内缓存的运行频率极高，一般是和处理器同频运作，工作效率远远大于系统内存和硬盘。实际工作时，高速缓存（Cache）是采用 SRAM（静态随机存取存储器）结构的内部存储单元，CPU 往往需要重复读取同样的数据块，利用数据存储的局部性原理，增大缓存容量，可以大幅度提升 CPU 内部读取数据的命中率，而不用再到内存或者硬盘上寻找，从而极大地改善了系统的性能。目前，CPU 的高速缓存容量为 1～10 MB，甚至更高，高速缓存结构也从一级发展到三级（L1 Cache～L3 Cache）。

（7）CPU 扩展指令集

CPU 依靠指令来自计算和控制系统，每款 CPU 在设计时就规定了一系列与其硬件电路相配合的指令系统。指令的强弱也是 CPU 的重要指标，指令集是提高微处理器效率的最有效工具之一。从现阶段的主流体系结构讲，指令集可分为复杂指令集和精简指令集两部分（指令集共有四个种类），而从具体运用看，如 Intel 的 MMX、SSE、SSE2、SSE3、SSE4 系列和 AMD 的"3DNow!"等都是 CPU 的扩展指令集，分别增强了 CPU 的多媒体、图形、图像和 Internet 等的处理能力。

（8）CPU 内核和 I/O 工作电压

从 Pentium 系列的 CPU 开始，CPU 的工作电压分为内核电压和 I/O 电压两种，通常 CPU 的核心电压小于等于 I/O 电压。其中内核电压的大小是根据 CPU 的生产工艺而定，一般制作工艺越小，内核工作电压越低；I/O 电压一般为 1.6～5 V。低电压能解决耗电过大和发热过高的问题。

（9）制造工艺

制造工艺指制造 CPU 的制程，目前单位为 nm。制造工艺的趋势是向密集度高的方向发展。密集度高的 IC 电路设计，意味着在同样大小面积的 IC 中，可以拥有密度更高、功能更复杂的电路设计。现在主要的制造工艺是 45 nm、32 nm、22 nm、14 nm。

（10）指令集

CISC（Complex Instruction Set Computer）指令集，又称复杂指令集。在 CISC 微

处理器中，程序的各条指令是按顺序串行执行的，每条指令中的各个操作也是按顺序串行执行的。顺序执行的优点是控制简单，但计算机各部分的利用率不高，执行速度慢。英特尔生产的x86系列（也就是IA-32架构）CPU及其兼容CPU都属于CISC CPU。

RISC（Reduced Instruction Set Computing）指令集，意思是"精简指令集"。它是在CISC指令系统基础上发展起来的，RISC指令集是高性能CPU的发展方向。与传统的CISC相比，RISC的指令格式统一，种类比较少，寻址方式也比复杂指令集少，因此处理速度就提高了。目前在中高档服务器中普遍采用这一指令系统的CPU，特别是高档服务器全都采用RISC指令系统的CPU。RISC指令系统更加适合高档服务器的操作系统UNIX及类UNIX的操作系统Linux。

（11）超流水线与超标量

流水线是Intel首次在486芯片中开始使用的。流水线的工作方式就像工业生产上的装配流水线。在CPU中由5~6个不同功能的电路单元组成一条指令处理流水线，然后将一条X86指令分成5~6步后再由这些电路单元分别执行，这样就能实现在一个CPU时钟周期完成一条指令，以此提高CPU的运算速度。

超标量是通过内置多条流水线来同时执行多个处理器，其实质是以空间换取时间。而超流水线是通过细化流水、提高主频，使得在一个机器周期内完成一个甚至多个操作，其实质是以时间换取空间。

（12）封装形式

CPU封装是采用特定的材料将CPU芯片固化在其中以防损坏的保护措施，一般必须在封装后CPU才能交付用户使用。CPU的封装方式取决于CPU安装形式和器件集成设计，从大的分类来看通常采用Socket插座进行安装的CPU使用PGA（栅格阵列）方式封装，而采用Slot X槽安装的CPU则全部采用SEC（单边接插盒）形式封装。

（13）多线程

同时多线程（Simultaneous Multithreading, SMT）可通过复制处理器上的结构状态，让同一个处理器上的多个线程同步执行并共享处理器的执行资源，可最大限度地实现宽发射、乱序的超标量处理，提高处理器运算部件的利用率，缓和由于数据相关或Cache未命中带来的访问内存延时问题。

（14）多核CPU

多核CPU是在一个CPU芯片内部集成多个CPU内核。多核CPU带来了更强大的运算能力，但是增加了CPU发热功耗。在目前的CPU产品中，4核至8核CPU占据了主流地位。Intel公司表示，理论上CPU可以扩展到1000核。8核CPU的结构如图3-4所示。

多核CPU使计算机设计变得更加复杂，运行在不同内核的程序为了互相访问、相互协作，需要进行独特设计，如高效进程之间的通信机制、共享内存数据等。此外，程序代码迁移也是问题。多核CPU需要软件支持，只有运行基于线程化设计的程序，多核CPU才能充分发挥应有性能。

（15）对称多处理结构

对称多处理结构（Symmetric Multi-Processing, SMP）是指在一个计算机上汇集了一组处理器（多 CPU），各 CPU 之间共享内存子系统及总线结构。在这种技术的支持下，一个服务器系统可以同时运行多个处理器，并共享内存和其他的主机资源。

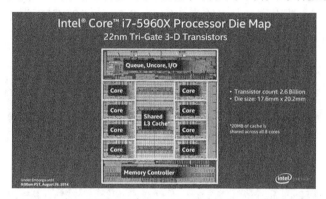

图 3-4　INTEL 8 核 CPU

（16）NUMA 技术

NUMA（Non Uniform Memory Access Achitecture，非一致访问分布共享存储）技术是由若干通过高速专用网络连接起来的独立结点构成的系统，各个结点可以是单个的 CPU 或是 SMP 系统。在 NUMA 中，Cache 的一致性有多种解决方案，需要操作系统和特殊软件的支持。

（17）乱序执行技术

乱序执行（Out-of-order Execution）是指 CPU 允许将多条指令不按程序规定的顺序分开发送给各相应电路单元处理的技术。分析电路单元的状态和各指令能否提前执行的具体情况后，将能提前执行的指令立即发送给相应电路单元执行，在这期间不按规定顺序执行指令，然后由重新排列单元将各执行单元结果按指令顺序重新排列。采用乱序执行技术的目的是使 CPU 内部电路满负荷运转，并相应提高 CPU 运行程序的速度。

3.2.3　内存

内存（Memory）又称内存储器，是计算机中重要的部件之一。计算机中所有程序的运行都是在内存中进行的，因此内存对计算机性能的影响非常大。内存用于暂时存放 CPU 中的运算数据，以及与硬盘等外部存储器交换的数据。计算机运行期间，CPU 就会把需要运算的数据调到内存中进行运算，当运算完成后 CPU 再将结果传送出来。

内存一般采用半导体存储单元，包括只读存储器、随机存储器及高速缓冲存储器。

1. 只读存储器

在制造只读存储器（Read Only Memory，ROM）时，信息（数据或程序）就被存入并永久保存。这些信息只能读出，一般不能写入，即使机器停电，这些数据也不会丢失。ROM 一般用于存放计算机的基本程序和数据，如 BIOS ROM。

2. 随机存储器

随机存储器（Random Access Memory，RAM）表示既可以从中读取数据，也可以写入数据，但它只能暂存数据，当机器电源关闭时，存于其中的数据就会丢失。

图 3-5 所示为几种 RAM 内存。其中，SIMM 为单列直差式内存模组，这种内存采用 30 针引脚，大小约为 9 cm×2 cm；DIMM 为双列直插式内存模组，这种内存采用加长的 168 针或 184 针引脚，大小约为 14 cm×2.5 cm；SODIMM 为小外形双列直插式内存模组，这种内存采用 144 针或 200 针引脚，大小约为 5 cm×2.5 cm。

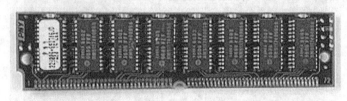

（a）SIMM

（b）DIMM

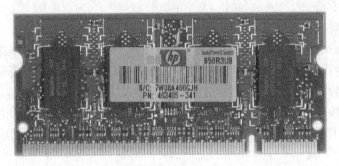

（c）SODIMM

图 3-5　几种 RAM 内存

3．高速缓冲存储器

高速缓冲存储器（Cache）位于 CPU 与内存之间，是一个读/写速度比内存更快的存储器。当 CPU 向内存中写入或读出数据时，这个数据也被存储进高速缓冲存储器中。当 CPU 再次需要这些数据时，CPU 就从高速缓冲存储器读取数据，而不是访问较慢的内存，当然，如需要的数据在 Cache 中没有，CPU 会再去读取内存中的数据。

4．物理存储器和地址空间

物理存储器和存储地址空间是两个不同的概念。但是，由于这两者有十分密切的关系，而且两者都用 B、KB、MB、GB 来度量其容量大小，因此容易产生认识上的混淆。

物理存储器是指实际存在的具体存储器芯片。如主板上装插的内存和装载有系统的 BIOS 的 ROM 芯片，显示卡上的显示 RAM 芯片和装载显示 BIOS 的 ROM 芯片，以及各种适配卡上的 RAM 芯片和 ROM 芯片都是物理存储器。

存储地址空间是指对存储器编码（编码地址）的范围。所谓编码就是对每一个物理存储单元（1 字节）分配一个号码，通常叫做"编址"。分配一个号码给一个存储单元的目的是便于找到它，完成数据的读/写，这就是所谓的"寻址"。

地址空间的大小和物理存储器的大小并不一定相等。例如，某层楼共有 17 个房间，其编号为 801～817。这 17 个房间是物理的，而其地址空间采用了 3 位编码，其范围是 800～899 共 100 个地址，可见地址空间是大于实际房间数量的。对于 386 以上档次的微机，其地址总线为 32 位或 64 位，因此地址空间为：2^{32}B＝4 GB 或 2^{64}B＝16 EB。

3.2.4 输入/输出设备

输入/输出设备是计算机的外围设备。输入设备（Input Device）是指向计算机输入数据和信息的设备，是计算机与用户或其他设备通信的桥梁。输入设备是用户和计算机系统之间进行信息交换的主要装置之一。键盘、鼠标、摄像头、扫描仪、光笔、手写输入板、游戏杆、语音输入装置等都属于输入设备。输入设备是人或外部与计算机进行交互的一种装置，用于把原始数据和处理这些数据的程序输入计算机中。输出设备（Output Device）是人与计算机交互的一种部件，用于数据的输出。它把各种计算结果数据或信息以数字、字符、图像、声音等形式表示出来。常见的有显示器、打印机、绘图仪、影像输出系统、语音输出系统、磁记录设备等。

1. 输入设备

计算机能够接收各种各样的数据，既可以是数值型的数据，也可以是各种非数值型的数据，如图形、图像、声音等都可以通过不同类型的输入设备输入计算机中，进行存储、处理和输出。常见的计算机输入设备有如下几种。

（1）键盘

键盘（Keyboard）是常用的输入设备，它由一组开关矩阵组成，包括数字键、字母键、符号键、功能键及控制键等，如图 3-6 所示。每一个按键在计算机中都有它的唯一代码。当按下某个键时，键盘接口将该键的二进制代码送入计算机主机中，并将按键字符显示在显示器上。当快速大量输入字符，主机来不及处理时，先将这些字符的代码送往内存的键盘缓冲区，然后再从该缓冲区中取出进行分析处理。键盘接口电路多采用单片微处理器，由它控制整个键盘的工作，如上电时对键盘的自检、键盘扫描、按键代码的产生、发送及与主机的通信等。

图 3-6　普通键盘

使用计算机和打字机都需要进行键盘操作，工作人员长时间从事键盘操作往往产生手腕、手臂、肩背的疲劳，影响工作和休息。人体工程学键盘，如图3-7所示，是在标准键盘上将指法规定的左手键区和右手键区这两大板块左右分开，并形成一定角度，使操作者不必有意识地夹紧双臂，保持一种比较自然的形态，这种设计的键盘被微软公司命名为自然键盘（Natural Keyboard），对于习惯盲打的用户可以有效地减少左右手键区的误击率，如字母G和H。有的人体工程学键盘还有意加大常用键如空格键和回车键的面积，在键盘的下部增加护手托板，给以前悬空手腕以支持点，减少由于手腕长期悬空导致的疲劳。这些都可以视为人性化的设计。

（2）鼠标

鼠标（Mouse）是一种手持式屏幕坐标定位设备，它是适应菜单操作的软件和图形处理环境而出现的一种输入设备，特别是在现今流行的Windows图形操作系统环境下，应用鼠标更加方便快捷。鼠标有两种，一种是机械式的，另一种是光电式的，现在常用的为光电式鼠标，如图3-8所示。

图3-7 人体工程学键盘　　　　　　　　图3-8 光电式鼠标

机械式鼠标的底座上装有一个可以滚动的金属球，当鼠标在桌面上移动时，金属球与桌面摩擦，发生转动。金属球与四个方向的电位器接触，可测量出上下左右四个方向的位移量，用以控制屏幕上光标的移动。光标和鼠标的移动方向是一致的，而且移动的距离成比例。

光电式鼠标的底部装有两个平行放置的小光源。这种鼠标在反射板上移动，光源发出的光经反射板反射后，由鼠标接收，并转换为电移动信号送入计算机，使屏幕的光标随之移动。

鼠标上有两个键的，也有三个键的。最左边的键是拾取键，最右边的键为消除键，中间的键是菜单的选择键。由于鼠标所配的软件系统不同，对上述三个键的定义有所不同。一般情况下，鼠标左键可在屏幕上确定某一位置，该位置在字符输入状态下是当前输入字符的显示点；在图形状态下是绘图的参考点。在菜单选择中，左键（拾取键）可选择菜单项，也可以选择绘图工具和命令。当作出选择后系统会自动执行所选择的命令。鼠标能够移动光标，选择各种操作和命令，并可方便地对图形进行编辑和修改，但不能输入字符和数字。

在计算机中，鼠标的操纵性往往起到关键性的作用，随着鼠标技术的改良，造型新颖、工艺细腻的新型鼠标不断涌现，如多键鼠标、无线鼠标、蓝牙鼠标等，如图3-9所示，使计算机操作变得更加轻松而且富有乐趣。

（a）多键鼠标　　　　　　　（b）无线鼠标　　　　　　　（c）蓝牙鼠标

图 3-9　新型鼠标

（3）其他输入设备

除键盘和鼠标外，还有其他几种输入设备，如光学标记阅读机、图形（图像）扫描仪等。

光学标记阅读机如图 3-10 所示，是一种用光电原理读取纸上标记的输入设备，常用的有条码读入器和计算机自动评卷记分的输入设备等。

图形（图像）扫描仪如图 3-11 所示，是利用光电扫描将图形（图像）转换成像素数据输入计算机中的输入设备。目前一些部门已开始把图像输入用于图像资料库的建设中，如人事档案中的照片输入，公安系统案件资料管理，数字化图书馆的建设，工程设计和管理部门的工程图管理系统，都使用了各种类型的扫描仪。

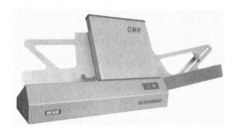

图 3-10　光学标记阅读机　　　　　　　　图 3-11　扫描仪

现在人们正在研究使计算机具有人的"听觉"和"视觉"，即让计算机能听懂人说的话，看懂人写的字，从而能以人们接收信息的方式接收信息。为此，人们开辟了新的研究方向，其中包括模式识别、人工智能、信号与图像处理等，并在这些研究方向的基础上产生了语言识别、文字识别、自然语言理解与机器视觉等研究方向。语言和文字输入技术的实质是使计算机从语言的声波及文字的形状领会到所听到的声音或见到的文字的含义，即对声波与文字的识别。

2．输出设备

输出设备用于将计算机中的数据或信息输出给用户。如显示器、打印机等，把计算机的计算结果或中间结果以各种方式输出。常见的输出设备有如下几种。

（1）显示器

显示器（Display）又称监视器，是实现人机对话的主要工具。它既可以显示键盘输入的命令或数据，也可以显示计算机数据处理的结果。常用的显示器主要有两种类型：一种是 CRT（Cathode Ray Tube，阴极射线管）显示器，用于一般的台式计算机，如图 3-12 所示；另一种是液晶显示器（Liquid Crystal Display，LCD），用于便携式微机，如图 3-13 所示。

图 3-12　CRT 显示器

图 3-13　LCD 显示器

CRT 显示器是一种使用阴极射线管的显示器，阴极射线管主要由五部分组成：电子枪（Electron Gun）、偏转线圈（Deflection Coils）、荫罩（Shadow Mask）、荧光粉涂层（Phosphor）及玻璃外壳。CRT 纯平显示器具有可视角度大、无坏点、色彩还原度高、色度均匀、可调节的多分辨率模式、响应时间极短等 LCD 显示器难以超过的优点，而且 CRT 显示器价格要比 LCD 显示器便宜。

LCD 显示器是采用了液晶控制透光度技术来实现色彩的显示器。和 CRT 显示器相比，LCD 的优点是很明显的。由于通过控制是否透光来控制亮和暗，当色彩不变时，液晶也保持不变，这样就无须考虑刷新率的问题。对于画面稳定、无闪烁感的液晶显示器，刷新率不高但图像也很稳定。LCD 显示器还通过液晶控制透光度的技术原理让底板整体发光，所以它做到了真正的完全平面。如今的 LCD 显示器已经取代 CRT 成为当下主流的显示设备。

显示器的技术指标有：

① 分辨率：通常用一个乘积来表示。它标明了水平方向上的像素点数（水平分辨率）与垂直方向上的像素点数（垂直分辨率）。例如，分辨率为 1 280×1 024 像素，表示这个画面的构成在水平方向（宽度）有 1 280 个像素点，在垂直方向（高度）有 1 024 个点。所以一个完整的画面总共有 1 310 720 个像素点。分辨率越高，意味着屏幕上可以显示的信息越多，画质也越细致。

② 点（栅）距：就是显像管上相邻像素同一颜色磷光点之间的距离。屏幕的点距越小，意味着单位显示区内显示像素点越多，显示器的清晰度越高。

③ 扫描方式：显示器的扫描方式主要有隔行扫描和逐行扫描。隔行扫描是指显示器显示图像时，先扫描奇数行，然后扫描偶数行，经过两次扫描才完成一次图像刷新。逐行是将视频线条连续进行扫描，一次性刷新图像。逐行扫描的显示器较好，目前绝大多数彩色显示器都采用了逐行扫描方式。

④ 最大可视区域：就是显示器可以显示图形的最大范围。最佳的检测手段是亲自测量显示器对角线的长度，单位为英寸。目前市场上常见显示器有 15 英寸、17 英寸、19 英寸、21 英寸等。显示器的屏幕尺寸与实际可视尺寸并不一致。屏幕尺寸减去荧光屏四边的不可显示区域才是实际的可视区域。例如，15 英寸显示器的可视对角尺寸实际在 13.6～14 英寸之间。

⑤ 场频：又称垂直扫描频率或刷新频率，用于描述显示器每秒刷新屏幕的次数，以赫［兹］（Hz）为单位，一般在 60～120 Hz。场频越低，图像的闪烁、抖动越厉害，严重的话甚至会伤害视力和引起头晕等症状。通常，刷新频率设为 85 Hz。刷新频率与分辨率有关，较为详细的表示方式是："1 280×1 024@70 Hz，1 024×768@80 Hz"，即当垂直扫描频率为 70 Hz 的时候，屏幕的最高分辨率可达到 1 280×1 024 像素；如果垂直扫描频率提高到 80 Hz，最高分辨率就降到了 1 024×768 像素，依此类推。

⑥ 行频：又称水平扫描频率。一般为 50～90 kHz。行频指电子枪每秒在荧光屏上扫描过的水平线的数量，以 kHz（千赫兹）为单位，数字越大，显示器越稳定。

⑦ 屏幕坏点：液晶显示器是靠液晶材料在电信号控制下改变光的折射效应来成像的。如果液晶显示屏中某一个发光单元有问题或者该区域的液晶材料有问题，就会出现总不透光或总透光的现象，这就是所谓的屏幕"坏点"。这种缺陷表现为在任何情况下都只显示为一种颜色的一个小点。按照行业标准，3 个坏点以内都是合格的。

⑧ 视角范围：液晶显示器发出的光由液晶模块背后的背光灯提供，这必然导致液晶显示器只有一个最佳的欣赏角度：正视。当从其他角度观看时，由于背光可以穿透旁边的像素而进入人眼，就会造成颜色的失真。液晶显示器的可视角度就是指能观看到可接收失真值的视线与屏幕法线的角度，也是评估液晶显示器的重要指标之一。

⑨ 响应时间：指的是显示器对于输入信号的反应速度。标准电影每秒约播放 25 帧图像，即每帧 40 ms。当显示器的响应时间大于这个值的时候就会产生比较严重的图像滞后现象。现在比较好的 LCD 响应时间可达到 1～2 ms。

（2）显示卡

显示卡全称为显示接口卡（Video Card，Graphics Card），又称显示适配器（Video Adapter），简称显卡，如图 3-14 所示，是计算机最基本组成部分之一。显卡的用途是将计算机系统所需的显示信息进行转换驱动，并向显示器提供行扫描信号，控制显示器的正确显示，是连接显示器和计算机主板的重要元件，是人机对话的重要设备之一。显卡作为计算机硬件系统的一个重要组成部分，承担输出显示图形的任务，对于从事专业图形设计的人来说非常重要。

图 3-14 显卡

显卡的主要技术指标有：

① 刷新频率：显示器每秒刷新屏幕的次数，单位为 Hz。刷新频率可以分为 56～144 Hz 等许多档次。过低的刷新频率会使用户感到屏幕闪烁，容易导致眼睛疲劳。刷

新频率越高，屏幕的闪烁就越小，图像也就越稳定，即使长时间使用也不容易感觉眼睛疲劳。

② 最大分辨率：显卡在显示器上所能描绘的像素点的数量，分为水平行像素点数和垂直行像素点数。如果分辨率为 1 024×768 像素，就是说这幅图像由 1 024 个水平像素点和 768 个垂直像素点组成。典型的分辨率常有 640×480 像素、800×600 像素、1 024×768 像素、1 280×1 024 像素、1 600×1 200 像素或更高。现在主流的显卡支持的最大分辨率都能达到 3 840×2 160 像素。

③ 色深：又称颜色数，是指显卡在一定分辨率下可以显示的色彩数量。一般以多少色或多少位色来表示，如标准 VAG 显示卡在 640×480 像素分辨率下的颜色数为16 色或 4 色。通常色深可以设定为 16 位、24 位，当色深为 24 位时，称为真彩色，此时可以显示出 16 777 216 种颜色。现在流行的显卡的色深大多数达到了 32 位。色深的位数越高，所能显示的颜色数就越多，相应的屏幕上所显示的图像质量就越好。由于色深增加导致显卡所要处理的数据量剧增，则引起显示速度或是屏幕刷新频率的降低。

（3）打印机

打印机是将计算机的运行结果或中间结果打印在纸上的常用输出设备，利用打印机可打印出各种文字、图形和图像等信息。打印机是计算机最有用的输出设备之一。

常见的打印机类型有：

① 针式打印机为典型的击打式打印机，如图 3-15 所示。其工作原理是在打印头移动的过程中，色带将字符打印在对应位置的纸张上。其特点是：打印耗材便宜，同时适合有一定厚度的介质打印，如银行专用存折打印等。当然，它的缺点也是比较明显的，不仅分辨率低，而且打印过程中会产生很大的噪声。如今，针式打印机已经退出了家用打印机的市场。

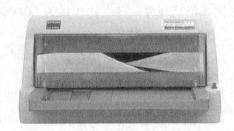

图 3-15　针式打印机

② 喷墨打印机，如图 3-16 所示。喷墨打印机的工作原理是通过将细微的墨水颗粒喷射到打印纸上而形成图形。按照工作方式的不同它可以分为两类：一类是以 Canon 为代表的气泡式（Bubble Jet），另一类是以 EPSON 为代表的微压电式（Micro Piezo）。喷墨打印机的突出优点是定位在彩色输出领域，它以较高的性价比迅速得以普及，目前它占据了 90%以上的彩色输出打印机市场。

③ 激光打印机，如图 3-17 所示。它的工作原理是当调制激光束在硒鼓上进行横向扫描时，使鼓面感光，从而带上负电荷，当鼓面经过带正电的墨粉时感光部分吸附上墨粉，然后将墨粉印到纸上，纸上的墨粉经加热熔化形成文字或图像，它是通过电子成像技术完成打印的。激光打印机的突出优点就是输出速度快、分辨率高、运转费用低。

图 3-16　喷墨打印机

图 3-17　激光打印机

④新型打印机，如图 3-18 所示。蓝牙打印机是一种小型打印机，通过蓝牙来实现数据的传输，可以随时随地地打印各种小票、条形码，与常规的打印机的区别在于可以对感应卡进行操作，可以读取感应卡的卡号和各扇区的数据，也可以对各扇区写数据。家用打印机是指与家用计算机配套进入家庭的打印机，根据家庭使用打印机的特点，低档的彩色喷墨打印机逐渐成为主流产品。便携式打印机一般用于与笔记本计算机配套，具有体积小、质量小、可用电池驱动、便于携带等特点。3D 打印机是采用快速成型技术，以数字模型文件为基础，运用粉末状金属或塑料等可粘合材料，通过逐层打印的方式来构造物体。

（a）蓝牙打印机

（b）家用打印机

（c）便携式打印机

（d）3d 打印机

图 3-18　新型打印机

打印机的技术指标有：

① 打印速度：是衡量打印机性能的重要指标之一。打印速度的单位用 cps（字符/秒）或者 ppm（papers per minute，页/分）表示。一般点阵式打印机的平均速度是 50～200 汉字/秒。以 A4 纸为例，喷墨打印机打印黑白字符的速度为 5～9 ppm，打印彩色画面的速度为 2～6 ppm。激光打印机的打印速度更高。

② 分辨率：是打印机的另一个重要性能指标，单位是 dpi（dot per inch），即点/英寸，表示每英寸所打印的点数。分辨率越大，打印精确度越高。眼睛分辨打印文本与图像的边缘是否有锯齿的最低点是 300 dpi，实际上只有 360 dpi 以上的打印效果才能基本达到要求。一般情况下，达到 720×360 dpi 以上的打印效果才能基本符合要求。当前一般的喷墨打印机的分辨率都在 720×360 dpi 以上，较高级的喷墨打印机的分辨率可达到 1 440×720 dpi。

③ 数据缓存容量：打印机在打印时，先将要打印的信息存储到数据缓存中。然后再进行后台打印或称脱机打印。如果数据缓存的容量大，存储的数据就多，所以数据缓存对打印的速度影响很大。

④ 颜色数目：颜色数目的多少意味着打印机颜色精确度的高低。原来传统的三色墨盒，即红、黄、蓝已逐渐被六色（红、黄、蓝、黑、淡蓝、淡红）墨盒替代，其图形打印质量效果很好。

（4）绘图仪

自动绘图仪是直接由电子计算机或数字信号控制，用以自动输出各种图形、图像和字符的绘图设备。可采用联机或脱机的工作方式，是计算机辅助制图和计算机辅助设计中广泛使用的一种外围设备。现代的绘图仪已具有智能化的功能，它自身带有微处理器，可以使用绘图命令，具有直线和字符演算处理及自检测等功能。这种绘图仪一般还可选配多种与计算机连接的标准接口。

绘图仪是一种输出图形的硬拷贝设备。绘图仪在绘图软件的支持下可绘制出复杂、精确的图形，是各种计算机辅助设计不可缺少的工具。绘图仪的性能指标主要有绘图笔数、图纸尺寸、分辨率、接口形式及绘图语言等。

绘图仪一般是由驱动电机、插补器、控制电路、绘图台、笔架、机械传动等部分组成，如图 3-19 所示。绘图仪除了必要的硬设备之外，还必须配备丰富的绘图软件。只有软件与硬件结合起来，才能实现自动绘图。软件包括基本软件和应用软件两种。

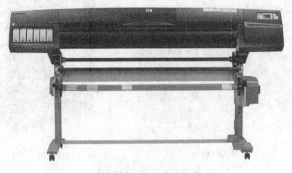

图 3-19　绘图仪

绘图仪的种类很多，按结构和工作原理可以分为滚筒式和平板式两大类：

① 滚筒式绘图仪。当 X 向步进电机通过传动机构驱动滚筒转动时，链轮就带动图纸移动，从而实现 X 方向运动。Y 方向的运动是由 Y 向步进电机驱动笔架来实现的。这种绘图仪结构紧凑，绘图幅面大。但它需要使用两侧有链孔的专用绘图纸。

② 平板式绘图仪。绘图平台上装有横梁，笔架装在横梁上，绘图纸固定在平台上。步进电机驱动横梁连同笔架，做 X 方向运动；步进电机驱动笔架沿着横梁导轨，做 Y 方向运动。图纸在平台上的固定方法有三种，即真空吸附、静电吸附和磁条压紧。平板式绘图仪绘图精度高，对绘图纸无特殊要求，应用比较广泛。

3.2.5 辅助存储设备

辅助存储设备（Secondary Storage Media）又称辅存，狭义上指硬盘，科学地说是外部存储器。其特点是存储容量大、成本低、存取速度慢，以及可以永久地脱机保存信息。辅助存储设备主要包括闪存、硬盘和光盘等存储设备。

1. 闪存

闪存（Flash Memory）具备 DRAM（动态随机存取存储器）快速存储的优点，也具备硬盘永久存储的特性。闪存利用现有的半导体工艺生产，因此价格便宜。它的缺点是读写速度较 DRAM 慢，而且擦写次数也有极限。闪存数据的写入以区块为单位，区块大小为 8～128 KB。由于闪存不能以字节为单位进行数据的随机写入，因此闪存目前还不能作为内存使用。

（1）U 盘

U 盘，全称是"USB 接口闪存盘"，英文名 USB Flash Disk，是一种利用闪存芯片，控制芯片和 USB（通用串行总线）接口技术的小型半导体移动固态盘，如图 3-20 所示。U 盘容量一般在 16 GB～1 TB 之间；数据传输速度与硬盘基本相当。U 盘具有即插即用的功能，用户只需将它插入 USB 接口，计算机就可以自动检测到 U 盘。U 盘在读写、复制及删除数据等操作上非常方便，而且 U 盘具有外观小巧、携带方便、抗震、容量大等优点，因此受到用户的普遍欢迎。

图 3-20 U 盘的外观和内部电路

（2）闪存卡

闪存卡（Flash Card）是一种在闪存芯片中加入专用接口电路的单片型移动固态盘。闪存卡一般应用在智能手机、数码照相机等小型数码产品中作为存储介质。常见的闪存卡有 SD 卡、TF 卡、MMC 卡、SM 卡、CF 卡、记忆棒、XD 卡等，这些闪存卡虽然外观和标准不同，但技术原理都相同。

SD 卡是目前速度最快、应用最广泛的存储卡。SD 卡采用 NAND 闪存芯片作为存储单元，使用寿命在十年左右。SD 卡易于制造，成本上有很大优势，目前在智能手机、数码照相机、GPS 导航系统、MP3 播放器等领域得到了广泛应用。随着技术的发展，SD 卡逐步形成了 SDXC、SDHC、mini-SD、Micro SDHC、Micro SD 等技术规格，如图 3-21 所示。

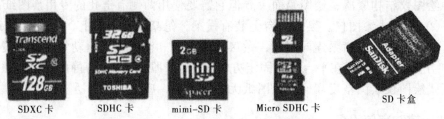

| SDXC 卡 | SDHC 卡 | mimi-SD 卡 | Micro SDHC 卡 | SD 卡盒 |

图 3-21　常见的 SD 卡类型和基本尺寸

（3）固态硬盘

固态硬盘（SSD）在接口标准、功能及使用方法上，与机械硬盘（简称硬盘）完全相同。一般固态硬盘同样采用 Winchester 技术，所以具有机械硬盘的基本技术特征，速度快。固态硬盘的盘片可以从驱动器中取出和更换，存储介质是盘片中的磁合金碟片。根据容量不同，固态硬盘的盘片结构分为单片单面、单片双面和双片双面三种，相应驱动器有单磁头、双磁头和四磁头之分。固态硬盘接口大多采用 SATA 和 USB 等形式，用户可以根据自己的需求和计算机的配置情况选择不同的接口方式。固态硬盘没有机械部件，因而抗震性能极佳，同时工作温度很低。如图 3-22 所示，256 GB 固态硬盘的尺寸与标准的 2.5 英寸硬盘完全相同，但厚度仅为 7 mm，低于工业标准的 9.5 mm。

图 3-22　固态硬盘的外观与内部结构

3.5 英寸硬盘的平均读取速度在 50～100 MB/s 之间，而固态硬盘的平均读取速度可以达到 400 MB/s 以上；固态硬盘没有高速运行的硬盘，因此热量非常低。根据测试，256 GB 固态硬盘的工作功耗为 2.4 W，空闲功耗为 0.06 W。

2. 硬盘

如图 3-23 所示，硬盘是利用磁介质存储数据的机电式产品。硬盘中的盘片由铝质合金和磁性材料组成。盘片中的磁性材料没有磁化时，内部磁粒子的方向是杂乱的，对外不显示磁性。当外部磁场作用于它们时，内部磁粒子的方向会逐渐趋于统一，对外显示磁性。当外部磁场消失后，由于磁性材料的"剩磁"特性，磁粒子的方向不会回到从前的状态，因而具有存储数据的功能。每个磁粒子有南、北（S/N）两极，可以利用磁记录位的极性来记录二进制数据位。可以人为设定磁记录位的极性与二进制数据的对应关系，如果磁记录位南极（S）表示数字 0，北极（N）则表示数字 1，这就是磁记录的基本原理。

硬盘的存储容量为 500 GB、1 TB、2 TB、4 TB 或更高。硬盘的接口有 SATA 和 USB 接口等。SATA 接口硬盘主要用于台式计算机，USB 接口硬盘主要用于移动存储设备。

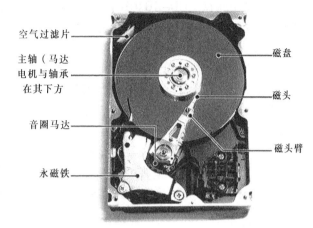

图 3-23　硬盘的外观与内部结构

3．光盘

光盘驱动器（简称光驱）和光盘一起构成了光存储器，光盘用于记录数据，光驱用于读取数据。光盘采用聚焦激光束在盘式介质上非接触地记录高密度信息，以介质材料光学性质（如反射率、偏振方向）的变化来表示所存储信息的 1 或 0。

光盘结构如图 3-24 所示，光盘的数据记录格式与磁盘不同。光盘中很多记录数据的沟槽和陆地，当激光投射到光盘沟槽时，盘片像镜子一样将激光反射回去。由于光盘沟槽的深度是激光波长的 1/4，从沟槽反射回来的激光与从陆地反射回来的激光，走过的路程正好相差半个波长。根据光干涉原理，这两部分激光会产生干涉，相互抵消，即没有反射光。如果两部分激光都是从沟槽或陆地反射回来时，就不会产生光干涉相消的现象。因此，光盘中每个沟槽边缘代表数据 1，其他地方则代表数据 0，这就是光盘数据存储的基本原理。

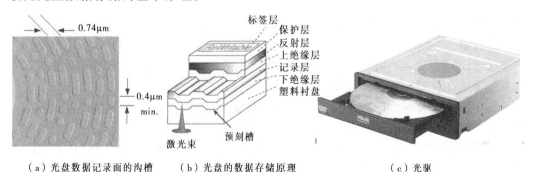

（a）光盘数据记录面的沟槽　　（b）光盘的数据存储原理　　　　（c）光驱

图 3-24　光盘的数据存储原理和光驱

光盘的突出优点是：①记录数据的密度高。激光可聚焦到 1 μm 以下，从而记录的面密度可达到 645 Mbit/in^2，高于一般的磁记录水平。②光盘存储容量大，数据保存时间长。一张 CD-ROM 盘片的存储容量可达 600 MB，相当于 400 多张 1.44 MB 的 3.5 英寸软盘片。它的缺点是存取时间长，数据传输率低。

按读/写性质来分，光盘分为只读型、一次型、重写型三类。

① 只读型光盘（CD-ROM）：只读型光盘是厂商以高成本制作出母盘后大批重压制出来的光盘。这种模压式记录使光盘发生永久性物理变化，记录的信息只能读出，不能被修改。典型的产品如下：

LD：记录模拟视频和音频信息，可放映 60 min 全带宽的 PAL 制电视。

CD-DA：数字唱盘，记录数字化音频信息，可存储 74 min 数字立体声信息。

VCD：记录数字化视频和音频信息。可存储 74 min 按 MPEG1 标准压缩编码的动态图像信息。

DVD：数字视盘。单记录层容量为 4.7 GB，可存储 135 min 按 MPEG2 标准压缩编码的、相当于高清晰度电视的视频图像信息和音频信息。

CD-ROM：主要用作计算机外存储器。可记录数字数据，也可同时记录数字化视频和音频信息。

② 一次型光盘（WORM）：用户可以在这种光盘上记录信息，但记录信息会使介质的物理特性发生永久性变化，因此只能写一次。写后的信息不能再改变，只能读。典型产品是 CD-R 光盘。

③ 重写型光盘（Erasable Optical Disk）：用户可对这类光盘进行随机写入、擦除或重写信息。

3.2.6　总线

总线是一组用于系统部件之间数据传送的公用信号线，具有汇集与分配数据信号、选择发送信号的部件与接收信号的部件、总线控制权的建立与转移等功能。

总线按功能和规范可分为三大类型：

① 片总线（Chip Bus，C-Bus），又称元件级总线，是把各种不同的芯片连接在一起构成特定功能模块的信息传输通路。

② 内总线（Internal Bus，I-Bus），又称系统总线或板级总线，是微机系统中各插件（模块）之间的信息传输通路。例如 CPU 模块和存储器模块或 I/O 接口模块之间的传输通路。

③ 外总线（External Bus，E-Bus），又称通信总线，是微机系统之间或微机系统与其他系统（仪器、仪表、控制装置等）之间信息传输的通路。

其中的系统总线，即通常意义上所说的总线，一般又含有三种不同功能的总线，即数据总线、地址总线和控制总线。

① 数据总线（Data Bus，DB）用于传送数据信息。数据总线是双向三态形式的总线，即其既可以把 CPU 的数据传送到存储器或 I/O 接口等其他部件，也可以将其他部件的数据传送到 CPU。数据总线的位数是微型计算机的一个重要指标，通常与微处理的字长相一致。例如 Intel 8086 微处理器字长 16 位，其数据总线宽度也是 16 位。

需要指出的是，数据的含义是广义的，它可以是真正的数据，也可以是指令代码或状态信息，有时甚至是一个控制信息，因此，在实际工作中，数据总线上传送的并不一定仅仅是真正意义上的数据。

② 地址总线（Address Bus，AB）是专门用来传送地址的，由于地址只能从 CPU 传向外部存储器或 I/O 端口，所以地址总线总是单向三态的，这与数据总线不同。地址总线的位数决定了 CPU 可直接寻址的内存空间大小，比如 8 位微机的地址总线为 16 位，则其最大可寻址空间为 $2^{16}B=64\ KB$，16 位微型机的地址总线为 20 位，其可寻址空间为 $2^{20}B=1\ MB$。一般来说，若地址总线为 n 位，则可寻址空间为 2^n 个地址空间（存储单元）。

③ 控制总线（Control Bus，CB）用来传送控制信号和时序信号。控制信号中，有的是微处理器送往存储器和 I/O 接口电路的，如读/写信号、片选信号、中断响应信号等；也有其他部件反馈给 CPU 的，如中断申请信号、复位信号、总线请求信号、设备就绪信号等。因此，控制总线的传送方向由具体控制信号而定，一般是双向的，控制总线的位数要根据系统的实际控制需要而定。实际上控制总线的具体情况主要取决于 CPU。

总线按照传输数据的方式进行划分，可以分为串行总线和并行总线。

① 串行总线（Serial Bus）。在远程通信和计算机科学中，串行通信（Serial Communication）是指在计算机总线或其他数据通道上，每次传输一个位元数据，并连续进行以上单次过程的通信方式。串行总线中，二进制数据逐位通过一根数据线发送到目的器件。

计算机串行总线有图形显示总线（PCI-E）、通用串行总线（USB）等。串行总线的性能用带宽来衡量。串行总线的带宽计算较为复杂，它主要取决于总线信号传输频率和通道数，另外与通信协议、传输模式、编码效率、通信协议开销等因素也有关。

在 PCI-E 1.0 标准下，基本的 PCI-E×1 总线有 4 条通信线路，2 条用于输入，2 条用于输出，总线的传输频率为 2.5 GHz，总线带宽为 2.5 Gbit/s（单工）；在 PCI-E 2.0 标准下，PCI-E×1 总线传输频率为 5.0 GHz，总线带宽为 5.0 Gbit/s（单工）；在 PCI-E 3.0 标准下，PCI-E×1 总线传输频率为 8.0 GHz，总线带宽为 8.0 Gbit/s（单工）。例如，显卡采用 PCI-E×16 总线 2.0 标准时，总线带宽为 5.0 Gbit/s×16=80 Gbit/s。

USB 是一种使用广泛的串行总线，USB 2.0 总线带宽为 480 Mbit/s，USB 3.0 总线带宽为 5.0 Gbit/s。USB 总线接口有标准 A 型、标准 B 型、Mini-A 型、Mini-B 型、Mini-AB 型、Micro-B 型等形式。

② 并行总线（Parallel Bus）。并行通信时一组数据的各数据位在多条线上同时被传输，可以字或字节为单位并行进行。并行通信速度快，但用的通信线多、成本高，故不宜进行远距离通信。计算机或 PLC 各种内部总线就是以并行方式传送数据的。

并行总线由多条信号线组成，每条信号线可以传输一位二进制的 0 或 1 信号。例如，32 位 PCI 总线就需要 32 根线路，可以同时传输 32 位二进制信号。并行总线可以分为 5 个功能组：数据总线、地址总线、控制总线、电源线和地线。数据总线用来在各个设备或者部件之间传输数据和指令，它们是双向传输的；地址总线用于指定数据总线上数据的来源与去向，它们是单向传输的；控制总线用来控制对数据总线和地址总线的访问与使用，它们大部分是双向传输的。

并行总线的性能指标有总线位宽、总线频率和总线带宽。总线位宽为一次并行传输的二进制位数，如 32 位总线一次能传送 32 位数据；总线频率用来描述总线数据传输的频率，常见总线频率有 33 MHz、66 MHz、100 MHz、200 MHz 等；总线带宽＝总线位宽 × 总线频率 ÷ 8，如 PCI 总线带宽为 32 bit × 33 MHz ÷ 8＝132 MB/s。

3.3　计算机软件系统

计算机软件系统是指计算机系统中的程序及其文档。程序是计算任务的处理对象和处理规则的描述；文档是为了便于了解程序所需的阐明性资料。程序必须装入机器内部才能工作，文档不一定装入机器。软件是用户与硬件之间的接口界面。用户主要是通过软件与计算机进行交流。软件是计算机系统设计的重要依据。为了方便用户，使计算机系统具有较高的总体效用，在设计计算机系统时，必须综合考虑软件与硬件的结合，以及用户的要求和软件的要求。

3.3.1　软件系统的分类

计算机软件总体分为系统软件和应用软件两大类。计算机软件系统结构层次如图 3-25 所示。

图 3-25　计算机软件系统结构层次图

软件系统的最内层是系统软件，它由操作系统、实用程序、编译程序等组成。系统软件负责管理计算机系统中各种独立的硬件，使得它们可以协调工作。系统软件使得计算机用户和其他软件将计算机当作一个整体而不需要顾及底层每个硬件是如何工作的。操作系统实施对各种软硬件资源的管理控制。实用程序是为方便用户所设，如文本编辑等。编译程序的功能是把用户用汇编语言或某种高级语言所编写的程序，翻译成机器可执行的机器语言程序。

支撑软件是支撑各种软件的开发与维护的软件，又称软件开发环境。它能支持用机的环境，提供软件研制工具。支撑软件主要包括有接口软件、工具软件、环境数据库等，支援软件也可认为是系统软件的一部分。著名的软件开发环境有 IBM 公司的Web Sphere，微软公司的 Studio.NET 等。支撑包括一系列基本的工具，比如编译器、数据库管理、存储器格式化、文件系统管理、用户身份验证、驱动管理、网络连接等方面的工具。

应用软件是用户为了某种特定的用途而自行开发的软件，它借助系统软件和支撑软件来运行，是软件系统的最外层。它可以是一个特定的程序，比如一个图像浏览器；也可以是一组功能联系紧密、可以互相协作的程序的集合，比如微软的 Office 软件；还可以是一个由众多独立程序组成的庞大的软件系统，比如数据库管理系统。

3.3.2　操作系统

仅有计算机硬件的计算机称为裸机，裸机只有配置了相应的软件组成计算机系统后才能为用户提供所需的服务。操作系统（Operating System）是配置在计算机硬件上的第一层软件，是对硬件系统的首次扩充，负责配置和管理计算机上的各种资源。操作系统在计算机系统中占据着特殊的地位，已成为现代计算机系统不可分割的重要组成部分。

1．操作系统的定义

操作系统是一组控制和管理计算机软硬件资源，为用户提供便捷使用计算机的程序的集合。从用户角度看，操作系统可以看成对计算机硬件的扩充；从人机交互方式来看，操作系统是用户与机器的接口；从计算机的系统结构看，操作系统是一种层次、模块结构的程序集合，属于有序分层法，是无序模块的有序层次调用。操作系统在设计方面体现了计算机技术和管理技术的结合。操作系统是计算机硬件与用户以及硬件与应用软件之间的桥梁，用户通过应用软件或操作系统来控制计算机硬件，操作系统再将执行结果传回给用户或应用软件。

2．操作系统的作用

操作系统的作用是调度、分配和管理所有的硬件设备和软件系统，使其统一协调地运行，以满足用户实际操作的需求。在计算机系统中，操作系统的作用大致可以从两方面体现：对内，操作系统管理计算机系统的各种资源，扩充硬件的功能；对外，操作系统提供良好的人机界面，方便用户使用计算机。

操作系统在整个计算机系统中具有承上启下的地位，它功能复杂，体系庞大。从不同的角度看，其结果是不同的。下面从两个角度来分析操作系统的作用：

① 从程序员的角度看，如果没有操作系统，程序员在开发软件的时候就必须陷入复杂的硬件实现细节，使得程序员无法将精力放在更具有创造性的程序设计工作中去。程序员需要的是一种简单的、高度抽象的、可以与之打交道的设备。将硬件细节与程序员隔离开来的就是操作系统。从这个角度看，操作系统的作用是为用户提供一台等价的扩展机器，又称虚拟机，它比底层硬件更容易编程。

② 从使用者的角度看，操作系统用来管理一个复杂系统的各个部分。操作系统

负责在相互竞争的程序之间有序地控制对 CPU、内存及其他 I/O 接口设备的分配。从这种角度来看，操作系统是系统的资源管理者。

3．操作系统的类型

根据操作系统的功能，可将操作系统分为批处理操作系统、分时操作系统、网络操作系统、实时操作系统、嵌入式操作系统等。

1）批处理操作系统

批处理操作系统的主要特点是：用户脱机使用计算机，操作方便；成批处理，提高了 CPU 利用率；它的缺点是无交互性，即用户一旦将程序提交给系统后，就失去了对它的控制。目前，批处理操作系统已经被淘汰。

2）分时操作系统

分时操作系统是指多个程序共享 CPU 的工作方式。操作系统将 CPU 的工作时间划分成若干个时间片。操作系统以时间片为单位，轮流为每个程序服务。为了使 CPU 为多个程序服务，时间片很短（大约几十纳秒），CPU 采用循环方式将这些时间片分配给等待处理的每个程序。由于时间片很短，执行得很快，使每个程序都能很快得到 CPU 的响应，好像每个程序都在独占 CPU。分时操作系统的主要特点是允许多个用户同时在一台计算机中运行多个程序，每个程序都是独立操作、独立运行、互不干涉。现代通用操作系统都采用了分时处理技术，如 Windows、Mac OS X 和 Linux 等都是分时操作系统，如图 3-26 所示。

图 3-26　Mac OS X 操作系统和 Linux 操作系统桌面

3）网络操作系统

网络操作系统的主要功能是为各种网络后台服务软件提供支持平台。网络操作系统主要运行的软件有：网站服务软件，如 Web 服务器、DNS（域名系统）服务器等；网络数据库软件，如 Oracle、SQL Server 等；网络通信软件，如聊天服务器、邮件服务器等；网络安全软件，如网络防火墙、数字签名服务器等，以及各种网络服务软件。常见的网络操作系统有 Linux、FreeBSD、Windows Server 等。

4）实时操作系统

在操作系统理论中，"实时性"通常是指特定操作所消耗时间（及空间）的上限是可预知的。例如，某个操作系统提供实时内存分配操作，也就是说一个内存分配操作所用时间（及空间）无论如何不会超出操作系统所承诺的上限。实时操作系统主要用于工业控制、军事控制、语音通信、股市行情等领域。常用的实时操作系统有 VxWorks、RTOS 等，Linux 经过一定剪裁后（定制），也可以改造成实时操作系统。

5）嵌入式操作系统

（1）嵌入式操作系统的特征

嵌入式操作系统（EOS）主要用于工业控制和国防领域。EOS 负责嵌入系统全部软件和硬件资源的分配及任务调度、控制、协调等活动。目前，EOS 除具备操作系统最基本的功能，如任务调度、同步机制、中断处理、文件功能等，还具有以下特点：

① 系统精简：EOS 一般用于小型电子设备，系统资源相对有限，所以系统内核比其他操作系统要小得多。例如，Enea 公司的 OSE 内核只有 5 KB 左右。EOS 中一般没有系统软件和应用软件的明显区分，要求功能设计及实现上不要过于复杂，这样一方面利于控制成本，同时也利于实现系统安全。

② 专用性强：EOS 与硬件的结合非常紧密，一般要针对硬件进行系统移植，即使在同一品牌、同一系列的产品中，也需要根据硬件的变化对系统进行修改。因此，EOS 需要根据不同设备对系统功能模块进行裁剪和增加，这需要可伸缩性的体系结构。

③ 强实时性：EOS 需要对各种设备进行实时控制，因此，系统软件和应用软件一般固化在 ROM 中，以提高运行速度。EOS 和应用软件很少使用辅助存储器。

④ 强大的网络功能：支持 TCP/IP 协议，为移动计算设备预留接口。

⑤ 强稳定性和弱交互性：系统一旦开始运行就不需要用户过多干预，用户接口一般不提供操作命令，通过用户程序提供服务。

（2）常用 EOS

EOS 可分为通用型 EOS 和专用型 EOS 两种。通用型 EOS 主要有嵌入式 Linux、VxWorks（用于航空航天、军事、工业自动化等领域）、Android（用于智能手机等领域）等。专用型 EOS 主要有 µC/OS-III（应用广泛的 EOS）、FreeRTOS（开源、轻量级实时 EOS）、Contiki（开源、可移植、TCP/IP 网络、多任务）、TinyOS（开源、基于元件、低能耗，主要用于无线传感器网络等）、QNX（最成功的微内核 EOS，用于车载信息娱乐系统等）、RT-Linux（用于航天飞机空间数据采集、科学仪器测控、电影特技等）、uClinux（用于路由器、机顶盒等）、mbed OS（ARM 针对物联网低功耗设备开发的操作系统）、RTEMS（美国导弹与火箭控制实时系统）等。EOS 在工业控制领域的应用如图 3-27 所示。

4．操作系统的功能

操作系统的主要任务是有效管理系统资源、提供友好便捷的用户接口。为实现主要任务，操作系统具有以下五大功能：处理机管理、存储器管理、设备管理、文件系统管理和接口管理。

1）处理机管理

处理机的分配和运行都是以进程为基本单位的，对处理机的管理可归结为对进程的管理，在引入线程的操作系统中也包含对线程的管理。处理机管理的主要功能包括创建和撤销进程（线程）、对进程（线程）的运行进行协调、实现进程（线程）之间的信息交换及进程（线程）调度。处理机是计算机中宝贵的资源，如何有效地利用处理机资源是进程调度要解决的问题。进程调度是操作系统的核心。

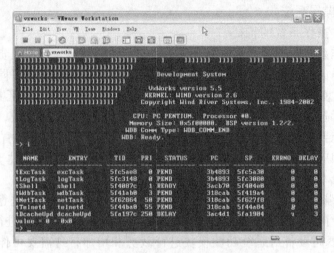

图 3-27　EOS 在工业控制领域的应用

在 Windows 操作系统中，每个进程都由程序段、数据段及 PCB（程序控制块）三部分组成，PCB 中包含了进程的描述信息和控制信息。进程的执行分为"就绪→执行→等待"三个循环进行的状态，如图 3-28 所示。

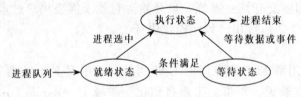

图 3-28　进程的状态和转换

（1）就绪状态

进程获得了除 CPU 之处的所有资源，做好了执行准备时，就可以进入就绪状态排队。一旦得到了 CPU 资源，进程便立即执行，即由就绪状态转换到执行状态。

（2）执行状态

进程进入执行状态后，在 CPU 中执行进程。每个进程在 CPU 中的执行时间很短，一般为几十纳秒，这个时间称为"时间片"，时间片由 CPU 进行分配和控制。在单 CPU 系统中，只能有一个进程处于执行状态；在多核 CPU 系统中，则可能有多个进程同时处于执行状态（在不同 CPU 内核中执行）。如果进程在 CPU 中执行结束，不需要再次执行时，则进程进入结束状态；如果时间片已用完但进程还没有结束，则进入等待状态。

（3）等待状态

进程执行中，由于时间片已经用完，或进程因等待某个数据或事件而暂停执行时，进程进入等待状态。当进程等待的数据或事件已经准备好时，进程再进入就绪状态。

在 Windows 环境下，将鼠标移动到屏幕下方的任务栏处右击，从弹出的快捷菜单中选择"启动任务管理器"命令，就可以观察到进程的运行情况，如图 3-29 所示。

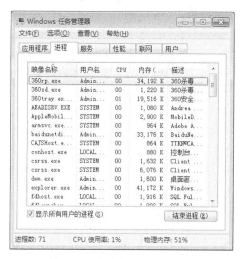

图 3-29　进程的运行状态

2）存储器管理

存储器（内存）管理的主要工作是为每个用户程序分配内存，以保证系统及各用户程序的存储区互不冲突；内存中有多个程序运行时，要保证这些程序的运行不会有意无意地破坏其他程序的运行；当某个用户程序的运行导致系统提供的内存不足时，把内存与外存结合起来管理使用，给用户提供一个比实际内存大得多的虚拟内存，从而使用户程序能顺利地执行，这便是内存扩充要完成的任务。因此，存储器管理应具备内存分配、地址转换、内存保护和扩充的功能。

（1）虚拟内存技术

虚拟内存就是将硬盘空间拿来当内存使用，硬盘空间比内存大许多，有足够的空间用于虚拟内存；但是硬盘的运行速度（毫秒级）大大低于内存（纳秒级），所以虚拟内存的运行效率很低。这也反映了计算思维的一个基本原则：以时间换空间。

虚拟内存的理论依据是程序局部性原理：程序在运行过程中，在时间上，经常运行相同的指令和数据（如循环指令）；在存储空间上，经常运行某一局部空间的指令和数据（如窗口显示）。虚拟内存技术是将程序所需的存储空间分成若干页或段，然后将常用页和段放在内存中，暂时不用的程序和数据放在外存中。当需要用到外存中的页和段时，再把它们调入到内存。

（2）虚拟地址空间

32 位 Windows 操作系统的虚拟地址空间为 4 GB，如图 3-30 所示。这是一个线性地址的虚拟内存空间，用户看到和接触到的都是该虚拟内存地址，无法看到实际的物理内存地址。利用虚拟地址不但能起到保护操作系统的效果（用户不能直接访问物理内存），更重要的是用户程序可以使用比实际物理内存更大的内存空间。

双击一个应用程序的快捷方式图标后，Windows 操作系统就为该应用程序创建一个进程，并且每个进程分配 2 GB（范围：0～2 GB）的虚拟地址空间，这 2 GB 地址空间用于存放程序代码、数据、堆栈、自由存储区；另外 2 GB（范围：3～4 GB）虚拟地址空间由操作系统控制使用。由于虚拟内存大于物理内存，因此它们之间需要进行内存页面映射和地址空间转换。

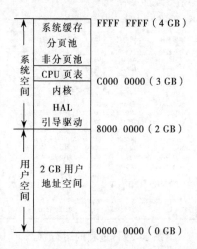

图 3-30　32 位 Windows 操作系统的虚拟地址空间

3）文件系统管理

文件是具有文件名的一组相关信息的集合。在计算机系统中，所有的程序和数据都以文件的形式存放在计算机的外存储器上。在操作系统中，负责管理和存取文件信息的部分称为文件系统或信息管理系统。在文件系统的管理下，用户可以按照文件名访问文件，而不必考虑各种外存储器的差异，不必了解文件在外存储器上的具体物理位置及存放方式。文件系统为用户提供了一个简单、统一的访问文件的方法。

（1）文件管理

① 文件名。

在计算机中，任何一个文件都有文件名，文件名是文件存取和执行的依据。大部分情况下，文件名分为文件主名和扩展名两个部分。文件主名由程序设计员或用户自己命名，一般用有意义的英文、中文词汇或数字命名，以便识别。例如，Windows 中的 Internet 浏览器的文件名为 Iexplore.exe。

不同操作系统对文件名命名的规则有所不同。例如，Windows 操作系统不区分文件名的大小写，所有文件名的字符在操作系统执行时，都会转换为大写字符，如 test.txt、TEST.TXT、Test.TxT 在 Windows 操作系统中都被视为同一个文件；而有些操作系统是区分文件名大小写的，如在 Linux 操作系统中，test.txt、TEST.TXT、Test.TxT 被认为是三个不同文件。

② 文件类型。

在大多数操作系统中，文件扩展名表示文件的类型。不同类型的文件的处理方法不同，因此用户不能随意更改文件扩展名，否则将导致文件不能执行或打开。在不同操作系统中，表示文件类型的扩展名并不相同。Windows 虽然允许文件扩展名为多个英文字母，但是大多数文件扩展名习惯采用三个英文字母。Windows 中常见的文件扩展名如表 3-1 所示。

表 3-1　Windows 中常见文件扩展名的类型

文件类型	扩展名	说　明
可执行程序	EXE，COM	可执行程序文件
文本文件	TXT	通用性极强，它往往作为各种文件格式转换的中间格式
源程序文件	C，BAS，ASM	程序设计语言的源程序文件
Office 文件	DOC，DOCX，PPT	Office 中 Word、PowerPoint 创建的文档
图像文件	JPG，GIF，BMP	图像文件，不同的扩展名表示不同格式的图像文件
视频文件	AVI，MP4，RMVB	通过视频播放软件播放，视频文件格式极不统一
压缩文件	RAR，ZIP	压缩文件
音频文件	WAV，MP3，MID	不同的扩展名表示不同格式的音频文件
网页文件	HTM，HTML，ASP	一般来说，前两种是静态网页，后者是动态网页

③ 文件操作。

文件中存储的内容可能是数据，也可能是程序代码，不同格式的文件通常会有不同的应用和操作。常用的文件操作如表 3-2 所示。

表 3-2　常用的文件操作方法

文件操作	操作条件	操作方法举例
建立文件	需要专门的应用软件	在 Excel 中，新建一个电子表格文档，可使用"文件"→"新建"命令
打开文件	需要专门的应用软件	在画图中，打开一个图片文件，可使用"画图"→"打开"命令
编辑文件	需要专门的应用软件	在 SublimeText 中，可修改网页文件
删除文件 复制文件 更改文件名称	可在操作系统下实现	在 Windows 的文件夹窗口中，可使用组织菜单下的相应命令实现

（2）目录管理

计算机中的文件成千上万，如果把所有文件存放在一起会有许多不便。为了有效地管理和使用文件，大多数文件系统允许用户在根目录下建立子目录（也称文件夹），在子目录下再建立子目录，如图 3-31 所示。

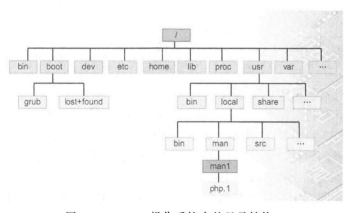

图 3-31　Linux 操作系统中的目录结构

计算机科学与技术导论（第2版）

目录（文件夹）由文件和子目录组成，目录也是一种文件。操作系统将目录按树状结构管理，用户可以将文件分门别类地存放在不同目录中。这种目录结构像一棵倒立的树，树根为根目录，树中每一个分枝为子目录，树叶为文件。在树状结构中，用户可以将相同类型的文件放在同一个子目录中，将同名文件存放在不同的目录中。

在 Windows 操作系统中，每个硬盘分区（如 C、D、E 盘等）都建立一个独立的目录树，有几个分区就有几个目录树，这与 Linux 操作系统不同。用户可以对自行建立的目录进行移动、删除和修改目录名称等操作。在安装操作系统和应用软件时，也会建立一些子目录，如 C:\WINDOWS、C:\Documents and Settings、Office 2010 等。对于这些目录，用户不能进行编辑操作，否则将导致操作系统或应用软件不能正常使用。

4）设备管理

每台计算机都配置了很多外围设备，它们的性能和操作方式都不一样，设备管理的主要任务是方便用户使用外围设备，提高设备的利用率。操作系统管理和驱动设备的程序叫设备驱动程序。用户使用设备之前，必须安装该设备的驱动程序。设备驱动程序与设备紧密相关，不同类型设备的驱动程序是不同的，不同厂家生产的同一类型设备也是不尽相同的。

在 Windows 操作系统中，设备管理器是管理计算机硬件设备的工具，可以借助设备管理器查看计算机中所安装的硬件设备。设置设备属性，安装或更新驱动程序，停用或卸载设备。图 3-32 所示显示了本地计算机安装的所有硬件设备，如 CPU、硬盘、显示器、显卡、网卡等。

图 3-32　Windows 设备管理器

（1）查看计算机的设备驱动程序

在桌面“计算机”图标右击，在弹出的快捷菜单中选择“管理”命令，打开“计算机管理”窗口，如图 3-32 所示。单击左侧窗格中的“设备管理器”，中间窗格中就会列出本机所有的硬件设备，通过菜单上的功能可以对它们进行相应的管理。

（2）设备管理器中符号的含义

如果在设备图标上显示出红色的叉号（×），说明该设备已被停用。如果有不经常使用的设备，禁用这些设备可以节省系统资源和提高启动速度。如果需要重新启动，

右击该设备，在弹出的快捷菜单中选择"启用"命令就可以了。

有的设备图标上显示黄色的问号（？）或感叹号（！），问号表示该设备未能被操作系统所识别，感叹号说明该设备未安装驱动程序或驱动程序安装不正确。解决的办法是：首先右击该设备，在弹出的快捷菜单中选择"卸载"命令，然后重新启动系统。如果是 Windows 操作系统的最新版本，大多数情况下会自动识别并自动安装驱动程序。不过，某些情况下可能需要插入驱动程序盘，并按照提示进行操作。

5）操作系统接口

操作系统为计算机硬件和用户之间提供了交流的界面，也即为用户提供了用户与操作系统的接口。随着操作系统功能不断扩充和完善，用户接口更加人性化，呈现出更加友好的特征。用户接口可分为联机命令接口、图形用户接口及网络用户接口。

3.3.3 软件开发基础

人们把需要计算机做的工作写成一定形式的指令，并把它们存储在计算机内存中，让计算机按顺序自动执行。这种可以连续执行的计算机指令的集合称为"程序"。计算机程序设计人员可以选择各种各样的程序设计语言或程序开发工具来开发软件。在计算机诞生的初期，计算机主要用于科学计算，程序的规模一般都比较小。那时的程序设计只能说是一种手工式的设计方法。20 世纪 60 年代，硬件技术不断发展创新，应用领域急剧扩大，给传统的手工式程序设计方法带来了挑战，出现了"软件危机"。解决日益严重的软件危机，让计算机软件开发变得可控制、可管理，成为一个十分重要的课题。

1968 年召开的一次有关计算机软件的会议上提出了软件工程的概念，人们逐步认识到了软件开发过程不是一个简单的编程过程，而是一个包含了从计划、分析、设计、编码、测试到维护的一系列工程活动的复杂过程。

1. 有关术语

（1）软件危机

20 世纪 60 年代末，由于计算机应用的普及，软件的数量、规模及复杂程度增加，原来个体化生产的方式使得软件的质量难以保证，开发、维护费用不断增加，并常常由于软件质量问题造成大量人力、物力浪费，软件开发陷入了不能自拔的恶性循环中，这就是所谓的"软件危机"。

（2）软件工程

软件工程是为了解决"软件危机"，在计算机技术领域中出现的一门新兴学科，它主要研究软件生产方法学，认为软件开发应该是一种组织良好、管理严密、各类人员相互配合共同完成的工程项目。

（3）软件生命周期

软件从产生、发展到淘汰的整个时期称为软件的生命周期。一般要经历定义、开发和维护三大阶段。

2. 软件工程的要素

软件工程包括三个要素：方法、工具和过程。

软件工程方法为软件开发提供了"如何做"的技术。它包括了多方面的任务，如项目计划与估算、软件系统需求分析、数据结构、系统总体结构的设计、算法过程的设计、编码、测试及维护等。

软件工具为软件工程方法提供了自动的或半自动的软件支撑环境。目前，已经推出了许多软件工具，这些软件工具集成起来，建立起称为计算机辅助软件工程（CASE）的软件开发支撑系统。CASE 将各种软件工具、开发机器和一个存放开发过程信息的工程数据库组合起来形成一个软件工程环境。

软件工程的过程是将软件工程的方法和工具综合起来以达到合理、及时地进行计算机软件开发的目的。过程定义了方法使用的顺序、要求交付的文档资料、为保证质量和协调变化所需要的管理，以及软件开发各个阶段完成的里程碑。

软件工程是一种层次化的技术。任何工程方法（包括软件工程）必须以有组织的质量保证为基础。全面的质量管理和类似的理念刺激了不断的过程改进，正是这种改进导致了更加成熟的软件工程方法的不断出现。支持软件工程的根基就在于对质量的关注。

3. 软件工程的原则

围绕工程设计、工程支持及工程管理已提出了以下四条基本原则：

（1）选取适宜的开发模型

该原则与系统设计有关。在系统设计中，软件需求、硬件需求及其他因素间是相互制约和影响的，经常需要权衡。因此，必须认识需求定义的易变性，采用适当的开发模型，保证软件产品满足用户的要求。

（2）采用合适的设计方法

在软件设计中，通常需要考虑软件的模块化、抽象与信息隐蔽、局部化、一致性及适应性等特征。合适的设计方法有助于这些特征的实现，以达到软件工程的目标。

（3）提供高质量的工程支撑

工欲善其事，必先利其器。在软件工程中，软件工具与环境对软件过程的支持颇为重要。软件工程项目的质量与开销直接取决于对软件工程所提供的支撑质量和效用。

（4）重视软件工程的管理

软件工程的管理直接影响可用资源的有效利用、生产满足目标的软件产品及提高软件组织的生产能力等问题。因此，仅当软件过程予以有效管理时，才能实现有效的软件工程。

4. 软件开发方法

软件开发方法很多，目前常用的有：

（1）生命周期法

这是最早采用的开发方法，它把软件的整个生命周期再细分为若干个阶段：

可行性论证 → 需求分析 → 概要设计 → 详细设计 → 编码 → 测试 → 维护

每个阶段有相对独立的任务，对每个阶段规定了严格的标准，在每个阶段结束前，要进行严格的审查，合格后才能开始下一阶段工作。它使软件开发工作有条不紊地进行。

生命周期法只在开发初期的需求分析阶段与用户交流，以后各阶段均由开发人员

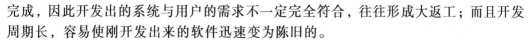

完成，因此开发出的系统与用户的需求不一定完全符合，往往形成大返工；而且开发周期长，容易使刚开发出来的软件迅速变为陈旧的。

（2）快速原型法

快速原型法是根据被开发软件的基本需求快速构筑出一个能表现目标系统的功能和行为特性的原型，系统开发人员与用户可以通过对原型的操作、改进及确认最终达到建立系统的方法。

这种开发方法提供了用户参与开发的环境，允许用户在系统开发过程中不断完善对系统的需求，密切了解开发人员和用户间的关系，同时整个开发过程也是用户接受培训的过程，对软件的维护有利。这种方法允许系统需求分析及设计多次反复，特别适合应用在用户需求不容易很快分析清楚的场合。

但是，频繁的需求变化，会使开发进度难以管理，花费人力、物力较多；而且快速构筑原型的工具尚不理想，如高度模块化的可重用软件、非过程化语言、可作原型的程序库、共享数据库等。

（3）面向对象方法

面向对象方法改变了传统的结构化分析、设计中侧重对过程的处理，即主要按照系统的功能来进行模块划分，这样系统功能一旦有改变，就会影响系统的结构。面向对象方法认为系统中最稳定的部分是系统的对象，而客观世界就是由对象与对象之间相互联系和作用构成的。

面向对象方法是以对象作为分析问题与解决问题的核心，以描述对象的数据结构作为它的静态特性，以作用于对象上的各种操作作为它的动态特性。

这种开发方法的特点是：

① 可重用性：面向对象方法通常有包含各类基本对象的库和子库，基本对象可以被其他新系统重复使用，称为对象的继承性。

② 可维护性：对象类的结构比较稳定，当系统需要扩充时，可以保持系统的结构不变，比较容易维护。

③ 开发过程的一致性：在整个开发过程中采用一致的表示方法（面向对象分析、设计、编程），加强了开发过程内在的一致性。

（4）敏捷开发方法

敏捷开发方法是近年来兴起的一种轻量级的软件开发方法，具有应对快速变化需求的开发能力。相对于"非敏捷"，它更强调程序员团队与业务专家之间的紧密协作、面对面的沟通（认为比书面的文档更有效）、频繁交付新的软件版本、紧凑而自我组织型的团队，能够很好地适应需求变化的代码编写和团队组织方法，也更注重作为软件开发中人的作用。

敏捷开发方法描述了一套软件开发的价值和原则，在这些开发中，需求和解决方案皆通过自组织跨功能团队达成。敏捷软件开发主张适度的计划、进化开发、提前交付与持续改进，并且鼓励快速与灵活的面对开发与变更。这些原则支援许多软件开发方法的定义和持续进化。敏捷开发流程如图3-33所示。

敏捷开发方法遵循以下基本原则。

① 最重要的是通过尽早和不断交付有价值的软件满足客户需要。

② 即使在开发后期，也欢迎需求的变化。敏捷过程能够驾驭变化，保持客户的竞争优势。

③ 经常交付可以工作的软件，从几星期到几个月，交付的时间间隔越短越好。

④ 业务人员和开发者应该在整个项目过程中始终朝夕在一起工作，围绕斗志高昂的人进行软件开发，给开发者提供适宜的环境，满足他们的需要，并相信他们能够完成任务。

■敏捷开发流程图

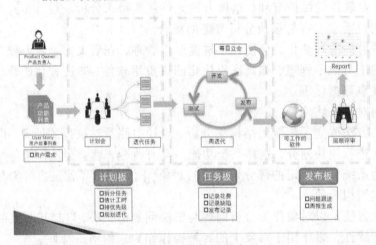

图 3-33　敏捷开发流程

⑤ 在开发小组中最有效率也最有效果的信息传达方式是面对面的交谈。

⑥ 可以工作的软件是进度的主要度量标准，敏捷过程提倡可持续开发。

⑦ 对卓越技术与良好设计的不断追求将有助于提高敏捷性。

⑧ 简单，尽可能减少工作量的艺术至关重要。最好的架构、需求和设计都源自自我组织的团队。

⑨ 每隔一定时间，团队都要总结并对开发工作进行反省，然后相应地调整自己的行为。

5．软件工程过程

（1）问题定义

问题定义阶段必须回答的关键问题是："要解决的问题是什么？"如果不知道问题是什么就试图解决这个问题，显然是盲目的，只会白白浪费时间和金钱，最终得出的结果很可能是毫无意义的。尽管确切地定义问题的必要性是十分明显的，但是在实践中它却可能是最容易被忽视的一个步骤。

通过问题定义阶段的工作，系统分析员应该提出关于问题性质、工程目标和规模的书面报告。通过对系统的实际用户和使用部门负责人的访问调查，分析员扼要地写出对问题的理解，并在用户和使用部门负责人的会议上认真讨论这份书面报告，澄清含糊不清的地方，改正理解不正确的地方，最后得出一份双方都满意的文档。

（2）可行性研究

这个阶段要回答的关键问题是："对于上一个阶段所确定的问题有行得通的解决办法吗？"为了回答这个问题，系统分析员需要进行一次大大压缩和简化了的系统分析和设计的过程，也就是在较抽象的高层次上进行的分析和设计的过程。

可行性研究应该比较简短，这个阶段的任务不是具体解决问题，而是研究问题的范围，探索这个问题是否值得去解，是否有可行的解决办法。

（3）需求分析

这个阶段的任务仍然不是具体地解决问题，而是准确地确定"为了解决这个问题，目标系统必须做什么"，主要是确定目标系统必须具备哪些功能。

用户了解他们所面对的问题，知道必须做什么，但是通常不能完整准确地表达出他们的要求，更不知道怎样利用计算机解决他们的问题；软件开发人员知道怎样使用软件实现人们的要求，但是对特定用户的具体要求并不完全清楚。因此，系统分析员在需求分析阶段必须和用户密切配合，充分交流信息，以得出经过用户确认的系统逻辑模型。通常用数据流图、数据字典和简要的算法描述表示系统的逻辑模型。

（4）总体设计

这个阶段必须回答的关键问题是："概括地说，应该如何解决这个问题？"

总体设计阶段的第一项主要任务是应该考虑几种可能的解决方案。例如，目标系统的一些主要功能是用计算机自动完成还是用人工完成；如果使用计算机，那么是使用批处理方式还是人机交互方式；信息存储使用传统的文件系统还是数据库；等等。通常至少应该考虑下述几类可能的方案：

① 低成本的解决方案。系统只能完成最必要的工作，不能多做一点额外的工作。

② 中等成本的解决方案。这样的系统不仅能够很好地完成预定的任务，使用起来很方便，而且可能还具有用户没有具体指定的某些功能和特点。虽然用户没有提出这些具体要求，但是系统分析员根据自己的知识和经验断定，这些附加的能力在实践中将证明是很有价值的。

③ 高成本的"十全十美"的系统。这样的系统具有用户可能希望有的所有功能和特点。

系统分析员应该使用系统流程图或其他工具描述每种可能的系统，估计每种方案的成本和效益，还应该在充分权衡各种方案的利弊的基础上，推荐一个较好的系统（最佳方案），并且制订实现所推荐的系统的详细计划。如果用户接受分析员推荐的系统，则可以着手完成本阶段的另一项主要工作。

上面的工作确定了解决问题的策略及目标系统需要哪些程序。但是，怎样设计这些程序呢？结构设计的一条基本原理就是程序应该模块化，也就是一个大程序应该由许多规模适中的模块按合理的层次结构组织而成。

总体设计阶段的第二项主要任务是设计软件的结构，也就是确定程序由哪些模块组成及模块间的关系。通常用层次图或结构图描绘软件的结构。

（5）详细设计

总体设计阶段以比较抽象概括的方式提出了解决问题的办法。详细设计阶段的任务就是把解法具体化，也就是回答下面这个关键问题："应该怎样具体地实现这个系统？"

这个阶段的任务还不是编写程序，而是设计出程序的详细规格说明。这种规格说明的作用类似于其他工程领域中工程师经常使用的工程蓝图，它们应该包含必要的细节，程序员可以根据它们写出实际的程序代码。

（6）编码和单元测试

这个阶段的关键任务是写出正确的容易理解、容易维护的程序模块。

程序员应该根据目标系统的性质和实际环境，选取一种适当的高级程序设计语言（必要时用汇编语言），把详细设计的结果翻译成用选定的语言书写的程序，并且仔细测试编写出的每一个模块。

（7）综合测试

这个阶段的关键任务是通过各种类型的测试（及相应的调试）使软件达到预定的要求。

最基本的测试是集成测试和验收测试。所谓集成测试是根据设计的软件结构，把经过单元测试检验的模块按某种选定的策略装配起来，在装配过程中对程序进行必要的测试。所谓验收测试则是按照规格说明书的规定（通常在需求分析阶段确定），由用户（或在用户积极参加下）对目标系统进行验收。必要时还可以再通过现场测试或平行运行等方法对目标系统进一步测试检验。为了使用户能够积极参加验收测试，并且在系统投入生产性运行以后能够正确有效地使用这个系统，通常需要以正式的或非正式的方式对用户进行培训。

通过对软件测试结果的分析可以预测软件的可靠性；反之，根据对软件可靠性的要求也可以决定测试和调试过程什么时候可以结束。应该用正式的文档资料把测试计划、详细测试方案及实际测试结果保存下来，作为软件配置的一个组成成分。

（8）软件维护

维护阶段的关键任务是：通过各种必要的维护活动使系统持久地满足用户的需要。

通常有四类维护活动：改正性维护，也就是诊断和改正在使用过程中发现的软件错误；适应性维护，即修改软件以适应环境的变化；完善性维护，即根据用户的要求改进或扩充软件使它更完善；预防性维护，即修改软件为将来的维护活动预先做准备。

3.3.4　软件的实现

软件开发的最终目标，是产生能在计算机上执行的程序。分析阶段和设计阶段产生的文档，都不能在计算机上执行。只有到了编码阶段，才产生可执行的代码，把软件的需求真正付诸实施，所以编码阶段又称实现阶段。

作为软件工程的一个阶段，编码实质就是对软件设计的翻译，翻译过程所使用的程序设计语言及程序员的编码风格对程序的可靠性、可读性、可测试性和可维护性等方面都将产生深远的影响，从而最终影响到软件系统的质量。

1. 编码风格

编码风格又称程序设计风格。编码风格会深刻地影响软件质量和可维护性，良好的编码风格可以使程序结构清晰合理，使程序代码便于维护，因此编码风格对保证程序的质量是很重要的。

一般来讲，编码风格是指编写程序时所表现出的特点、习惯和逻辑思路。编码风格总体而言应该强调简单和清晰，编出的程序必须是可以理解的。可以认为，著名的"清晰第一，效率第二"的论点已成为当今主导的编码风格。编码的风格主要有以下四个方面：

① 使用标准的控制结构。在编码阶段，要继续遵循"单入口、单出口"标准结构的原则，确保"翻译"出来的源程序清晰可读。在尽量采用标准结构的同时，还要避免使用容易引起混淆的结构和语句。

② 有限制地使用 GOTO 语句。

③ 实现源程序的文档化。源程序的文档化主要包括三方面的内容：有意义的变量名称；适当的注释；标准的书写格式。

④ 友善的输入/输出风格。源程序的输入/输出风格必须满足运行工程学的需求。对于具有大量人机交互的系统，尤其要注意良好的输入/输出风格。

2. 编码语言的选择

费舍尔（D. A. Fisher）说过："程序设计语言不是引起软件问题的原因，也不能用它来解决软件问题。但是，由于语言在一切软件活动中所处的中心地位，它们能使现存的问题变得较易解决，或者更加严重。"这段话，揭示了语言在软件开发中的作用，提醒我们重视在编码以前选择适当的语言。选择编码语言的标准如下所示。

（1）理想标准

① 应该有理想的模块化机制，以及可读性好的控制结构和数据结构，以使程序容易测试和维护，同时减少软件生存周期的总成本。

② 应该使编译程序能够尽可能多地发现程序中的错误，以便于调试和提高软件的可靠性。

③ 应该有良好的独立编译机制，以降低软件开发和维护的成本。

（2）实践标准

① 语言的自身功能。从应用领域角度考虑，根据语言的特点进行选择。

② 系统用户的要求。如果所开发的系统由用户自己负责维护，通常应该选择所熟悉的语言来编写程序。

③ 编码和维护成本。选择合适的程序设计语言可大大降低程序的编码量及日常维护工作的困难程度，从而使编码和维护成本降低。

④ 软件的兼容性。虽然高级语言的适应性很强，但不同机器上所配置的语言可能不同。另外，在一个软件开发系统中可能会出现各子系统之间或主系统与子系统之间所采用的机器类型不同的情况。

⑤ 软件可移植性。如果系统的生存周期比较长，应选择一种标准化程度高、程序可移植性好的程序设计语言，以使所开发的软件将来能够移植到不同的硬件环境下

运行。

⑥ 程序设计人员的知识水平。在选择语言时还要考虑程序设计人员的知识水平，即他们对语言掌握的熟练程度及实践经验。

3．程序设计语言

程序设计语言，通常简称编程语言，是一组用来定义计算机程序的语法规则。它是一种被标准化的交流技巧，用来向计算机发出指令。一种计算机语言让程序员能够准确地定义计算机所需要使用的数据，并精确地定义在不同情况下所应当采取的行动。

迄今，程序设计语言有几百种之多，可以将其分为五大类：机器语言、汇编语言、高级语言、第四代语言和第五代语言。

（1）机器语言

机器语言是直接用二进制代码指令表达的计算机语言，指令是用 0 和 1 组成的一串代码，它们有一定的位数，并分成若干段，各段的编码表示不同的含义。例如，某台计算机字长为 16 位，即有 16 个二进制数组成一条指令或其他信息。16 个 0 和 1可组成各种排列组合，通过线路变成电信号，让计算机执行各种不同的操作。这种语言是完全面向机器的语言，由纯粹的二进制代码组成，可以由计算机直接识别和运行，拥有极高的执行效率。可是因为只有 0、1 两种信息，十分难以编写和读懂。例如，某种计算机规定 1011011000000000 为加法指令，而 1011010100000000 为减法指令。可以看出执行一个操作需要 16 位二进制代码，并且差别较小使其难以分辨（上例中只有 7、8 两位不同），给阅读和调试等操作带来极大不便；还可以看出，16 位二进制代码共可以表示 65 536 个不同的指令或信息，有的计算机甚至由 32 位的二进制代码来控制机器的运行，这样使语言十分难以学习，程序员不得不带着厚重的表格；而且不同的机器拥有不同的代码规范，导致在一台机器上编译的程序无法在其他机器上运行。

（2）汇编语言

汇编语言是面向机器的程序设计语言。在汇编语言中，用助记符（Mnemonic）代替操作码，用地址符号（Symbol）或标号（Label）代替地址码。这样用符号代替机器语言的二进制码，就把机器语音变成了汇编语言。于是汇编语言亦称符号语言。使用汇编语言编写的程序，机器能直接识别，要由一种程序将汇编语言翻译成机器语言，这种起翻译作用的程序叫汇编程序，汇编程序是系统软件中的语言处理系统软件。汇编语言把汇编程序翻译成机器语言的过程称为汇编。汇编语言比机器语言易于读/写、调试和修改，同时具有机器语言的全部优点。但在编写复杂程序时，相对高级语言代码量较大，而且汇编语言依赖于具体的处理器体系结构，不能通用，因此不能直接在不同处理器体系结构之间移植。

机器语言和汇编语言通称低级语言，它们的共同点就是面向机器，执行效率高，虽然现在因为 CPU 的规范化等原因，机器上编译的程序可以拿到其他机器上去运行，但是难学、难记、难写、难检查的缺点仍旧无法除去，所以已经不是十分普及的语言了。

（3）高级语言

由于汇编语言依赖于硬件体系，且助记符量大难记，于是人们又发明了更加易用的高级语言。在这种语言下，其语法和结构更类似普通英文，且由于远离对硬件的直接操作，使得一般人经过学习之后都可以编程。高级语言通常按其基本类型、代系、实现方式、应用范围等分类。高级语言与计算机的硬件结构及指令系统无关，它有更强的表达能力，可方便地表示数据的运算和程序的控制结构，能更好地描述各种算法，而且容易学习掌握。但高级语言编译生成的程序代码一般比用汇编程序语言设计的程序代码要长，执行的速度也慢。所以，汇编语言适合编写一些对速度和代码长度要求高的程序和直接控制硬件的程序。高级语言、汇编语言和机器语言都是用于编写计算机程序的语言。

高级语言程序"看不见"机器的硬件结构，不能用于编写直接访问机器硬件资源的系统软件或设备控制软件。为此，一些高级语言提供了与汇编语言之间的调用接口。用汇编语言编写的程序，可作为高级语言的一个外部过程或函数，利用堆栈来传递参数或参数的地址。常见的高级程序设计语言有：

① 命令式语言。这种语言的语义基础是模拟"数据存储/数据操作"的图灵机可计算模型，十分符合现代计算机体系结构的自然实现方式。其中产生操作的主要途径是依赖语句或命令产生的副作用。现代流行的大多数语言都是这一类型，如FORTRAN、Pascal、Cobol、C、C++、BASIC、Ada、Java、C#等，各种脚本语言也被看作此种类型。

② 函数式语言。这种语言的语义基础是基于数学函数概念的值映射的 λ 算子可计算模型。这种语言非常适合于进行人工智能等工作的计算。典型的函数式语言有Lisp、Haskell、ML、Scheme 等。

③ 逻辑式语言。这种语言的语义基础是基于一组已知规则的形式逻辑系统。这种语言主要用在专家系统的实现中。最著名的逻辑式语言是 PROLOG。

④ 面向对象语言。现代语言中的大多数都提供面向对象的支持，但有些语言是直接建立在面向对象基本模型上的，语言的语法形式的语义就是基本对象操作。主要的纯面向对象语言是 Smalltalk。

虽然各种语言属于不同的类型，但它们各自都不同程度地对其他类型的运算模式有所支持。

（4）第四代语言

第四代语言（Fourth-Generation Language，4GL）的出现是出于商业需要。4GL这个词最早出现于 20 世纪 80 年代初期软件厂商的广告和产品介绍。这些厂商的 4GL产品不论从形式上看还是从功能上看，差别都很大。但是，人们很快发现这一类语言由于具有"面向问题""非过程化程度高"等特点，可以成数量级地提高软件生产率，缩短软件开发周期，因此赢得了很多用户。1985 年，美国召开了全国性的 4GL 研讨会，也正是在这前后，许多著名的计算机科学家对 4GL 展开了全面研究，从而使 4GL进入了计算机科学的研究范畴。

4GL 以数据库管理系统所提供的功能为核心，进一步构造了开发高层软件系统的开发环境，如报表生成、多窗口表格设计、菜单生成系统、图形图像处理系统和决策支持系统，为用户提供了一个良好的应用开发环境。它提供了功能强大的非过程化问题定义手段，用户只需告知系统做什么，而无须说明怎么做，因此可大大提高软件生产率。

进入 20 世纪 90 年代，随着计算机软硬件技术的发展和应用水平的提高，大量基于数据库管理系统的 4GL 商品化软件已在计算机应用开发领域中获得广泛应用，成为面向数据库应用开发的主流工具，如 Oracle 应用开发环境、Informix—4GL、SQL Windows、Power Builder 等。它们为缩短软件开发周期、提高软件质量发挥了巨大的作用，为软件开发注入了新的生机和活力。

（5）第五代语言

第五代语言就是自然语言，又称知识库语言或人工智能语言，目标是最接近日常生活所用语言的程序语言。目前并没有真正意义上的第五代语言，LISP 和 PROLOG 号称第五代语言，但还远远不能达到自然语言的要求。

程序设计语言是软件的重要方面。它的发展趋势是模块化、简明性和形式化。

① 模块化。不仅语言具有模块成分，程序由模块组成，而且语言本身的结构也是模块化的。

② 简明性。涉及的基本概念不多，成分简单，结构清晰，易学易用。

③ 形式化。发展合适的形式体系，以描述语言的语法、语义、语用。

在软件的实现过程中，要根据需求选择合适的程序设计语言，来实现需求分析中要求的软件的功能。

小　结

计算机系统是由硬件系统和软件系统组成的一个整体系统。计算机硬件系统是指构成计算机的所有实体部件的集合，主要包括中央处理机、存储器和输入/输出外围设备；中央处理器是计算机的主要设备之一。其功能主要是解释计算机指令及处理计算机软件中的数据。内存是计算机中重要的部件之一，是与 CPU 进行沟通的桥梁，计算机中所有程序的运行都是在内存中进行的。输入设备是指向计算机输入数据和信息的设备，是计算机与用户或其他设备通信的桥梁。输出设备将计算机中的数据或信息输出给用户。辅助存储设备的存储容量大、成本低、存取速度慢，可以永久地脱机保存信息。总线是一组为系统部件之间传送数据的公用信号线。具有汇集与分配数据信号、选择发送信号的部件与接收信号的部件、总线控制权的建立与转移等功能。

计算机软件系统是指管理计算机软件和硬件资源、控制计算机运行的程序、命令、指令、数据等。操作系统是对硬件系统的首次扩充，在计算机系统中占据着特殊的地位，负责配置和管理计算机上的各种资源。人们把需要计算机做的工作写成一定形式的指令，并把它们存储在计算机内存中，让计算机按顺序自动执行。这种可以连续执行的计算机指令的集合称为"程序"。计算机程序设计人员可以选择各种各样的程序设计语言或程序开发工具来开发软件。

1968 年召开的一次有关计算机软件的会议上提出了"软件工程"的概念，人们逐步认识到了软件开发过程不是一个简单的编程过程，而是一个包含了从计划、分析、设计、编码、测试到维护的一系列工程活动的复杂过程。根据软件工程的原则和过程规范软件的开发，在软件工程过程中，软件的实现就是要选用合适的程序设计语言为软件编制代码，实现需求分析中要求的软件的功能。

习　　题

1. 计算机系统由哪几大部分组成？各部分有什么功能？
2. 中央处理器在计算机工作过程中起什么作用？
3. 什么是输入/输出设备？试列举出几种常见的输入/输出设备。
4. 冯·诺依曼体系结构的计算机由哪几大部分组成？它的工作原理是什么？
5. 现代提出的非诺依曼计算机体系结构有哪些？
6. 系统总线按功能可以分为哪几类？各有什么功能？
7. 简述什么是操作系统。它的功能有哪些？
8. 什么是软件危机？什么是软件工程？软件工程过程是什么？
9. 软件工程应遵循哪些原则？
10. 常见的程序设计语言有哪几种？各有什么特点？

第4章

计算机科学与技术
学科中的典型问题 <<<

核心内容

- 计算的学科形态；
- 哥尼斯堡七桥问题；
- 梵天塔问题；
- 证比求易算法；
- 旅行商问题；
- 哲学家共餐问题；
- 两军问题；
- 图灵测试；
- 中文屋子问题；
- 博弈问题。

　　本章主要对计算机科学与技术学科中的一些典型问题进行简单的介绍。首先，介绍计算机科学与技术学科中的学科形态，其中包括科学问题的定义、特征和作用，以及计算的本质和计算学科的根本问题，提出计算机学科的基本形态是抽象、理论和设计；然后分别介绍哥尼斯堡七桥问题、梵天塔问题、证比求易算法、旅行商问题、哲学家共餐问题、两军问题、图灵测试、中文屋子问题、博弈问题等，并针对这些简单问题进行分析，从而引出学科典型的知识领域。

4.1　计算机科学与技术学科中的学科形态

　　人们在科学研究、探索和认识世界的过程中遇到的问题称为科学问题。它们一般与科学专业知识有关。计算机学科中的科学问题，反映了学科的本质特征，在学科中起到了重要作用。科学研究始于问题，人们对客观世界的认识是一个不断提出问题和解决问题的过程，这个过程也正反映了计算机学科的抽象、理论和设计这三个密不可分的过程之间的相互关系。

4.1.1 科学问题的定义

科学问题是指一定时代的科学认识主体,在已完成的科学知识和科学实现的基础上,提出的需要解决且有可能解决的问题。它包含一定的求解目标和应答域,但尚无确定的答案。

科学问题是认识的一种形式,它既包含先前的实践和认知的基础,又预示着进一步的实践和认识的方向,它是"认识以实践为基础"这一命题的具体化形式,产生于人们的社会生产实践与科学实践过程中。从科学史来看,人类科技进步的历史就是一个不断提出科学问题又不断解决科学问题的历史。能否在所从事的工作中提出(或从众多的问题中抽取)关键和重要的科学问题,对每个人来说都是一个挑战。

1. 科学问题的主要特征

① 时代性:从历史的观点来看,任何一个科学问题都具有它的时代特征。每一个时代都有它自己的科学问题,而这些问题的解决对科学的发展具有深远的意义。

② 混沌性:科学问题显示了人们对已有知识的不满,并渴望对新知识的追求,但这种追求开始的时候是模糊不清的。

③ 可解决性:科学问题是由于决心解决而又有可能解决才提出的,提出科学问题后便要力图解决它。

④ 可变异性:相对科学问题的可解决性而言,如果一个问题未能解决,似乎就不是科学问题,其实不然,如果它还能引出另外具有可解决性的科学问题,则原问题仍属于科学问题。

⑤ 可待解性:由于尚不具备解决问题的全部条件,因此许多科学问题在当前一段时间里还很难解决或无法解决,但绝非永远不可解决。

2. 科学问题的作用

对于一门学科而言,原先科学问题的提出与解决,会诱发出新的科学问题,而新的科学问题的解决又会诱发更新的科学问题,这种父子型、子孙型科学问题的连续出现和相继解决,可以导致该门学科的重大理论突破,这是科学问题的裂变式作用。对不同科学问题的研究最终导致同一科学问题的发现,这种殊途同归的结果,是科学问题聚变式作用的结果。此外,新的重大科学问题的确定总是在以往时代科学问题结束之际到来的,它犹如一面旗帜,象征着人类科学认识进入一个崭新的阶段,它召唤和激励着人们为解决这些富有挑战性的问题而勇往直前,这属于科学问题的激励作用。

4.1.2 计算本质及计算学科的根本问题

据记载,在很早以前人们就碰到了必须计算的问题。在旧石器时代,刻在骨制和石头上的花纹就是对某种计算的记录。然而,在20世纪30年代以前,人们并没有真正认识计算的本质。尽管如此,在人类漫长的岁月里,人们一直没有停止过对计算本质的探索。

1. 计算的本质

很早以前,我国的学者就认为,对于一个数学问题,只有确定了其可用算盘解算它的规则时,这个问题才算可解。这就是古代中国的"算法化"思想,它蕴含着中国古代学者对计算的根本问题，即"能行性"问题的理解，这种理解对现代计算学科的研究仍具有重要的意义。

算盘作为主要的计算工具流行了相当长的一段时间，直到中世纪，哲学家们提出了这样一个大胆的问题：能否用机械来实现人脑活动的个别功能？最初的实验目的并不是制造计算机，而是试图从某个前提出发机械地得出正确的结论，即思维机器的制造。早在1275年，西班牙的雷蒙德·露利（R. Lullus）就发明了一种思维机器（"旋转玩具"），从而开创了计算机器制造的先河。

（1）计算工具的发展

"旋转玩具"引起了许多著名学者的研究兴趣，并最终导致了能进行简单数学运算的计算机器的产生。1641年，法国人帕斯卡利用齿轮技术制成了第一台加法器；1673年，德国人莱布尼茨在帕斯卡的基础上又制造了能进行简单加、减、乘、除的计算机器；19世纪30年代，英国人巴贝奇设计了用于计算对数、三角函数及其他算术函数的"分析机"；20世纪20年代，美国人布什研制了能解一般微分方程组的电子模拟计算机等。计算的这一历史包含了人们对计算过程的本质和它的根本问题进行的探索，同时，为现代计算机的研制积累了经验。其实，对计算本质的真正认识取决于形式化研究的进程，而"旋转玩具"就是一种形式化的产物，不仅如此，它还标志着形式化思想革命的开始。

（2）康托尔的集合论和罗素悖论

形式化方法和理论的研究起源于对数学的基础研究。数学的基础研究是指对数学的对象、性质及其发生、发展的一般规律进行的科学研究。

德国数学家康托尔从1874年开始，对数学基础作了新的探讨，发表了一系列集合论方面的著作，从而创立了集合论。康托尔创立的集合论对数学概念作了重要的扩充，对数学基础的研究产生了重大影响，并逐步发展成为数学的重要基础。

集合论是现代数学的基础，康托尔在研究函数论时产生了探索无穷集和超穷数的兴趣。康托尔肯定了无穷数的存在，并对无穷问题进行了哲学的讨论，最终建立了较完善的集合理论，为现代数学的发展打下了坚实的基础。

然而不久，数学家们却在集合论中发现了逻辑矛盾，其中最为著名的是1901年伯特兰·罗素（B. Russell）在集合论概括原则的基础上发现的"罗素悖论"，从而导致了数学发展史上的第三次危机。

悖论（paradox）来自希腊语 para+dokein，意思是"多想一想"。这个词的意义比较丰富，它包括一切与人的直觉和日常经验相矛盾的数学结论，那些结论会使我们惊异无比。悖论是自相矛盾的命题，即如果承认这个命题成立，就可推出它的否定命题成立；反之，如果承认这个命题的否定命题成立，又可推出这个命题成立。如果承认它是真的，经过一系列正确的推理，却又得出它是假的；如果承认它是假的，经过一系列正确的推理，却又得出它是真的。古今中外有不少著名的悖论，它们震撼了逻辑和数学的基础，激发了人们求知和精密的思考，吸引了古往今来许多思想家和爱好者的注意力。解决悖论难题需要创造性的思考，悖论的解决又往往可以给人带来全新的观念。

罗素悖论可以这样形式化地定义：$S=\{x\mid x\notin S\}$。为了使人们更好地理解集合论悖论，罗素将"罗素悖论"通俗化，改写成"理发师悖论"。

其大意是，在某个城市中有一位理发师，他的广告词是这样写的："本人的理发技艺十分高超，誉满全城。我将为本城所有不给自己刮脸的人刮脸，我也只给这些人刮脸。我对各位表示热诚欢迎！"来找他刮脸的人络绎不绝，自然都是那些不给自己刮脸的人。可是，有一天，这位理发师从镜子里看见自己的胡子长了，他本能地抓起了剃刀，你们看他能不能给他自己刮脸呢？如果他不给自己刮脸，他就属于"不给自己刮脸的人"，他就要给自己刮脸；而如果他给自己刮脸呢，他又属于"给自己刮脸的人"，他就不该给自己刮脸。

由此可以推出两个相互矛盾的等价命题：理发师自己给自己刮脸；理发师自己不给自己刮脸。

（3）图灵对计算本质的揭示

20 世纪 30 年代后期，图灵从计算一个数的一般过程入手对计算的本质进行了研究，从而实现了对计算本质的真正认识。图灵用形式方法成功地表述了计算这一过程的本质。图灵的研究成果再次表明了某些数学问题是不能用任何机械过程来解决的思想，而且还深刻地揭示了计算所具有的"能行过程"的本质特征。

在关于可计算性问题的讨论时，不可避免地要提到一个与计算具有同等地位和意义的基本概念，那就是算法。算法又称能行方法或能行过程，是对解题（计算）过程的精确描述，它由一组定义明确且能机械执行的规则（语句、指令等）组成。根据图灵的论点，可以得到这样的结论，任一过程是能行的（能够具体表现在一个算法中），当且仅当它能够被一台图灵机实现。图灵机与当时哥德尔、丘奇、波斯特等人提出的用于解决可计算问题的递归函数、λ 演算和 POST 规范系统等计算模型在计算能力上是等价的。在这一事实的基础上，形成了现在著名的丘奇-图灵论题。图灵机等计算模型均是用来解决"能行计算"问题的，理论上的能行性隐含着计算模型的正确性，而实际实现中的能行性还包含时间与空间的有效性。

（4）现代计算机的产生及计算学科的定义

伴随着电子学理论和技术的发展，在图灵机这个思想模型提出不到 10 年的时间里，世界上第一台电子计算机诞生了。其实，图灵机反映的是一种具有能行性的用数学方法精确定义的计算模型，而现代计算机正是这种模型的具体实现。计算运用了科学和工程两者的方法学，理论工作已大大地促进了这门艺术的发展。同时，计算并没有把新的科学知识的发现与利用这些知识解决的实际问题分割开来。理论和实践的紧密联系给该学科带来了力量和生机。正是由于计算学科理论与实践的紧密联系，并伴随着计算技术的飞速发展，计算学科现已成为一个极为宽广的学科。

计算学科是对描述和变换信息的算法过程，包括对其理论、分析、效率、实现和应用等进行的系统研究。它来源于对算法理论、数理逻辑、计算模型、自动计算机器的研究，并与存储电子计算机的发明一起形成于 20 世纪 40 年代初期。

计算学科包括对计算过程的分析及计算机的设计和使用。该学科的广泛性在下面一段来自美国计算科学鉴定委员会（Computing Sciences Accreditation Board）发布的报告摘录中得到强调：计算学科的研究包括从算法与可计算性的研究到根据可计算硬件和软件的实际实现问题的研究。这样，计算学科不但包括从总体上对算法和信息处理过程进行研究的内容，也包括满足给定规格要求的、有效而可靠的软硬件设计——它包括所有科目的理论研究、实验方法和工程设计。

2．计算学科的根本问题

《计算作为一门学科》报告对学科中的根本问题作了以下概括：

计算学科的根本问题是：什么能被（有效地）自动进行。

计算学科的根本问题讨论的是"能行性"的有关内容。而凡是与"能行性"有关的讨论，都是处理离散并且是有限的对象的。

因为非离散对象，即所谓的连续对象，是很难进行能行处理的。因此，"能行性"这个计算学科的根本问题决定了计算机本身的结构和它处理的对象都是有限离散型的，甚至许多连续型的问题也必须在转化为有限离散型问题以后才能被计算机处理。例如，计算定积分就是把它变成离散量，再用分段求和的方法来处理的。

正是源于计算学科的根本问题，以离散型变量为研究对象的离散数学对计算技术的发展起着十分重要的作用。同时，又因为计算技术的迅猛发展，使得离散数学越来越受到重视。为此，《CC2005 纲要》报告将它列为计算学科的第一个主领域命名为"离散结构"，以强调计算学科对它的依赖性。

尽管计算学科已成为一个极为宽广的学科，但其根本问题仍然是：什么能被（有效地）自动进行。甚至还可以更为直率地说，计算学科所有分支领域的根本任务就是进行计算，其实质就是字符串的变换。

在论述人的计算能力方面，著名的数理逻辑学家美籍华人王浩教授认为，如果我们同意只关心作为机械过程的计算，那么许多论述将更加清楚，并能避免像精神与人体的关系这样的心理学和哲学的问题。因此，就机械过程的计算而言，王浩认为：人要做机器永远不能做的某些计算是不容易的。

4.1.3　计算机学科中的三个学科形态

在计算机科学与技术方法论的原始命题中，蕴含着人类认识过程的两次飞跃。第一次飞跃是从物质到精神，从实践到认识的飞跃。这次飞跃包括两个决定性的环节：一个是科学抽象，另一个是科学理论。科学抽象是科学认识由感性向理性阶段飞跃的决定性环节，当科学认识由感性阶段上升为理性阶段时，就形成了科学理论。第二次飞跃是从精神到物质，从认识到实践的飞跃，这次飞跃的实质对技术学科而言，其实就是要在理论的指导下，以抽象的成果为工具完成各种设计工作。在设计工作中，又将遇到很多新的问题，从而又促使人们在新的起点上实现认识过程的新飞跃。

计算机学科的基本形态是抽象、理论和设计。抽象源于实验科学，是将实际问题转换为计算机能处理的形式并对处理结果进行分析。理论则是以便于计算机处理的形式研究有关问题的基本原理，具有构造型数学的特征。设计简单地说，就是指实现问题求解的系统的设计与实现。

抽象的研究内容表现在两个方面：一方面是建立对客观事物进行抽象描述的方法；另一方面是采用现有的抽象方法，建立具体问题的概念模型，从而实现对客观世界的感性认识。理论源于数学，它的研究内容也表现在两个方面：一方面是建立完整的理论体系；另一方面是在现有理论的指导下，建立具体问题的数学模型，从而实现对客观世界的理性认识。设计源于工程，它的研究内容同抽象、理论一样，表现在两个方面：一方面是在对客观世界的感性认识和理性认识的基础上，完成一个具体的任务；另一方面对工程设计中所遇到的问题进行总结，提出问题，由理论界去解决它。同时，也要将工程设计中所积累的经验和教训进行总结，最后形成方法，以便以后的工程设计。

计算学科各分支领域均可以用模型与实现来描述。模型反映的是计算学科的抽象和理论两个过程，实现反映的是计算学科的设计过程，模型与实现已蕴含于计算学科的抽象、理论和设计三个过程之中。计算学科各分支领域中的抽象和理论两个过程关心的是解决具有能行性和有效性的模型问题，设计过程关心的是模型的具体实现问题，正因为如此，计算学科中的三个形态是不可分割、密切相关的。

抽象、理论和设计三个学科形态也可以看成学科活动的三个过程，可以粗略地将这三个过程与人类认识与实践的三个阶段对应起来。三个学科形态的关系如图 4-1 所示。抽象对应于初期的实践，在这个阶段获得感性认识；理论则表示对事物本质的认识，是通过总结、提高，去伪存真、去粗取精后得到的，是人类对客观世界的理性认识；设计对应于在正确理论指导下的新实践，属于理性实践。这三个过程呈现出抽象、理论和设计的顺序。将这三个形态从微观角度理解，在人才培养方面，首先让学生集中精力学习一些理论知识，培养学生的抽象描述能力、抽象思维能力、逻辑思维能力和基本设计能力，在这一前提下，去进行问题的求解、参与工程设计与实现。这里呈现出的是理论、抽象和设计的顺序。

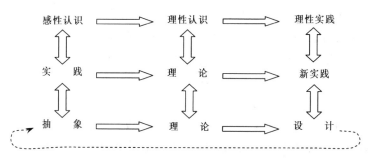

图 4-1　三个形态之间的关系图

计算学科的整个过程都与实践紧密相关，这就确定了实践在人才培养中的重要地位。在信息社会背景下，计算机专业是以技术为主的，实践能力的培养是学科教育中不可或缺的一个重要组成部分。这个能力不仅是一般的"动手能力"，而是一种学生的自我性、主动性，抽象的归纳力和理解力，这些能力都是需要通过实践来培养形成的。

4.2 计算机学科领域典型问题认知

在人类社会的发展过程中，人们提出过许多具有深远意义的科学问题。在计算机学科的发展过程中，有许多反映该学科某一方面本质特征的典型实例，我们将它们一并归于计算机学科领域的典型问题。这些典型问题的提出及研究，不仅有助于我们深刻地理解计算学科，而且对该学科的发展有着十分重要的推动作用。

4.2.1 哥尼斯堡七桥问题

哥尼斯堡七桥问题是17世纪著名古典数学问题之一。17世纪的东普鲁士有一座哥尼斯堡城，城中有一座佛夫岛，普雷格尔的两条支流环绕其旁，并将整个城市分为北区、东区、南区和岛区四个区域，全城共有七座桥将四个城区相连起来，如图4-2所示。人们常通过七座桥到各城区游玩，于是产生了一个有趣的数学难题：寻找走遍这七座桥，且只许走过每座桥一次，最后又回到原出发点的路径。问题提出后，很多人对此很感兴趣，纷纷进行试验，但在相当长的时间里，始终未能解决。而利用普通数学知识，每座桥均走一次，那这七座桥所有的走法一共有7!=5 040种，而这么多情况，要一一试验，这将会是很大的工作量。但怎么才能找到成功走过每座桥而不重复的路线呢？由此形成了著名的"哥尼斯堡七桥问题（Konigsberg Seven Bridges Problem）"。

1735年，有几名大学生写信给当时正在俄罗斯的彼得斯堡科学院任职的天才数学家列昂纳德·欧拉（L. Euler），请他帮忙解决这一问题。欧拉在亲自观察了哥尼斯堡七桥后，认真思考走法，但始终没能成功，于是他怀疑七桥问题是不是原本就无解呢？1736年，在经过一年的研究之后，29岁的欧拉提交了关于"哥尼斯堡七桥问题"的论文——《哥尼斯堡的七座桥》，圆满解决了这一问题，他在文中指出，从一点出发不重复的走遍七桥，最后又回到原出发点是不可能的。

为了解决哥尼斯堡七桥问题，欧拉用四个字母A、B、C、D代表四个城区，并用七条线表示七座桥，如图4-3所示。假设每座桥都恰好走过一次，那么对于A、B、C、D四个顶点中的每一个顶点，需要从某条边进入，同时从另一条边离开。进入和离开顶点的次数是相同的，即每个顶点有多少条进入的边，就有多少条出去的边，也就是说，每个顶点相连的边是成对出现的，即每个顶点的相连边的数量必须是偶数。而图中B、C、D三个顶点的相连边都是3，顶点A的相连边为5，都为奇数。因此，这个图无法从一个顶点出发，遍历每条边各一次。

在图中只有四个点和七条线，这样做是基于该问题本质考虑的，它抽象出问题最本质的东西，忽视问题非本质的东西，从而将哥尼斯堡七桥问题的抽象为一个数学问题，即经过图中每边一次且仅一次的回路问题。欧拉在论文中论证了这样的回路是不存在的，后来，人们把有这样回路的图称为欧拉图。欧拉的这个考虑非常重要，也非常巧妙，它表明了数学家处理实际问题的独特之处，即把一个实际问题抽象成合适的

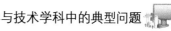

"数学模型"。这种研究方法就是"数学模型方法"。

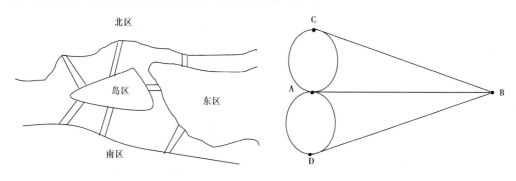

图 4-2 哥尼斯堡地图　　　　　图 4-3 哥尼斯堡七桥问题对应的图

欧拉在论文中将问题进行了一般化处理，即对给定的任意一个河道图与任意多座桥，判定可能不可能每座桥恰好走过一次，并用数学方法给出了三条判定的规则：

① 如果通奇数桥的地方不止两个，满足要求的路线是找不到的。

② 如果只有两个地方通奇数座桥，可以从这两个地方之一出发，找到所要求的路线。

③ 如果没有一个地方是通奇数座桥的，则无论从哪里出发，所要求的路线都能实现。

哥尼斯堡七桥问题，开创了数学新分支——图论。今天，图论已广泛地应用于计算学科、运筹学、信息论、控制论等学科之中，并已成为对现实问题进行抽象的一个强有力的数学工具。随着计算科学的发展，图论在计算学科中的作用越来越大，同时，图论本身也得到了充分的发展。七桥问题引发了网络理论的研究，它被认为是拓扑学理论的基本应用题，对解决最短邮路等问题很有帮助。该问题涉及的后续课程有离散数学和数据结构，涉及的应用领域有计算机网络性能分析、交通运输网络调度和地下管网配置等。

在图论中还有一个很著名的"哈密尔顿回路问题"。该问题起源于爱尔兰著名学者威廉·哈密尔顿（William Rowan Hamilton）1859 年提出的"周游世界游戏"：一个木刻的正十二面体，每面是正五角形，三面交于一角，共有 20 个角，每个角代表世界上一个重要城市，如图 4-4（a）所示。哈密尔顿提出一个问题：要求沿正十二面体的边寻找一条路通过 20 个城市，而每个城市只通过一次，最后返回原地。哈密尔顿将此问题称为周游世界问题。这个正十二面体"拉平"就会得到一个与它同构的平面图，如图 4-4（b）所示。这样，这个游戏就转化为：要求沿着正十二面体的棱，从一个城市出发，经过每个城市恰好一次，然后回到出发点的问题。这个游戏曾风靡一时，它有若干个解，称为哈密尔顿图。哈密尔顿的十二面体图上存在一条哈密尔顿环，按照结点编号的顺序：1-2-3…20-1，如图 4-4（b）所示。

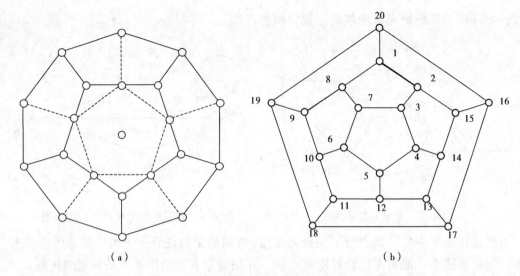

图 4-4　哈密尔顿回路问题

　　这个游戏扩展到一般的图上就是：给定一个图，是否能找到一个环，使它通过图中的每个结点一次且仅一次？对图是否存在"欧拉回路"已给出充分必要条件，而对图是否存在"哈密尔顿回路"至今仍未找到满足该问题的充分必要条件，在大部分情况下，还是采用尝试的办法。

　　中国邮路问题（Chinese Postman Problem）是中国学者管梅谷于 1960 年提出的，是欧拉回路的一个变种，是图论中一个有重要理论意义和广泛应用背景的问题，它来源于下述实际问题：一个邮递员如何选择一条道路，使他能从邮局出发，走遍他负责送信的所有街道，最后回到邮局，并且所走的路程为最短。"中国邮路问题"可用于邮政部门、扫雪车路线、洒水车路线、警车巡逻路线、（计算机绘图）如何节约画笔的空走问题、（计算机制造工业）如何将激光刻制用于集成电路加工的模具等。

4.2.2　梵天塔问题

1．问题描述

　　在印度，有一个古老的传说：在世界中心贝拿勒斯（在印度北部）的圣庙里，一块黄铜板上插着三根宝石柱子。印度教的主神梵天在创造世界的时候，在第一根柱子上从下到上穿好了由大到小的 64 个金盘子，这就是所谓的梵天塔（又称汉诺塔）。天神让庙里的僧侣们将第一根柱子上的 64 个盘子借助第二根柱子全部移到第三根柱子上，即将整个塔迁移，同时定下三条规则：

　　① 每次只能移动一个盘子。

　　② 盘子只能在三根柱子上来回移动，不能放在他处。

　　③ 在移动过程中，三根柱子上的盘子必须始终保持大盘在下，小盘在上。

　　这就是著名的梵天塔问题（Hanoi Tower Problem）。

2．问题求解

　　梵天塔问题是一个典型的只有用递归方法（而不能用其他方法）来解决的问题，

递归是计算学科中的一个重要概念。所谓递归，就是将一个较大的问题归约为一个或多个子问题的求解方式。这些子问题比原问题简单一些，但在结构上与原问题相同。

根据递归方法，可将 64 个盘子的梵天塔问题转化为求解 63 个盘子先移动到第二个柱子上，再将最后一个盘子直接移动到第三个柱子上，最后又一次将 63 个盘子从第二个柱子移动到第三个柱子上，这样则可以解决 64 个盘子的梵天塔问题。依此类推，63 个盘子的梵天塔求解问题可以转化为 62 个盘子的梵天塔求解问题，62 个盘子的梵天塔求解问题又可以转化为 61 个盘子的梵天塔求解问题，直到 1 个盘子的梵天塔求解问题。再由 1 个盘子的梵天塔的求解求出 2 个盘子的梵天塔，直到解出 64 个盘子的梵天塔问题。

如图 4-5 所示，求解 n 个盘子的梵天塔问题的算法为：

① 递归调用 $n-1$ 个盘子的梵天塔问题算法，把上面的 $n-1$ 个盘子从 A 柱移到 B 柱。

② 把最下面的一个盘子从 A 柱直接移到 C 柱。

③ 递归调用 $n-1$ 个盘子的梵天塔问题算法，把 B 柱上临时存放的 $n-1$ 个盘子移到 C 柱。

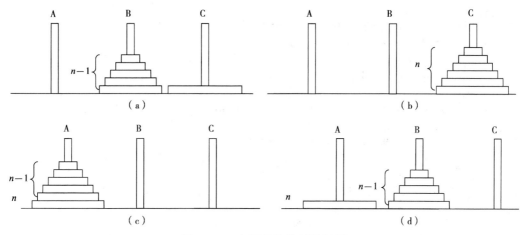

图 4-5 n 个圆盘的梵天塔问题

现在的问题是当 $n=64$ 时，即有 64 个盘子时，求需要移动多少次盘子，以及要用多少时间？

按照上面的算法，n 个盘子的梵天塔问题需要移动的盘子数是 $n-1$ 个盘子的梵天塔问题需要移动的盘子数的 2 倍加 1。如果用 $h(n)$ 表示搬迁 n 个盘子时需要移动的盘子次数，则有

$$h(n)=2h(n-1)+1$$
$$=2(2h(n-2)+1)+1=2^2h(n-2)+2+1$$
$$=2^3h(n-3)+2^2+2+1$$
$$\cdots$$
$$=2^nh(0)+2^{n-1}+\cdots+2^2+2+1$$
$$=2^{n-1}+\cdots+2^2+2+1=2^n-1$$

因此，要完成梵天塔的搬迁，需要移动盘子的次数为

$$2^{64}-1=18\ 446\ 744\ 073\ 709\ 551\ 615$$

一个平年365天有31 536 000 s,闰年366天有31 622 400 s,平均每年31 556 952 s,计算一下，18 446 744 073 709 551 615/31 556 952=584 554 049 253.855 年。如果每秒移动一次，则僧侣们一刻不停地来回搬动，也需要花费5 845亿年的时间。假定计算机以每秒1 000万个盘子的速度进行搬迁，则需要花费大约58 450年的时间。随着科学技术的高速发展，计算机的速度也在飞速发展。目前，世界上最快的计算机是我国自主研发的"天河一号"超级计算机，它的运算速度达到每秒2 507万亿次，假定该计算机以每秒2 507万亿个盘子的速度进行搬迁，也需要花费大约7 358 s的时间。

以上故事中的问题，在理论上是可以计算的，但在实际中并不一定能行，这属于算法复杂性方面的内容，在"算法分析"课程中将会进一步研究。

3. 问题实现

Python作为一种面向对象的解释型计算机程序设计语言，得到了越来越广泛的应用，下面列出使用Python语言模拟梵天塔问题移动3个盘子的过程。

```python
def hannoi(n):
    #用来记录移动过程中每个盘子的当前位置
    #初始都在A柱子上，即chr(65+0)
    L = [0] * n
    #n个盘子一共需要移动2^n-1次才能完成
    for i in range(1, 2**n):
        #假设盘子编号分别为0,1,2,...,n-1
        #第i步应该移动的盘子编号
        #正好是i的二进制形式中最后连续的0的个数
        b_i = bin(i)
        j = len(b_i) - b_i.rfind('1') - 1
        print('第'+str(i)+'步:移动盘子'+str(j+1),
            chr(65+L[j]),'->', end=' ')
        #把ABC三根柱子摆成三角形
        #把第j个盘子移动到下一根柱子上
        #根据j的奇偶性决定是顺时针移动还是逆时针移动
        L[j] = ((L[j]+1)%3 if j%2 == 0 else (L[j]+2)%3)
        #下一根柱子，这里65是A的ASCII码
        print(chr(65+L[j]))

hannoi(3)
```

运行结果为：

```
第1步:移动盘子1 A -> B
第2步:移动盘子2 A -> C
第3步:移动盘子1 B -> C
第4步:移动盘子3 A -> B
第5步:移动盘子1 C -> A
第6步:移动盘子2 C -> B
第7步:移动盘子1 A -> B
```

4.2.3　证比求易算法

国际著名电子计算机专家、北京计算机学院教授洪加威曾经讲了一个被人称为"证比求易算法"的童话，用来帮助读者理解计算复杂性的有关概念，具体内容如下：

从前，有一个酷爱学习的年轻国王，名叫艾述。邻国有一位聪明美丽的公主，名叫秋碧贞楠。艾述国王爱上了这位公主，于是上门求婚。公主出了这样一道题：求出48 770 428 443 377 171 的一个真因子。若国王能在一天之内求出答案，公主便接受他的求婚。国王回去后立即开始逐个数进行计算，他从早到晚，共算了三万多个数，最终还是没有结果。国王向公主求情，公主将答案相告：223 092 827 是它的一个真因子。国王很快验证了这个数确能除尽 48 770 428 443 377 171。

公主说："我再给你一次机会，如果还求不出，将来你只好做我的证婚人了。"国王立即回国，并向时任宰相的大数学家请教，大数学家在仔细地思考后认为这个数为17 位，则最小的一位真因子不会超过 9 位，于是他给国王出了一个主意：按自然数的顺序给全国的老百姓每人编一个号发下去，等公主给出数目后，立即将它们通报全国，让每个老百姓用自己的编号去除这个数，除尽了立即上报，赏金万两。最后，国王用这个办法求婚成功。

在这个故事中，国王最先使用的是一种顺序算法，其复杂性表现在时间方面，后由宰相提出的是一种并行算法，其复杂性表现在空间方面。直觉上，我们认为顺序算法解决不了的问题完全可用并行算法来解决，甚至会想，并行计算机系统求解问题的速度将随着处理机数目的不断增加而不断提高，从而解决难解性问题，其实这是一种误解。当一个问题分解到多个处理机上解决时，由于算法中不可避免地存在必须串行执行的操作，从而大大限制了并行计算机的加速能力。

在计算复杂性领域中，一般认为求解一个问题往往比较困难，但验证一个问题相对来说就比较容易。例如，求大整数 S=48 770 428 433 377 171 的因子是个难解问题，但是验证 a=223 092 827 是不是大整数 S 的因子却很容易，只需要将大整数 S 除以这个因子 a，然后验证结果是否为 0；求一个线性方程组的解可能很困难，但是验证一组解是否是方程组的解却很容易，只需要将这组解代入方程组中，然后验证是否满足这组方程。所以，很多人猜测：证比求易。

假设求婚的人不是国王，而是普通老百姓，怎么办呢？可以从国王求婚成功所采用的并行算法中得到一个启发：可以随机猜一个数，然后验证这个数是否能除尽公主给定的数。当然，这个办法成功的可能性不确定。由于一个数和它的因子之间存在一些有规律的联系，因此，数论水平高的人猜中的可能性就大一些。猜测并进行验证的算法叫做非确定算法，这样的算法需要有一种假想但实际并不存在的非确定性计算机才能运行，其理论上的计算模型是非确定性图灵机。

在计算复杂性领域中，将所有可以在多项式时间内求解的问题称为 P 类问题，而将所有可以在多项式时间内验证的问题称为 NP 类问题。现在，P=NP 是否成立是计算科学和当代数学研究中最大的悬而未决的问题之一。如果 P=NP，则所有在多项式时间内可验证的问题都将是在多项式时间内可求解的问题。大多数人不相信 P=NP，因为人们已经投入了大量的精力为 NP 类中的某些问题寻找多项式时间算法，都没有成功。然而，要证明 P≠NP，目前还无法做到这一点。

在 P=NP 是否成立的问题上，计算机科学家库克在 20 世纪 70 年代初取得了重大的进展，证明了 NP 类中某些问题的复杂性与整个 NP 类的复杂性有关，当这些问题中的任何一个存在多项式时间算法，则所有这些 NP 类问题都是在多项式时间内可解决的，这些问题称为 NP 完全问题。

目前，在计算机科学、数学、逻辑学及运筹学等领域已发现数千个 NP 完全问题，其中有代表性的有哈密尔顿回路问题、TSP 问题、顶点覆盖问题、最优调度问题、子集和问题、SAT 问题等。

4.2.4　旅行商问题

旅行商问题（Traveling Salesman Problem，TSP）是威廉·哈密尔顿（W. R. Hamilton）爵士和英国数学家克克曼（T. P. Kirkman）于 19 世纪初提出的一个数学问题。其大意是：有若干个城市，任何城市之间的距离都是确定的，现要求旅行商从某城市出发，必须经过每一个城市且只能在每个城市逗留一次，最后回到出发城市。问如何事先确定好一条最短的路线，使其旅行的费用最少或时间最少。

人们在考虑解决这个问题时，一般首先想到的最原始的一种方法就是：列出每一条可供选择的路线（即对给定的城市进行排列组合），计算每条路线的总里程，最后从中选出一条最短的路线。假定现在给定的四个城市分别为 A、B、C、D，各城市之间的距离如图 4-6 所示。

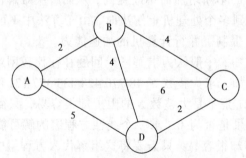

图 4-6　四城市之间的距离图

可以罗列出空间状态的所有组合情况，如表 4-1 所示。

表 4-1　空间状态组合情况表

序　号	路　径	路径长度	是否最短
1	A→B→C→D→A	13	是
2	A→B→D→C→A	14	否
3	A→C→B→D→A	19	否
4	A→C→D→B→A	14	否
5	A→D→C→B→A	13	是
6	A→D→B→C→A	19	否

从表 4-1 中不难看出，可供选择的路线共有六条，最短的路径为 ABCDA 和

ADCBA，总距离为 13。由此推算，设城市数目为 n，那么组合路径数则为 $(n-1)!$。如果城市数目较小时，可以通过比较每一条可能的路径长度来找到最短路径。但是，当城市数目增加时，可能路径的数量将急剧增长，使得计算所有可能路径的长变得不切实际，一直达到无法计算的地步，这就是所谓的"组合爆炸问题"。例如，若旅行商要访问 5 个城市，则只有 4! =24 条可能路径；若旅行商要访问的城市增加到 30，可能路径的条数将超过 8.841×10^{30}。从这个数字来看，假设一台计算机可以用一条指令来计算一条路径的长度，并且此计算机每秒可执行一百万条指令（1000 MIPS），要计算 30 个城市的 TSP 问题的所有可能路径的长度，约需 2.8×10^{17} 年。这一时间相当于宇宙估计年龄的 10 000 倍。因此，求解大规模的 TSP 只能使用不必计算所有可能路径的方法。

据文献介绍，1998 年，科学家们成功地解决了美国 13 509 个城市之间的 TSP 问题，2001 年又解决了德国 15 112 个城市之间的 TSP 问题。但这一工程代价也是巨大的，解决 15 112 个城市之间的 TSP 问题，共使用了美国 Rice 大学和普林斯顿大学之间网络互连得到、由速度为 500 MHz 的 CompaqEV6 Alpha 处理器组成的 110 台计算机，所有计算机花费的时间之和为 22.6 年。

TSP 是最有代表性的优化组合问题之一，它的应用已逐步渗透到各个技术领域和人们的日常生活中，至今还有不少学者在从事这方面的研究工作，一些项目还得到美国军方的资助。就实际应用而言，一个典型的例子就是机器在电路板上钻孔的调度问题（在该问题中，钻孔的时间是固定的，只要机器移动时间的总量上可变的），在这里，电路上要钻的孔相当于 TSP 中的"旅行费用"。在大规模生产过程寻找最短路径能有效降低成本，这类问题的解决还可以延伸到其他行业，如运输业、后勤服务业等。然而，由于 TSP 产生组合爆炸的问题，寻求切实可行的求解方法成为问题的关键。

尽管 TSP 问题属于难解问题，许多很有价值的算法仍然不断被提出并发展。总的说来，基本的求解方法有以下三类：

① 抛开问题的具体困难，转而寻求该问题的一种特殊结构或者变形，使之符合已被充分定义且其解法已被人们掌握的问题类型。例如，可以将 TSP 转化成非线性规划问题。

② 虽然不能保证在合理的时间内求得最优解，但仍然坚持使用之，并花大量的时间去求解，如分支定界法和爬山法。

③ 使用近似算法。在这里算法的时间性能和解的质量得到了折中，并返回一个"足够"接近最优解的近似最优解。

4.2.5 哲学家共餐问题

1. 问题描述

哲学家共餐问题是荷兰学者狄杰斯特拉（Dijkstra）提出的经典问题。问题是这样描述的：五位哲学家围坐在一张圆桌旁，每个人的面前有一碗面条，碗的两旁各有一只筷子（狄杰斯特拉原来提到的是叉子，因有人习惯用一个叉子吃面条，于是改为中国筷子），如图 4-7 所示。假设哲学家的生活除了吃饭就是思考问题（这是一种抽象，即对该问题而言其他活动都无关紧要），吃饭的时候需要左手拿一只筷子，右手拿一只筷子，然后开始进餐。吃完后将两只筷子放回原处，继续思考问题。那么，哲学家的生活进程可表示为：

① 思考问题。

② 饿了停止思考，左手拿起一只筷子（如果左侧哲学家已持有它，则等待）。

③ 右手拿起一只筷子（如果右侧哲学家已持有它，则等待）。

④ 进餐。

⑤ 放下右手筷子。

⑥ 放下左手筷子。

⑦ 重新回到状态①思考问题。

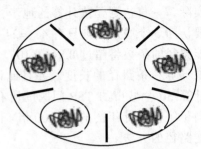

图 4-7　哲学家共餐问题

现在的问题是：如何协调五个哲学家的生活进程，使得每一个哲学家最终都可以进餐。考虑下面的两种情况：

① 按哲学家的活动进程，当所有的哲学家都同时拿起左筷子时，则所有的哲学家都将拿不到右手的筷子，并处于等待状态，即发生死锁现象。那么哲学家都无法进餐，最终饿死。

② 将哲学家的活动进程修改一下，变为当右手的筷子拿不到时，就放下左手的筷子，这种情况是不是就没有问题？这个策略消除了死锁（系统总会进入到下一个状态），但仍然有可能发生"活锁"。因为可能在一瞬间，所有的哲学家都同时拿起左手的筷子，则自然拿不到右手的筷子，于是都同时放下左手的筷子，等一会，又同时拿起左手的筷子，如此这样永远重复下去，则所有的哲学家一样都吃不到饭。

2．问题求解

（1）服务生解法

一个简单的解法是引入一个餐厅服务生，哲学家必须经过他的允许才能拿起筷子。因为服务生知道哪只筷子正在使用，所以他能够作出判断避免死锁。

为了演示这种解法，假设哲学家依次标号为 A～E。如果 A 和 C 在吃东西，则有四只筷子在使用中。B 坐在 A 和 C 之间，所以两只筷子都无法使用，而 D 和 E 之间有一只空余的筷子。假设这时 D 想要吃东西。如果他拿起了第五只筷子，就有可能发生死锁。相反，如果他征求服务生意见，服务生会让他等待。这样，就能保证下次当两把筷子空余出来时，一定有一位哲学家可以成功的得到一对筷子，从而避免了死锁。

（2）资源分级解法

另一个简单的解法是为资源（这里是筷子）分配一个偏序或者分级的关系，并约定所有资源都按照这种顺序获取，按相反顺序释放，而且保证不会有两个无关资源同时被同一项工作所需要。在哲学家就餐问题中，资源（筷子）按照某种规则编号为 1～5，每一个工作单元（哲学家）总是先拿起左右两边编号较低的筷子，再拿编号较高的。用完筷子后，他总是先放下编号较高的筷子，再放下编号较低的。在这种情况下，当四位哲学家同时拿起他们手边编号较低的筷子时，只有编号最高的筷子留在桌上，从而第五位哲学家就不能使用任何一只筷子了。而且，只有一位哲学家能使用最高编号的筷子，所以他能使用两只筷子用餐。当他吃完后，他会先放下编号最高的筷子，再放下编号较低的筷子，从而让另一位哲学家拿起后边的这只开始吃东西。

尽管资源分级能避免死锁，但这种策略并不总是实用的，特别是当所需资源的列表并不是事先知道的时候。例如，假设一个工作单元拿着资源 3 和 5，并决定需要资源 2，则必须先要释放 5，之后释放 3，才能得到 2，之后必须重新按顺序获取 3 和 5。对需要访问大量数据库记录的计算机程序来说，如果需要先释放高编号的记录才能访问新的记录，那么运行效率就不会高，因此这种方法在这里并不实用。但这种方法经常是实际计算机科学问题中最实用的解法，通过为分级锁指定常量，强制获得锁的顺序，就可以解决这个问题。

（3）Chandy/Misra 解法

1984 年，K. Mani Chandy 和 J. Misra 提出了哲学家就餐问题的另一个解法，允许任意的用户（编号 P_1，…，P_n）争用任意数量的资源。与迪科斯特拉的解法不同的是，这里编号可以是任意的。

对每一对竞争一个资源的哲学家，新拿一个筷子，给编号较低的哲学家。每只筷子都是"干净的"或者"脏的"。最初，所有的餐叉都是脏的。

当一位哲学家要使用资源（也就是要吃东西）时，他必须从与他竞争的邻居那里得到。

对每只他当前没有的筷子，他都发送一个请求。

当拥有筷子的哲学家收到请求时，如果筷子是干净的，那么他继续留着，否则就擦干净并交出筷子。

当某个哲学家吃东西后，他的筷子就变脏了。如果另一个哲学家之前请求过其中的筷子，那他就擦干净并交出筷子。

这个解法允许很大的并行性，适用于任意大的问题。

哲学家共餐问题属于计算机资源管理方面的问题，实际上反映了计算机程序设计中多进程互斥地访问有限资源时进程同步的两个问题，一个是死锁（Deadlock），另一个是饥饿（Starvation）。在计算机中，为了提高系统的处理能力和机器的利用率，并发程序被广泛使用，为此，死锁和饥饿成了并发程序中必须彻底解决的问题。于是，人们将五个哲学家问题推广为更一般性的 n 个进程和 m 个共享资源的问题，并在研究过程中给出了解决这类问题的不少方法和工具，如 Petri 网、并发程序语言、CSP 等工具。

与程序并发执行时进程同步有关的经典问题还有：读-写者问题（Reader-Writer Problem）、睡眠的理发师问题（Sleeping Barber Problem）等，有关计算机资源管理的内容，将在"操作系统"的相关课程中深入学习。

4.2.6 两军问题

有一个著名的问题，称为两军问题（Two Army Problem）。问题可以这样描述：一支白军被围困在一个山谷中，如图 4-8 所示。山谷两侧是蓝军。白军在人数上比山谷两侧的任何一支蓝军都多，但少于两支蓝军合在一起的人数。如果单独一支蓝军对白军发动进攻，则必败无疑；但如果两支蓝军同时进攻，便可取胜。两支蓝军希望同时发起进攻，这样他们就需要传递信息，以确定发起进攻的具体时间。

假设蓝军1号的指挥官发出消息："我建议在3月29日拂晓发起攻击。怎么样？"现在假设信息送到了，蓝军2号的指挥官同意这一建议，并且他的回信安全送回到蓝军1号处。那么能否发动进攻呢？很可能不会，这是一个两步握手协议，因为蓝军2号的指挥官不知道他的回信是否安全达到了。如果未送到，蓝军1号将不会适时发起攻击，那么他贸然进攻就是愚蠢的。

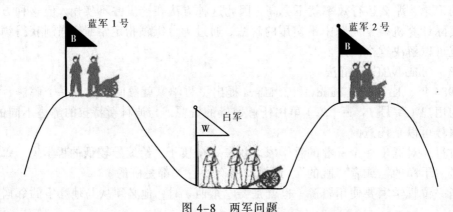

图4-8 两军问题

现在采用三次握手的方法来改进这一协议。最初提出建议的指挥官必须确认对该建议的应答信息。假如信息没有丢失，蓝军2号将收到该确认信息，但现在蓝军1号指挥官开始犹豫起来。因为他毕竟不知道他的确认信息是否被安全收到了，如果未被收到，他清楚蓝军2号不会按时发动进攻。那么现在采用四次握手协议会如何呢？结果仍是于事无补。

实际上，不存在使蓝军必胜的通信约定（协议）。假如存在某种协议，那么，协议中最后一条信息要么是必需的，要么不是。如果不是，可以删除它（以及其他任何不必要的信息），直到剩下的协议中每条信息均必不可少。那么若最后一条信息没有安全到达目的地会怎样呢？刚才说过这条信息是必需的，因此，如果它丢失了，进攻计划便不会实施。因为最后发出信息的指挥官永远无法确定该信息能否安全到达。所以他便不会贸然行动。同样，另一支蓝军也明白这个道理，所以也不会发动进攻。

为了看清两军问题与释放连接之间的相关性，只需用"释放连接"代替"攻击"一词就行了。如果连接的双方在确信对方也准备释放连接之前都不准备断开连接，那么连接将永远也得不到释放。

安德鲁·司徒雷登（Andrew S. Tanenbaum）的"两军问题"是一个与网络协议有关的问题，它说明了网络连接中协议设计的微妙性和复杂性，也阐述了网络传输层中的"释放连接"问题的要点。在实际应用时，人们在解决释放连接问题时往往准备冒比进攻白军问题更大的风险，所以问题并非完全没有希望解决。有关网络连接中协议、传输等的相关知识，在"计算机网络"等课程中有进一步的介绍。

4.2.7 图灵测试

在计算学科诞生后，图灵于 1950 年在美国 *Mind* 杂志上发表名为 *Computing Machinery and Intelligence* 的一篇文章，文中提出了"机器能思维吗？"这样一个问题，并给出了一个被称做"模仿游戏（Imitation Game）"的实验，后人称为"图灵测试（Turing Test）"，如图 4-9 所示。

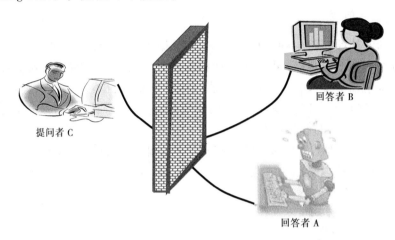

图 4-9 图灵测试模拟实验

这个游戏需由三个人来完成：一个男人（A），一个女人（B），一个性别不限的提问者（C）。提问者（C）待在与其他两个游戏者相隔的房间里。游戏的目标是让提问者通过对其他两个人的提问来鉴别其中哪个是男人，哪个是女人。为了避免提问者通过他们的声音、语调轻易地做出判断，最好是在提问者和两游戏者之间通过一台电传打字机来进行沟通。提问者只被告知两个人的代号为 x 和 y，游戏的最后他要做出"x 是 A，y 是 B"或"x 是 B，y 是 A"的判断。提问者可以提出下列问题："请 x 回答，你的头发的长度？"，如果 x 实际上是男人（A），那么他为了给提问者造成错觉，可能会这样回答："我的头发很长，大约有 9 英寸"。如果对女人（B）来说，游戏的目标是帮助提问者，那么她可能会做出真实的回答，并且在答案后面加上"我是女人，不要相信那个人"之类的提示。但也许这样也无济于事，因为男人（A）同样也可以加上类似的提示。

现在，把上面这个游戏中的男人（A）换成一部机器来扮演，如果提问者在与机器、女人的游戏中做出的错误判断与在男人、女人之间的游戏中做出错误判断的次数是相同的，那么，就可以判定这部机器是能够思维的。

图灵测试是一种确定计算机是否会思考的实验。图灵关于"图灵测试"的论文发表后引发了很多的争议，以后的学者在讨论机器思维时大多都要谈到这个游戏。"图灵测试"不要求接受测试的思维机器在内部构造上与人脑一样，它只是从功能的角度来判定机器是否能思维，也就是从行为主义这个角度来对"机器思维"进行定义。尽管图灵对"机器思维"的定义是不够严谨的，但他关于"机器思维"定义的开创性工作对后人的研究具有重要意义，因此，一些学者认为，图灵发表的关于"图灵测试"

的论文标志着现代机器思维问题讨论的开始。图灵也因此赢得了"人工智能之父"的桂冠。

根据图灵的预测，到 2000 年，此类机器能够通过测试。现在，在某些特定的领域，如博弈领域，"图灵测试"已取得了成功，2016 年，谷歌公司研制的围棋人工智能程序 AlphaGo 就战胜了围棋世界冠军李世石。

4.2.8 中文屋子问题

美国哲学家约翰·西尔勒（J. R. Searle）根据人们在研究人工智能（AI）模拟人类认知能力方面的不同观点，将人工智能的观点分为弱人工智能和强人工智能两个派别。弱 AI 认为机器智能只是一种模拟智能，强 AI 则认为机器确实可以有真正的智能。两种观点进行了争论，出现了不少巧妙的假想实验，其中西尔勒的"中文屋子"就是反驳强 AI 的一个著名的假想实验。

1980 年，西尔勒在《行为科学和脑科学》杂志上发表了名为《心、脑和程序》的论文，在文中，他以自己为主角设计了一个"中文屋子"的假想试验来反驳强 AI 的观点，如图 4-10 所示。

图 4-10　约翰·西尔勒及"中文屋子"示意图

假设西尔勒（扮演计算机中的 CPU）被单独关在一个屋子里，屋子里有序地堆放着足量的汉语字符，而他对中文一窍不通。这时屋外的人递进一串汉语字符，同时还附了一本用英文写的处理汉语字符的规则（英语是西尔勒的母语），这些规则将递进来的字符和屋子里的字符之间的处理作了纯形式化的规定，西尔勒按规则指令对这些字符进行了一番搬动之后，将一串新组成的字符送出屋外。事实上他根本不知道送进来的字符串就是屋外人提出的"问题"，也不知道送出去的就是"问题的答案"。又假设西尔勒很擅长按照指令娴熟地处理一些汉字符号，而程序设计师（即制定规则的人）又擅长编写程序（即规则），那么，西尔勒的答案将会与一个地道的中国人做出的答案没什么不同。但是，我们能说西尔勒真的懂中文吗？西尔勒借用语言学的术语非常形象地揭示了"中文屋子"的深刻寓意：形式化的计算机仅有语法，没有语义。因此，他认为，机器永远也不可能代替人脑。

希尔勒是弱人工智能派的代表，他的"中文屋子"的假设实验主要是针对"图灵测试"而提出的。"中文屋子"的实验，简单有力地反驳了强 AI 的论证，此外，它也给人们提供了不少启示：即便人类能够造出完全符合"图灵测试"要求的机器，也无法证明这种机器本身是具有意识的。

4.2.9 博弈问题

1. 博弈树搜索

从狭义上讲，博弈是指下棋、玩扑克牌、掷骰子等具有输赢性质的游戏。从广义上讲，博弈就是对策或斗智。国际象棋、西洋跳棋与围棋、中国象棋一样都属于双人完备博弈。所谓双人完备博弈就是两位选手对垒，轮流走步，其中一方完全知道另一方已经走过的走步以及未来可能的走步，对弈的结果要么是一方赢（另一方输），要么是和局。

计算机中的博弈问题是人工智能领域研究的重点内容之一。其中最具代表性的是双人完备博弈。对于任何一种双人完备博弈，都可以用一个博弈树（与或树）来描述，并通过博弈树搜索策略寻找最佳解。

博弈树类似于状态图和问题求解搜索中使用的搜索树。搜索树上的第一个结点对应一个棋局。树的分枝表示棋的走步，根结点表示棋局的开始，叶结点表示棋局的结束。一个棋局的结果可以是赢输或者和局。图 4-11 所示为中国象棋的博弈树。

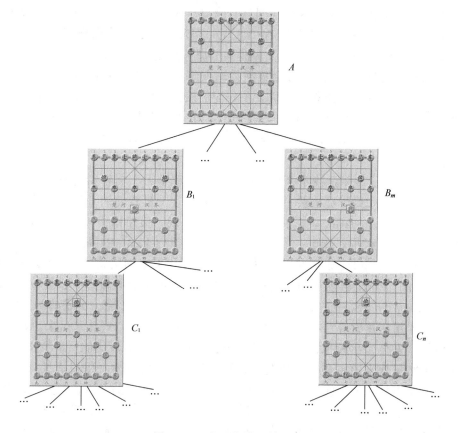

图 4-11 中国象棋的博弈树

对于一个思考缜密的棋局来说，其博弈树是非常大的，就国际象棋来说，有 10^{120} 个结点（棋局总数），而对中国象棋来说，估计有 10^{160} 个结点，围棋更复杂，盘面状态达 10^{768}。计算机要装下如此大的博弈树，并在合理的时间内进行详细的搜索是不可能的。因此，如何有效地减少搜索空间，是一个值得研究的问题，AlphaGo 就是这类研究的成果之一。

2. AlphaGo 与李世石之战

2016 年 3 月，谷歌公司研制的人工智能机器人 AlphaGo 与围棋世界冠军、职业九段棋手韩国棋王李世石交战，最终人机大战总比分定格在 1∶4，AlphaGo 获胜。

AlphaGo 是一款围棋人工智能程序。其主要工作原理是"深度学习"。"深度学习"是指多层的人工神经网络和训练它的方法。一层神经网络会把大量矩阵数字作为输入，通过非线性激活方法取权重，再产生另一个数据集合作为输出。这就像生物神经大脑的工作机理一样，通过合适的矩阵数量，多层组织链接一起，形成神经网络"大脑"进行精准复杂的处理，就像人们识别物体标注图片一样。

AlphaGo 为了应对围棋的复杂性，结合了监督学习和强化学习的优势。它通过训练形成一个策略网络（Policy Network），将棋盘上的局势作为输入信息，并对所有可行的落子位置生成一个概率分布。然后，训练出一个价值网络（Value Network）对自我对弈进行预测，以 –1（对手的绝对胜利）到 1（AlphaGo 的绝对胜利）的标准，预测所有可行落子位置的结果。这两个网络自身都十分强大，而 AlphaGo 将这两种网络整合进基于概率的蒙特卡罗树搜索（MCTS）中，实现了它真正的优势。新版的 AlphaGo 产生大量自我对弈棋局，为下一代版本提供了训练数据，此过程循环往复。

在获取棋局信息后，AlphaGo 会根据策略网络探索哪个位置同时具备高潜在价值和高可能性，进而决定最佳落子位置。在分配的搜索时间结束时，模拟过程中被系统最频繁考察的位置将成为 AlphaGo 的最终选择。在经过先期的全盘探索和过程中对最佳落子的不断揣摩后，AlphaGo 的搜索算法就能在其计算能力之上加入近似人类的直觉判断。

AlphaGo 用到了很多新技术，如神经网络、深度学习、蒙特卡洛树搜索法等，使其实力有了实质性飞跃。美国脸书公司"黑暗森林"围棋软件的开发者田渊栋在网上发表分析文章说，AlphaGo 系统主要由几个部分组成：策略网络（Policy Network），给定当前局面，预测并采样下一步的走棋；快速走子（Fast Rollout），目标和策略网络一样，但在适当牺牲走棋质量的条件下，速度要比策略网络快 1000 倍；价值网络（Value Network），给定当前局面，估计是白胜概率大还是黑胜概率大；蒙特卡洛树搜索（Monte Carlo Tree Search），把以上这三个部分连起来，形成一个完整的系统。

在蒙特卡洛树搜索算法中，最优行动会通过一种新颖的方式计算出来。顾名思义，蒙特卡洛树搜索会多次模拟博弈，并尝试根据模拟结果预测最优的移动方案。

蒙特卡洛树搜索的主要概念是搜索，即沿着博弈树向下的一组遍历过程。单次遍历的路径会从根结点（当前博弈状态）延伸到没有完全展开的结点，未完全展开的结点表示其子结点至少有一个未访问到。遇到未完全展开的结点时，它的一个未访问子结点将会作为单次模拟的根结点，随后模拟的结果将会反向传播回当前树的根结点并更新博弈树的结点统计数据。一旦搜索受限于时间或计算力而终止，下一步行动将基于收集到的统计数据进行决策。

在具体应用中，Alphago 将蒙特卡洛树搜索算法与深度学习两者进行了巧妙的结合。首先，蒙特卡洛树搜索可以拆解为四步：第一步，选择（Selection），在已有的选项（经历过的）中进行抽样选择；第二步，扩张（Expansion），走到一个没有先前从未经历的局面上，探索新行为，即生成新的枝权，第三步，模拟估值（Evaluation），得到新行为的回报；第四步，结果回传（Backpropagation），把回报的结果反向传递给策略。蒙特卡洛搜索树及它的四个步骤如图 4-12 所示。

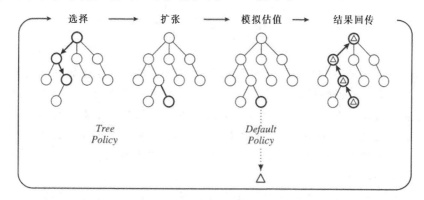

图 4-12 蒙特卡洛搜索树及它的四个步骤

深度学习的结果可以被非常完美地嵌入蒙特卡洛搜索的步骤里。首先在 Expansion 的步骤，不用从零开始随机生成一个前所未有的状态，而是用根据前人经验训练的策略网络直接生成新状态，海量地减小了无用的搜索。其次，在 Evaluation 的步骤上，可以不需要跑完整个比赛，而是通过深度学习的结果直接算出这个新姿势可能的长期回报（此处即估值网络的巨大作用，所谓步步看清 n 步之后的影响），这个计算出的回报，会在最终游戏完成的时候与真正实践的结果相结合完成学习的步骤。嵌入深度学习的蒙特卡洛搜索树如图 4-13 所示。

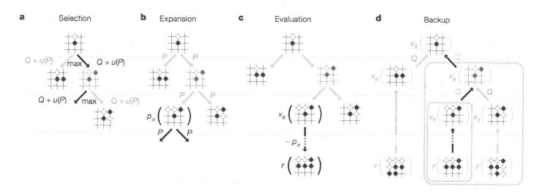

图 4-13 嵌入深度学习的蒙特卡洛搜索树

AlphaGo 能否代表智能计算发展方向还有争议，但比较一致的观点是，它象征着计算机技术已进入人工智能的新信息技术时代（新 IT 时代），其特征就是大数据、大计算、大决策，三位一体，它的智慧正在接近人类。AlphaGo将进一步探索医疗领域，利用人工智能技术攻克现实现代医学中存在的种种难题。在医疗资源的现状下，人工智能的深度学习已经展现出了潜力，可以为医生提供辅助工具。

　　智能计算机能够处理更为复杂的问题，它已在计算机系统中得到了广泛的应用。这方面最重要的研究领域有信息加工、模式识别、下棋及医疗诊断等。例如，属于信息加工领域的手写识别和语音识别就取得了很大进展。在医疗领域，已开发出专家系统，能够分析病人的症状、病史和试验结果，然后向医生提供诊断建议的程序。这方面的内容，将在"人工智能"相关的课程中进行学习。

🎓 小　　结

　　计算机学科中的科学问题，反映了学科的本质特征，对学科的发展起到了积极的推动作用。抽象、理论和设计是计算机学科的三个密不可分的基本形态，这三个形态也可以看成学科活动的三个过程，与人类认识与实践的三个阶段相对应。计算学科的整个过程都与实践紧密相关，实践能力的培养是学科教育中不可或缺的一个重要组成部分。计算学科的根本问题讨论的是"能行性"的有关内容。而凡是与"能行性"有关的讨论，都是处理离散对象的。

　　哥尼斯堡七桥问题，开创了"图论"这一学科新分支。今天，图论已成为对现实问题进行抽象的一个强有力的数学工具，七桥问题也引发了网络理论的研究。梵天塔问题引出了典型的递归算法，同时也告诉我们，某些问题在理论上是可以计算的，但在实际中并不一定能行，这属于算法复杂性方面的内容。在计算复杂性理论中，存在P类问题、NP类问题及NP类完全性问题。旅行商问题属于NP类完全性问题，这类问题无法找到有效算法，但在实际生活中却必须要解决。哲学家共餐问题属于计算机系统中资源管理方面的问题。两军问题是一个与网络协议有关的问题，网络协议是计算机网络中的重要组成部分。"图灵测试"与西尔勒的"中文屋子"是反映人工智能本质特征的两个著名哲学问题。图灵测试是从功能的角度来判断机器是否能思维，是从行为主义的角度对"机器思维"进行了定义。"图灵测试"实验标志着现代机器思维问题讨论的开始。西尔勒的"中文屋子"是反驳强AI的一个著名的假想实验。计算机中的博弈问题是人工智能领域研究的重点内容之一，其中最具代表性的是双人完备博弈。对于任何一种双人完备博弈，都可以用一个博弈树（与或树）来描述，并通过博弈树搜索策略寻找最佳解。谷歌公司研制的AlphaGo战胜围棋世界冠军李世石，标志着人类在人工智能领域取得了长足的进展。

🎓 习　　题

1. 欧拉是如何对"格尼斯堡七桥问题"进行抽象的？
2. 简述"欧拉回路"与"哈密尔顿回路"的区别。
3. 以"梵天塔问题"为例，说明理论上可行的计算问题实际上并不一定能行。
4. 在印度有一个古老的传说。舍罕是古印度的国王，据说他十分好玩，宰相达依尔为讨好国王，发明了现今的国际象棋献给国王。舍罕非常喜欢这项游戏，于是决定嘉奖达依尔，许诺可以满足达依尔提出的任何要求。达依尔指着舍罕王前面的棋盘提出了要求："陛下，请您按棋盘的格子赏赐我一点麦子吧，第 1 个小格赏我一粒麦子，第 2 个小格赏我两粒，第 3 个小格赏四粒，以后每一小格都比前一个小格赏的麦粒数增加一倍，只要把棋盘上 64 个小格按这样的方法得到的麦粒全部都赏赐给我，我就心满意足了。"舍罕王听了达依尔这个"小小"的要求，想都没想就满口答应下来。当人们把一袋一袋的麦子搬来开始计数时，国王才发现：就是把全印度甚至全世界的麦粒全拿来，也满足不了那位宰相的要求。那么，宰相要求得到的麦粒到底有多少呢？该故事说明了什么？

5. 什么是 NP 类问题？举例说明。

6. 简述"两军问题"。

7. 举例说明计算机中的博弈问题。

8. "图灵测试"和"中文屋子"是如何从哲学的角度反映人工智能的本质的？

第5章

计算机科学与技术
学科中的核心概念 «

核心内容

- 算法；
- 数据结构；
- 数据库；
- 数据通信技术；
- 互联网；
- 物联网。

本章主要对计算机科学与技术学科中的算法、数据结构、数据库、数据通信、互联网和物联网等核心概念进行介绍。算法知识中，首先从概念、特征、表示方法、复杂度几个角度对算法进行阐述，然后列举了穷举法、递归法、回溯法、贪心法、分治法等几个典型算法。数据结构知识中，主要介绍几种常用的数据结构，如线性表、栈和队列、数组、树和图等。数据库知识中，主要从数据库的基本概念、数据库发展、常用数据库、大数据等几个角度做简单介绍。计算机网络是计算机技术和通信技术相结合的产物，本章最后对数据通信技术、互联网、物联网等概念及相关知识进行介绍和阐述。

5.1 算　　法

计算机科学家尼克莱斯·沃思（Niklaus Wirth）曾著过一本著名的书：《数据结构+算法=程序》，可见算法在计算机科学中具有举足轻重的地位。人们利用计算机求解问题的过程大致可分为以下几个阶段：通过问题分析建立数学模型阶段、数据结构设计阶段、算法设计阶段、编写和调试程序阶段。那么，什么是算法？如何表示算法？如何设计分析算法？本节将作简单介绍。

5.1.1 算法的概念

算法（Algorithm）的中文名称出自《周髀算经》，而其英文名称来自于 9 世纪波斯数学家花拉子米（al-Khwarizmi），因为花拉子米在数学上提出了算法这个概念。欧几里得算法被人们认为是史上第一个算法。因为 well-defined procedure 缺少数学上精确的定义，19 世纪和 20 世纪早期的数学家、逻辑学家在定义算法上出现了困难。20世纪的英国数学家图灵提出了著名的图灵论题，并提出一种假想的计算机的抽象模型，图灵机的出现解决了算法定义的难题，对算法的发展起到了重要作用。

算法可定义为一组有穷的规则，它规定了解决某一特定类型问题的一系列运算，是对解题方案准确、完整的描述。换句话说，算法就是按照一定规则解决某类问题的明确有限的步骤。例如，你要去上班，首先要准备上班用的资料或工具，然后要步行或搭乘某种交通工具到达办公地点，开始工作。这些步骤是按一定顺序进行的，不能缺少任意一个环节，也不能改变次序。对于同一个问题，可以有不同的解题方法和步骤。就像去上班的例子，在去上班地点的途中可以选择不同的方式，可以步行、骑车、乘公交车或自己驾车，而不同的方式会决定不同的执行效率，所以，算法有优劣之分。因此，为了有效地解决问题，不仅需要保证算法的正确，还要考虑算法的质量，选择合适的算法。

计算机算法可以描述为一系列解决问题的清晰指令，也就是说，能够对一定规范的输入，在有限时间内获得所要求的输出。算法是用描述语言来描述的程序，而程序则是用计算机所能接受的语言编写的算法，所以说算法是程序设计的基础。计算机算法可以分为两大类：数值运算算法和非数值运算算法。数值运算的目的是求数值解，例如求方程的解，求一个函数的定积分等，都属于数值运算范围。非数值运算包括的面十分广泛，常见的应用是在事务管理领域，例如图书检索、人机对弈和人事管理等。按照计算方式进行分类，则可分为串行算法和并行算法，还可以分为确定型算法、非确定型算法、交错型算法、随机型算法等。

设计一个算法时应具备以下五个特性：

① 有穷性：一个算法应该包含有限的操作步骤，而不能是无限的，就是说要解决的问题必须有一个最终的答案。在设计程序时要注意设置合理的循环终止条件。

② 确定性：算法的每个步骤应当是确定的，不应使读者在理解时产生二义性，且在任何条件下，算法只有唯一的一条执行路径，即对相同的输入只能得到相同的输出。

③ 有零个或多个输入：所谓输入是指在执行算法时，计算机需要从外界取得必要的信息，一般是用来刻画运算对象的初始情况的。

④ 至少有一个输出：算法的目的是为了求解。一个算法得到的执行结果就是算法的输出，没有输出的算法是毫无意义的。

⑤ 有效性：算法中每个步骤都应当能有效地执行，并得到确定的结果。例如，若 b=0，则语句 "c=a/b;" 不能有效执行。有效性又称可行性。

5.1.2　算法的表示

1. 用自然语言表示算法

自然语言是人们日常使用的语言，用它来表示算法通俗易懂，但文字表述长，且容易出现理解歧义。自然语言表示的含义一般不太严格，需根据上下文才能判断其正确的含义。用自然语言描述顺序执行的步骤比较好懂,但如果算法包含分支和循环时,就不直观清晰了。因此,除了很简单的问题外,一般不用自然语言描述算法。

2. 用流程图表示算法

流程图表示方法是用标准的图形符号描述算法的操作过程,直观形象,容易理解,避免了人们对非形式化语言的理解差异。美国国家标准学会(American National Standard Institute,ANSI)规定了一些常用的流程图符号,如表 5-1 所示。

表 5-1　常用的流程图符号

符　号	名　称	用　途
(圆角矩形)	起止框	描述控制流程的开始和结束
(平行四边形)	输入/输出框	表示数据的输入和输出,框内注明输入/输出变量
(菱形)	判断框	描述条件判断和转移关系,框内写条件,判断条件只有满足和不满足两种情况
(矩形)	处理框	描述数据的加工和处理,常用文字加符号来表示计算公式和赋值操作
↓→	流程线	描述程序执行方向

为了提高算法质量,使算法的设计和阅读方便,需要规定流程只能顺序执行。1966年,Bohra 和 Jacopini 提出了三种基本结构:顺序结构、分支结构和循环结构,用这三种基本结构作为表示一个良好算法的基本单元,任何复杂的算法结构都可以由基本结构的顺序组合来表示。

【例 5.1】用流程图描述计算 10! 的过程,如图 5-1 所示。

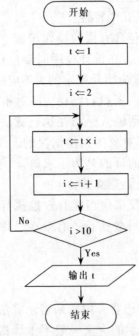

图 5-1　例 5.1 算法流程图

3．用 N-S 流程图描述算法

1973 年美国学者纳斯（I. Nassi）和施内德曼（B. Shneiderman）提出了一种新的流程图形式。在这种流程图中，完全去掉了带箭头的流程线，全部算法写在一个矩形框内，这种流程图称为 N-S 结构化流程图或盒图，适合于结构化程序设计。

【例 5.2】用 N-S 描述计算 10! 的过程，如图 5-2 所示。

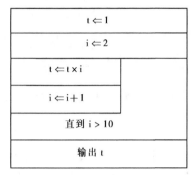

图 5-2　例 5.2 算法 N-S 图

4．用伪代码描述算法

伪代码通常用介于自然语言和计算机语言之间的文字、数学公式和符号来描述算法，同时采用类似于计算机高级语言（如 C、Pascal、VB、C++、Java 等）的控制结构来描述算法步骤的执行顺序。其书写方便、格式紧凑，便于向计算机语言过渡。在算法的设计过程中，为了方便常用伪代码来描述算法，但需要注意的是：伪代码是不可以在计算机上运行的。

【例 5.3】用伪代码描述计算 10! 的过程。

用伪代码表示 10! 如下：

```
begin
  t ⇐ 1
  i ⇐ 2
do { t ⇐ t × i
     i ⇐ i + 1 }
while i<=10
print t
end
```

这段伪代码类似于 C 语言程序，其中的 do...while 是 C 语言中的一种循环结构，将在后续章节中介绍，其功能为循环执行 do 后花括号内的操作，直到 while 后的条件为假，终止循环。

5．用计算机语言描述算法

无论是使用自然语言还是使用流程图或是伪代码来描述算法，仅仅是表述了编程者解决问题的一种思路，都无法在计算机中运行。只有用计算机语言编写的程序才能被计算机执行。因此，在使用流程图或伪代码等描述出一个算法以后，还要将它转换成计算机语言程序。用计算机语言表示算法必须严格遵循所用语言的语法规则，这是与伪代码不同的。

【例 5.4】编写 C 语言程序实现计算 10!。

```
main( )
{
    int i,t;              //定义两个变量
    t=1;                  //t 用来存放乘积值，初始值为 1
    i=2;                  //i 用来存放阶乘中要乘的数值，初始值为 2
    do                    //直到型循环开始
    {
        t=t*i;            //累乘每个数值
        i=i+1;
    }while(i<=10)         //直到乘到 10 结束
    printf("%d",t);       //输出 t 中值，即 10!
}
```

这里不介绍程序的细节，读者了解这个程序的执行过程即可。

5.1.3 算法分析

同一问题可以用不同算法解决，而一个算法的质量优劣将会影响到程序的效率。算法分析是对运行该算法所需计算机资源的分析，可以用算法所耗费的计算资源与问题规模之间的函数关系表示，其目的在于选择合适算法和改进算法。计算机资源最主要的是时间和空间资源，因此，一个算法的评价主要从时间复杂度和空间复杂度来考虑。

1．时间复杂度

（1）时间频度

一个算法执行所耗费的时间，从理论上是不能计算出来的，必须上机运行测试才知道。但人们不可能也没有必要对每个算法都上机测试，只要能够比较出哪个算法花费的时间多，哪个算法花费的时间少就可以了。由于一个算法花费的时间与算法中语句的执行次数成正比，所以哪个算法中语句执行次数多，其花费的时间就多。一个算法中的语句执行次数称为语句频度或时间频度，记作 $T(n)$。因此，在评价一个算法所耗费的时间时可以用时间频度来衡量。

（2）时间复杂度

在时间频度中，n 称为问题的规模，当 n 不断变化时，时间频度 $T(n)$ 也会不断变化。一般情况下，算法中基本操作重复执行的次数是问题规模 n 的某个函数，用 $T(n)$ 表示，若有某个辅助函数 $f(n)$，使得当 n 趋近于无穷大时，$T(n)/f(n)$ 的极限值为一个不等于零的常数时，则称 $f(n)$ 是 $T(n)$ 的同数量级函数。记作 $T(n)=O(f(n))$，称 $O(f(n))$ 为算法的渐进时间复杂度，简称时间复杂度。

在各种不同算法中，若算法中语句执行次数为一个常数，则时间复杂度为 $O(1)$，另外，在时间频度不相同时，时间复杂度有可能相同，如 $T(n)=n^2+3n+4$ 与 $T(n)=4n^2+2n+1$ 它们的频度不同，但时间复杂度相同，都为 $O(n^2)$。

2．空间复杂度

空间复杂度是指算法在计算机内执行时所需存储空间的度量，记作 $S(n)=O(f(n))$。其讨论方法类似于时间复杂度。一个上机执行的程序除需要保存自身所用指令、常量、变量和输入数据外，还需要一些对数据进行操作过程中使用的辅助存储空间。如果输

入数据所占空间只取决于问题本身而与算法无关，则只需要分析除输入和程序以外的额外空间，否则应同时考虑输入本身所需的空间。

5.1.4　典型算法列举

1．穷举法

（1）算法定义

根据问题的约束条件，将解的所有可能情况列举出来，然后一一验证是否符合整个问题的求解要求，从而得到问题的解，这种解决问题的方法称为穷举法。

（2）算法特点

① 问题的解是一组特定值，具有相同的数据结构，是有限的。

② 问题的所有约束条件可表达。

③ 穷举法算法简单，但效率比较低，尤其是在搜索区间较大时。一般情况下，在设计过程中需要按照实际情况缩小求解范围。

（3）算法应用

【例5.5】古希腊人认为因子的和等于它本身的数是一个完全数（自身因子除外），例如28的因子是1、2、4、7、14，且1+2+4+7+14=28，则28是一个完全数，求2～1 000内的所有完全数。

问题分析：

① 从2到1 000分解每个数得到其因子。

② 判断其因子之和与该数是否相等。

③ 若相等则输出该数。

算法流程图如图5-3所示。

算法的C语言表示：

```
#include <stdio.h>
void main()
{
    int s,n,m;
    for(n=2;n<=1000;n++)
    {
        s=0;
        for(m=1;m<n;m++)
        {
            if(n%m==0)
                s=s+m;
        }
        if(s==n)
            printf("%d  ",n);
    }
}
```

穷举法还是一种针对于密码的破译方法，在密码破译方面有广泛的应用。这种方法简单来说，就是将密码进行逐个推算直到找出真正的密码为止。例如，一个四位并且全部由数字组成其密码共有10 000种组合，也就是说最多得尝试10 000次才能找到真正的密码。利用这种方法，人们可以使用计算机来进行逐个推算，也就是说破解任何一个密码都只是时间问题。

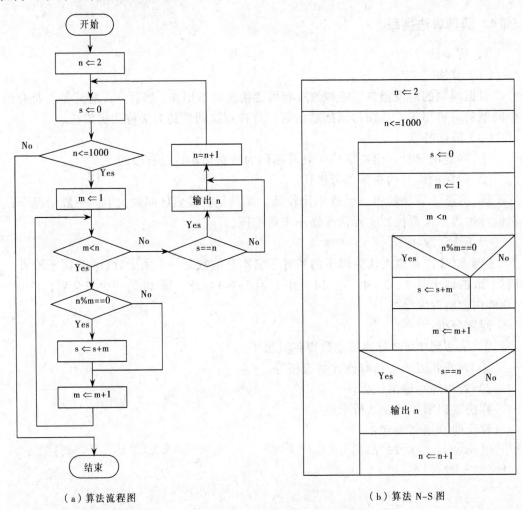

（a）算法流程图　　　　　　　　　　　　　　　　（b）算法 N–S 图

图 5–3　例 5.5 算法流程图和 N–S 图

2. 递归算法

（1）算法定义

递归算法是一种在函数或子过程的内部，直接或者间接地调用自己的算法。在计算机编写程序中，递归算法对解决一大类问题是十分有效的，它往往使算法的描述简洁而且易于理解。

（2）算法特点

① 递归就是在过程或函数里调用自身。

② 每个递归函数都必须有非递归定义的初始值，否则递归函数无法计算。

③ 递归算法结构清晰，可读性强，且容易用数学归纳法证明算法的正确性。但其运行效率较低，无论是耗费的计算时间还是占用的存储空间都比非递归算法多。

④ 在递归调用的过程当中系统将整个程序运行时所需要的数据空间安排在一个

栈中，每调用一个算法，就为它在栈顶分配一个存储区域，每退出一个算法，就释放它在栈顶的存储区域。递归调用次数过多容易造成栈溢出等。

（3）算法应用

【例 5.6】求一个数的阶乘。阶乘函数可递归地定义为：

$$n! = \begin{cases} 1 & (n=0) \\ n(n-1)! & (n>1) \end{cases}$$

对于任意一个非负整数都可利用上式求其阶乘值。递归式的第一式给出了这个函数的初始值，是非递归定义，也可以说是算法的终止条件。递归式的第二式是用较小自变量的函数值来表达较大自变量的函数值方法定义 n 的阶乘。算法流程图如图 5-4 所示。

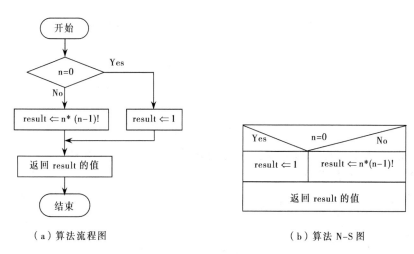

（a）算法流程图　　　　　　　　　　　（b）算法 N–S 图

图 5–4　例 5.6 算法流程图和 N–S 图

算法的 C 语言表示：

```
long fac(int n)
{
    long result;
    if(n==0)
        result=1;
    else
        result=n*fac(n-1);
    return(result);
}
```

可以应用递归方法解决的问题还有 Fibonacci 数列、排序问题、整数划分问题及在前面介绍过的梵天塔问题。

【例 5.7】科赫曲线的绘制。

自然界有很多图形很规则，符合一定的数学规律，例如，蜜蜂蜂窝是天然的等边六角形等。科赫（Koch）曲线在众多经典数学曲线中非常著名，由瑞典数学家冯·科赫（H.V.Koch）于 1904 年提出，由于其形状类似雪花，也被称为雪花曲线。

科赫曲线的基本概念和绘制方法如下：

正整数 n 代表科赫曲线的阶数，表示生成科赫曲线过程的操作次数。科赫曲线初始化阶数为 0，表示一个长度为 L 的直线。对于直线 L，将其等分为三段，中间一段用边长为 $L/3$ 的等边三角形的两个边替代，得到 1 阶科赫曲线，它包含四条线段。进一步对每条线段重复同样的操作后得到 2 阶科赫曲线。继续重复同样的操作 n 次可以得到 n 阶科赫曲线，如图 5-5 所示。

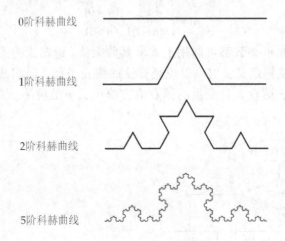

图 5-5　n 阶科赫曲线

科赫曲线属于分形几何分支，它的绘制过程体现了递归思想。

算法的 Python 语言表示：

```python
import turtle
def koch(size, n):
    if n == 0:
        turtle.fd(size)
    else:
        for angle in [0, 60, -120, 60]:
            turtle.left(angle)
            koch(size/3, n-1)
    def main():
        turtle.setup(600, 600)
        turtle.speed(0)                  #控制绘制速度
        turtle.penup()
        turtle.goto(-200, 100)
        turtle.pendown()
        turtle.pensize(2)
        level = 5
        koch(400, level)                 #0 阶科赫曲线长度，阶数
        turtle.right(120)
        koch(400, level)
        turtle.right(120)
        koch(400, level)
        turtle.hideturtle()
    main()
```

科赫曲线的雪花效果如图 5-6 所示。

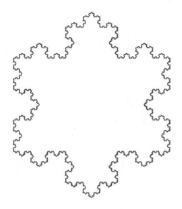

图 5-6　科赫曲线的雪花效果

3．回溯法

（1）算法定义

回溯法（探索与回溯法）是一种选优搜索法，按选优条件向前搜索，以达到目标。但当探索到某一步时，发现原先选择并不优或达不到目标，就退回一步重新选择，这种走不通就退回再走的技术为回溯法，而满足回溯条件的某个状态的点称为"回溯点"。

（2）算法特点

① 回溯算法需要用栈保存好前进中的某些状态。

② 搜索过程分为两种：一种不考虑给定问题的特有性质，按事先顶好的顺序，依次运用规则，即盲目搜索的方法；另一种则考虑问题给定的特有性质，选用合适的规则，提高搜索的效率，即启发式的搜索。

（3）算法应用

【例 5.8】中国象棋马行线问题。

在中国象棋中马只能走"日"字，若规定只许往右跳，不许往左跳，则从一个位置到另一个位置有多少种走法？图 5-7（a）所示为中国象棋半张棋盘，其中的折线为马从(0,0)到(7,2)的一种跳行线路，将所经路线打印出来。打印格式为

$$(0,0)->(1,2)->(3,3)->(4,1)->(5,3)->(7,2)\cdots$$

假设马最多有四个方向可以走，如图 5-7（b）所示。

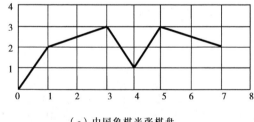

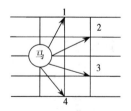

（a）中国象棋半张棋盘　　　　　　　　　（b）马的四种走法

图 5-7　中国象棋马行线例图

问题分析：若马所在初始位置的横坐标为 i、纵坐标为 j，则四个方向的移动可表

```
{
    int i;
    total++;
    printf("%d:",total);
    for(i=0;i<k;i++)
        printf("(%d,%d)->",a[i],b[i]);          //输出路径中间结点
    printf("(%d,%d)\n",a[k],b[k]);
}
/*搜索从起点(x,y)到终点(x2,y2)的路径,i表示(x,y)在路径中的位置*/
void tryi(int i,int x,int y,int x2,int y2)
{
    int j;
    for(j=0;j<4;j++)                            //按顺序依次选定某个方向
        if((x+dx[j]<=N)&&(y+dy[j]<=M))          //如果选定方向后没有出棋盘
        {
            x=x+dx[j];                          //新起点的横坐标
            y=y+dy[j];                          //新起点的纵坐标
            a[i]=x;                             //记录新位置横坐标
            b[i]=y;                             //记录新位置纵坐标
            if((x==x2)&&(y==y2))                //到达终点打印路径
                print(i);
            else
                tryi(i+1,x,y,x2,y2);            //没有到达终点继续搜索下一个结点
            x=x-dx[j];                  //结点没有到达终点的路径,则后退一步进行回溯
            y=y-dy[j];
            a[i]=0;
            b[i]=0;
        }
}
void main()
{
    int fx,fy,tx,ty;
    printf("请输入起点(fx,fy)->终点(tx,ty):\n");
    scanf("(%d,%d)->(%d,%d)",&fx,&fy,&tx,&ty);
    a[0]=fx;
    b[0]=fy;
    tryi(1,fx,fy,tx,ty);
}
```

回溯方法还可应用于求解迷宫、n皇后等问题。

4．贪心算法

（1）算法定义

贪心算法（又称贪婪算法）是指在对问题求解时，总是做出在当前看来是最好的选择。也就是说，不是从整体最优上予以考虑，所做出的仅是在某种意义上的局部最优解。贪心算法不是对所有问题都能得到整体最优解，但对范围相当广泛的许多问题能产生整体最优解或者是整体最优解的近似解。

（2）算法特点

① 所求问题的整体最优解可以通过一系列局部最优的选择达到。

② 当前问题的最优解包含其子问题的最优解。

（3）算法应用

【**例 5.9**】单源最短路径问题。

在有向图 5-9 中，应用 Dijkstra 算法计算从源顶点 1 到其他顶点的最短路径。

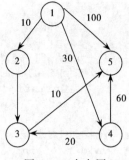

图 5-9　有向图

算法分析：设图中全部顶点集合为 U，设置顶点集合 S 并不断地做贪心选择来扩充这个集合，直到 $S=U$。

① S 初始时只包含源点 1。

② 将以 1 为起点路径最短的顶点 x 加入到 S 中，重新计算源点 1 到其他顶点的路径。

③ 判断 S 是否等于 U，若相等则结束程序，否则在集合 $U-\{x\}$ 中搜索重复执行②。

Dijkstra 算法扩充顶点的迭代过程如表 5-2 所示。

表 5-2　算法迭代过程

迭代	S 集合	U 集合	Dist[2]	Dist[3]	Dist[4]	Dist[5]
初始	{1}	{2, 3, 4, 5}	10	9999	30	100
1	{1, 2}	{3, 4, 5}	10	60	30	100
2	{1, 2, 4}	{3, 5}	10	50	30	90
3	{1, 2, 3, 4}	{5}	10	50	30	70
4	{1, 2, 3, 4, 5}	{ }	10	50	30	70

Dijkstra 函数算法流程图，如图 5-10 所示。

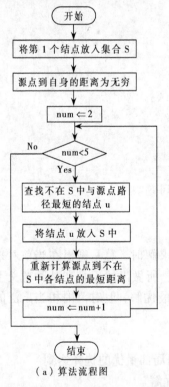

（a）算法流程图

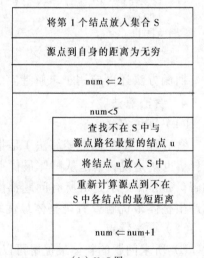

（b）N–S 图

图 5-10　例 5.9 算法流程图和 N–S 图

算法的 C 语言表示：

```
/*单源点最短路径*/
#include <stdio.h>
#define N 5                  //图中的顶点数
#define M 300                //无穷大
int search(int*,int,int,int*);
void Dijkstra();
int
COST[N][N]={{M,10,M,30,100},{M,M,50,M,M},{M,M,M,M,10},{M,M,20,M,60},{M
,M,M,M,M}};
/*COST[i][j]表示成本邻接矩阵*/
int DIST[5];                             //DIST[i]表示第 i 个结点到源结点的路径长度
int S[N];  //S 中表示对其已经生成了最短路径的那些结点，S[i]=1 表示第 i 个结点在
S 中
int front_point[5]={0,0,0,0,0};    //用来存放各结点的最短路径上的前一结点
void main()
{
    int i,j;
    for(i=0;i<N;i++)
    {
        S[i]=0;                 //初始状态时，所有结点均不在 S 中
        DIST[i]=COST[0][i]; //各结点到源结点的最短路径的初值为它们的直接距离
    }
    Dijkstra();
    printf("有向图的成本邻接矩阵\n");
    /*输出所求结点图的邻接矩阵*/
    for(i=0;i<N;i++)
    {
        for(j=0;j<N;j++)
        {
            printf("%6d",COST[i][j]);
        }
        printf("\n");
    }
    printf("路径值\t 源结点到各结点的最短路径\n");
    /*输出结果*/
    for(i=0;i<N;i++)
    {
        printf("v%d v%d\n",search(front_point,i,i,DIST)+1,i+1);
    }
}

/*生成单源点最短路径的贪心算法*/
void Dijkstra()
{
int u,num,w;
S[0]=1;                                 //将源结点放入 S 中
    DIST[0]=M;                           //自身到自身的路径为 M
    for(num=2;num<N;num++)              //加入五个结点到 S 中
    {
```

```
        int min=M;
        for(w=0;w<N;w++)        //找出不在 S 的结点中到源结点直接距离最短的结点
        {
            if(!S[w])
            {
                if(DIST[w]<min)
                {
                    min=DIST[w];
                    u=w;                //将所找结点位置赋值给u
                }
            }
        }
        S[u]=1;                  //将第 u 结点放入 S 中
        for(w=0;w<N;w++)         //加入 u 结点后,重新计算非 S 中结点的 DIST[i]
        {
            if(!S[w]&&(DIST[u]+COST[u][w])<DIST[w])
            {
                DIST[w]=DIST[u]+COST[u][w]; //若新的路径短则更新原路径
                front_point[w]=u;
            }
        }
    }
}

/*查找最短路径中的各结点*/
int search(int t[],int n,int m,int D[])
{
    int k=t[n];
    if(k==0)
    {
        printf("%-8d",D[m]);
        return(0);
    }
    else
    {
        printf("v%d ",search(t,k,m,D)+1);
        return(t[n]);
    }
}
```

数据结构中几个典型算法如构造哈夫曼编码、最小生成树 Prim 算法和 Kruskal 算法都是贪心算法。

5. 分治算法

（1）算法定义

分治算法的基本思想是将一个规模为 N 的问题分解为 K 个规模较小的子问题，这些子问题相互独立且与原问题性质相同。求出子问题的解，就可得到原问题的解。

（2）算法特点

① 原问题可以分解为多个子问题。这些子问题与原问题相比，只是问题的规模

有所降低，其结构和求解方法与原问题相同或相似。

② 在求解并得到各个子问题的解后，应能够采用某种方式、方法合并或构造出原问题的解。

（3）算法应用

二分法查找问题，其基本思想：假设数据是按升序排序的，对于给定值 x，从序列的中间位置开始比较，如果当前位置值等于 x，则查找成功；若 x 小于当前位置值，则在数列的前半段中查找；若 x 大于当前位置值则在数列的后半段中继续查找，直到找到为止。

【例5.10】假如有一组数为 3，12，24，36，55，68，75，88，要查给定的值 24。

算法分析：

① 确定查找范围 front=0，end=N-1，计算中项 mid=(front+end)/2。

② 若 a[mid]!=x 且 front<end，则执行步骤③，否则结束查找。

③ 若 a[mid]<x，则把 mid+1 的值赋给 front，否则把 mid-1 的值赋给 end，重新计算 mid，转去执行步骤②。

算法流程图如图 5-11 所示。

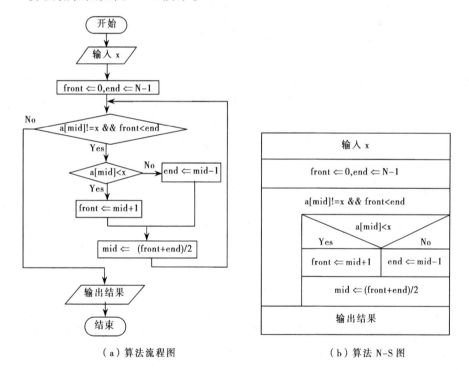

（a）算法流程图　　　　　　　　　（b）算法 N-S 图

图 5-11　例 5.10 算法流程图和 N-S 图

算法的 C 语言表示：

```c
#include <stdio.h>
#define N 8
void main()
{
    int a[N],front,end,mid,x,i;
```

```
    printf("请输入已排好序的 a 数组元素:\n");
    for(i=0;i<N;i++)
        scanf("%d",&a[i]);
    printf("请输入待查找的数 x: ");
    scanf("%d",&x);
    front=0;
    end=N-1;
    mid=(front+end)/2;
    while(a[mid]!=x && front<end)
    {
        if(a[mid]<x)
            front=mid+1;
        else
            end=mid-1;
        mid=(front+end)/2;
    }
    if(a[mid]!=x)
        printf("没找到! \n");
    else
        printf("%d在第%d位置。\n",x,mid+1);
}
```

经常使用的快速排序、合并排序及大整数乘法都利用了分治策略。

6．随机算法

算法的一个特征是确定性，即算法的每个步骤都是确定的，在任何条件下，算法只有唯一的一条执行路径，对于相同的输入，只能得到相同的输出结果。但是，有很多确定性的算法，特别是一些平均运行时间很好的算法，在最坏的情况下却具有很差的性能。于是，出现了采用随机选择的方法来改善算法的性能。1976 年 M.Rabin 把这种新的算法设计方法称为概率算法。这种方法把"算法对所有可能的输入都必须给出正确的答案"这一条件予以放松，允许在某些方面可以是不正确的，但是由于出现这种不正确的可能性很小，以致可以安全地不予理睬；同样，它也不要求对一个特定的输入，算法的每一次运行都能得到相同的结果。增加这种随机性的因素，所得到的效果是令人惊奇的。对那些效率很低的确定性算法，用这种方法可以快速地产生问题的解。这种算法也称随机算法。

（1）随机算法概述

随机算法是指在算法中执行某些步骤或某些动作时，所进行的选择是随机的。在随机算法中，除了接收算法的输入外，还接收一个随机的位流，以便在算法的运行过程中，进行随机选择。通常，把解问题 P 的随机算法定义为；设 I 是问题 P 的一个实例，在用算法解 I 的某些时刻，随机的选取某个输入 $b∈I$，由 b 来决定算法的下一步动作。随机算法把随机性注入算法之中，改善了算法设计与分析的灵活性，提高了算法的解题能力。

（2）算法特点

① 随机算法所需要的执行时间和空间，经常小于同一问题的已知最好的确定性算法。

② 迄今为止所看到的所有随机算法，它们的实现都比较简单，也比较容易理解。

（3）随机算法的类型

随机算法可以分为几种类型：数值概率算法、拉斯维加斯（Las Vegas）算法、蒙特卡罗（Monte Carlo）算法和舍伍德（Sherwood）算法等。

① 数值概率算法：常用于求解数值问题。这类算法所得到的数值解，往往是近似解，且近似解的精度随计算时间的增加而不断提高。在许多情况下，要计算出问题的精确解是不可能或没有必要的，因此用数值概率算法可得到相当满意的解。

② 拉斯维加斯算法：可能给出问题的正确答案，也可能得不到问题的答案。对所求解问题的任一实例，用同一拉斯维加斯算法对该实例反复求解多次，可使求解失效的概率任意小。

③ 蒙特卡罗算法：总能得到问题的答案，但是可能会偶然地产生一个不正确的答案。重复地运行算法，每一次运行都独立地进行随机选择，可以使产生不正确答案的概率变得任意小。

④ 舍伍德算法：许多具有很好的平均运行时间的确定性算法，在最坏的情况下，其性能很坏。对这类算法引入随机性加以改造，可以消除或减少一般情况和最坏情况的差别。在一些文献中，把这类算法归入拉斯维加斯算法。

如果 A 是一个随机算法，对大小为 n 的一个确定的实例 I，这一次运行和另一次运行，其运行时间可能是不同的。因此，更正常地衡量算法的性能，是取算法 A 对确定实例 I 的期望运行时间，即由算法 A 反复地运行实例 I，所取的平均运行时间。因此，在随机算法里，所讨论的是最坏情况下的期望时间和平均情况下的期望时间。

（4）随机数发生器

正如上面所叙述，在随机算法中，要随时接收一个随机数，以便在算法的运行过程中，按照这个随机数进行所需要的随机选择。因此，随机数在随机算法的设计中起着很重要的作用。

线性同余法是产生随机数的最常用方法。由线性同余法产生的随机序列 $a_0, a_1, \cdots, a_n$ 满足

$$\begin{cases} a_0 = d \\ a_n = (ba_{n-1} + c) \bmod m \qquad n = 1, 2, \cdots \end{cases} \qquad (5.1.1)$$

其中 $b \geq 0$，$c \geq 0$，$d \leq m$。d 称为该随机序列的种子。如何选取该方法中的常数 b、c 和 m 直接关系到所产生的随机序列的随机性能。

实际上，计算机并不能产生真正的随机数。当 b、c、d 确定之后，由公式（5.1.1）所产生的随机序列也就确定了，所产生随机数只是在一定程度上的随机而已，因此，又把用这种方法产生的随机数称为伪随机数。

下面是随机数发生器的一个例子。其中，函数 random_seed 提供给用户选择随机数的种子，当形式参数 $d=0$ 时，取系统当前时间作为随机数种子；当 $d \neq 0$ 时，就选用 d 作为种子；函数 random 在给定种子的基础上，计算新的种子，并产生一个范围为 low～high 的新的随机数。

```
#define   MULTIPLLER   0x015A4E35L
#define   INCREMENT   1
```

```
static unsigned long  seed;
void random_seed(unsigned long d)
{
   if(d==0)
      seed=time(0);
   else
      seed=d
}
unsigned int random(unsigned long low,unsigned long high)
{
   seed=MULTIPLLER*seed+INCREMENT;
   return((seed>>16)%(high-low)+low);
}
```

（5）算法的应用

假设 n 是一个大于 1 的整数，如果 n 是一个合数，必存在 n 的一个非平凡因子 x，$1<x<n$，使得 x 整除 n。因此，给定一个合数 n，求 n 的非平凡因子的问题，称为整数 n 的因子分割问题。

通常，可以用下面的算法来实现整数 n 的因子分割问题。

输入：整数 n。

输出：整数 n 的因子。

```
int factor (int n)
{
  int i,m;
  m = sqrt((double)n);
  for(i=2;i<m;i++)
    if(n%i==0) return i;
   return 1;
}
```

显然，该算法的时间复杂性是 $O(n^{1/2})$；当 n 的位数是 m 时，其时间复杂性为 $O(10^{m/2})$。可以看出，这是一个指数时间算法，效率很低。

求整数因子的另一个算法是 Pollard 算法，它是一个拉斯维加斯算法。该算法选取 $0 \sim n-1$ 之间的一个随机数 x_1，然后按下式：

$$x_i = (x_{i-1}^2 - 1) \bmod n$$

循环迭代，产生序列 $x_1, x_2, \cdots$。对 $i=2^k$，$k=0,1,\cdots$，及 $2^k<j\leqslant 2^{k+1}$ 的 i 和 j，求取 $x_i - x_j$ 与 n 的最大公因子 d。如果 d 是 n 的非平凡因子，算法结束。该算法利用求取两个整数的最大公因子的欧几里得算法，来求 $x_i - x_j$ 与 n 的最大公因子 d。算法叙述如下。

求取整数因子的 Pollard 算法。

输入：整数 n。

输出：整数 n 的因子。

```
int pollard(int n)
{
   int i,k,x,y,d = 0;
   random_seed(0);
   i = 1;
   k = 2;
```

```
    x = random(1,n);
    y = x;
    while (i<n) {
        i++;
        x = (x * x - 1) % n;
        d = (euclid(n,y-x));
        if((d>1)&&(d<n))
            break;
        else if(i==k) {
            y = x;
            k*= 2;
        }
    }
    return d;
}
int euclid(int m,int n)//欧几里得算法求 m,n 的最大公因子
{
    int r;
    do{
        r=m%n;
        m=n;
        n=r;
    } while(r)
    return m;
}
```

对算法 Pollard 进行深入分析得到，执行算法的 while 循环的循环体 $\sqrt{d}$ 次后，就可以得到 n 的一个因子 d。因为 n 的最小因子 $d \leqslant \sqrt{n}$ 所以该算法的时间复杂性为 $O(n^{1/4})$。

7. 智能算法

智能算法是一种借鉴、利用自然界中自然现象或生物体的各种原理和机理而开发的具有自适应环境能力的计算方法，是人工智能研究领域的一个重要分支。衡量智能算法智能程度高低的关键在于其处理实际对象时所表现出的学习能力的大小。

（1）智能算法概述

智能计算，也称"软计算"，是人们受自然（生物界）规律的启迪，根据其原理，模仿其规律而设计的求解问题的算法。从自然界得到启迪，模仿其结构进行发明创造，这就是仿生学。这是向自然界学习的一个方面。另一方面，还可以利用仿生原理进行设计（包括设计算法），这就是智能计算的思想。这方面的内容很多，如人工神经网络算法、遗传算法、模拟退火算法和蚁群优化算法等。

（2）智能算法的研究趋势

随着智能算法在工程领域中越来越广地成功应用，智能算法成为当今研究的热点。目前，对智能算法的研究呈现出三大趋势：一是对经典智能算法的改进、广泛应用及其理论的深入研究；二是对现代智能算法开发新的智能工具，拓宽其应用领域，并对其寻求理论基础；三是经典智能算法与现代智能算法的结合建立混合智能算法。

（3）典型智能算法

① 人工神经网络算法。

"人工神经网络"（Artificial Neural Networks，ANN）是模拟人脑及其活动的一个数学模型，它由大量的处理单元通过适当的方式互联构成，是一个大规模的非线性自适应系统。

人工神经网络并不是可以解决所有领域的问题，它适用于形象思维问题的处理，主要包括以下两个方面：

a．对大量的数据进行分类，并且分类只有较少的几种情况。

b．能够学习一个复杂的非线性映射。

人工神经网络所具有的非线性特性、大量的并行分析结构以及学习和归纳能力，使其在诸如建模、时间序列分析、模式识别、信号处理以及控制等方面得到广泛的应用。

② 遗传算法。

遗传算法（Genetic Algorithms，GA）是模拟达尔文生物进化论的自然选择和遗传学机理的生物进化过程的计算模型，是一种通过模拟自然进化过程搜索最优解的方法。

遗传算法主要特点是直接对结构对象进行操作，不存在求导和函数连续性的限定；具有内在的隐并行性和更好的全局寻优能力；采用概率化的寻优方法，能自动获取和指导优化的搜索空间，自适应地调整搜索方向，不需要确定的规则。遗传算法的这些性质，已被人们广泛地应用于组合优化、机器学习、信号处理、自适应控制和人工生命等领域。

③ 蚁群优化算法。

蚁群优化（Ant Colony Optimization，ACO）是20世纪90年代初由意大利学者M.Dorigo 等通过模拟蚂蚁的群体行为而提出的一种随机优化算法。

与其他优化算法相比，蚁群算法具有以下几个特点：

a．采用正反馈机制，使得搜索过程不断收敛，最终逼近最优解。

b．每个个体可以通过释放信息素来改变周围的环境，且每个个体能够感知周围环境的实时变化，个体间通过环境进行间接地通信。

c．搜索过程采用分布式计算方式，多个个体同时进行并行计算，大大提高了算法的计算能力和运行效率。

d．启发式的概率搜索方式不容易陷入局部最优，易于寻找到全局最优解。

该算法目前已广泛应用于其他组合优化问题，如旅行商问题、指派问题、Job-shop 调度问题、车辆路由问题、图着色问题和网络路由问题等。

④ 模拟退火算法。

模拟退火算法来源于固体退火原理，是一种基于概率的算法，将固体加温至充分高，再让其徐徐冷却，加温时，固体内部粒子随温升变为无序状，内能增大，而徐徐冷却时粒子渐趋有序，在每个温度都达到平衡态，最后在常温时达到基态，内能减为最小。

模拟退火算法作为一种通用的随机搜索算法，现已广泛应用于 VLSI 设计、图像处理和神经网络计算机的研究。

5.2　数据结构

计算机发展初期，人们使用计算机主要是处理数值计算问题。数值计算的特点是数据元素之间的关系简单，但计算复杂，所以程序设计者的主要精力集中在程序设计技巧上，而无须重视数据结构。随着计算机应用领域的扩大和软硬件技术的发展，计算机更多地用于非数值处理，非数值处理的特点是数据元素间的关系复杂，而计算相对简单。因此，利用计算机解决实际问题，不仅需要研究算法与程序结构，同时需要研究程序的加工对象——数据结构。数据结构直接影响算法的选择和程序的效率，程序设计的实质是对实际问题选择一种好的数据结构加之设计一个好的算法，而好的算法在很大程度上取决于描述实际问题的数据结构。通常情况下，精心选择的数据结构可以带来更高的运行或者存储效率。

5.2.1　数据结构的基本概念

数据结构在计算机科学界至今没有标准的定义，个人根据各自的理解的不同而有不同的表述方法。

萨尔塔·萨尼（Sartaj Sahni）在他的《数据结构、算法与应用》一书中称："数据结构是数据对象，以及存在于该对象的实例和组成实例的数据元素之间的各种联系。这些联系可以通过定义相关的函数来给出。"他将数据对象（Data Object）定义为"一个数据对象是实例或值的集合"。

克利福德·艾伦·谢弗（Clifford Alan Shaffer）在《数据结构与算法分析》一书中的定义是："数据结构是 ADT（Abstract Data Type，抽象数据类型）的物理实现。"

罗伯特·克鲁斯（Lobert L. Kruse）在《数据结构与程序设计》一书中，将一个数据结构的设计过程分成抽象层、数据结构层和实现层。其中，抽象层是指抽象数据类型层，它讨论数据的逻辑结构及其运算，数据结构层和实现层讨论一个数据结构的表示和在计算机内的存储细节及运算的实现。

总之，可简单地理解为：数据结构是相互之间存在一种或多种特定关系的数据元素的集合。数据是对客观事物的符号表示，在计算机科学中是指所有能输入计算机中并被计算机程序处理的符号的总称。数据元素是数据的基本单位，在计算机程序中通常作为一个整体进行考虑。根据数据元素之间关系的不同特征，通常可分为四类基本结构：集合、线性结构、树形结构和网状结构（或称图状结构），如图 5-12 所示。

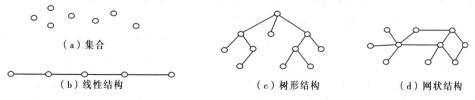

（a）集合　　（b）线性结构　　（c）树形结构　　（d）网状结构

图 5-12　四种基本结构关系图

集合结构中的数据元素之间除了"同属于一个集合"的关系以外，别无其他关系；线性结构中的数据元素之间存在一一对应关系；树形结构中的数据元素之间存在一对多的关系；图状结构中数据元素之间存在多对多的关系。

一个数据结构的定义包含两部分，即数据和关系。这里的关系描述的是数据元素之间的逻辑关系，因此称为数据的逻辑结构。数据结构在计算机中的表示称为数据的物理结构，又称存储结构。

5.2.2 常用数据结构

数据结构指相互之间存在某种关系的数据元素的集合。它一般包括三方面的内容：数据的逻辑结构、数据的存储结构和数据的操作实现算法。几种典型的数据结构主要有线性表、栈和队列、数组、树和图等。

1. 线性表

线性表是一种线性结构，一个线性表是 n（$n \geqslant 0$）个数据元素的有限序列。线性表中的数据元素根据不同的情况可以是一个数、一个符号或更复杂的信息，但在同一个线性表中的数据元素必定属于同一数据对象。例如，英文字母表（A，B，C，…，Z）是一个线性表，表中的每个字母是一个数据元素。又如，表5-3所示的学生情况是一种较为复杂的线性表，数据元素是一条记录信息，由学号、姓名、性别、年龄、政治面貌和成绩评定六个数据项组成。

表5-3　学生情况表

学　号	姓　名	性　别	年　龄	政治面貌	成绩评定
20090843001	梁栋	男	21	党员	良好
20090843002	王方	女	20	团员	优秀
20090843003	吕宏艳	女	19	群众	一般

相邻数据元素之间为序偶关系，即：

① 存在唯一的被称做"第一个"的数据元素。

② 存在唯一的一个被称做"最后一个"的数据元素。

③ 除第一个元素以外，表中的每个元素均有且仅有一个前驱。

④ 除最后一个元素以外，表中每个元素有且仅有一个后继。

根据线性表的不同物理结构，又可将线性表分为顺序表和线性链表，如图5-13所示。

顺序表（Sequential List）是以元素在计算机内的存储位置的相邻来表示线性表中数据元素之间的逻辑关系。每个数据元素的存储位置都与线性表的起始位置相差一个和数据元素在线性表中的位序成正比的常数。

线性链表（Linked List）是用任意的存储单元存储线性表的数据元素的一种存储结构，使用的存储单元可以是连续的，也可以是不连续的，数据元素的逻辑顺序是通过链表中的指针链接次序实现的。链表由一系列结点组成，每个结点包括两个部分：一部分用于存储数据元素信息（称为数据域），另一部分用于存储下一个结点的存储位置（称为指针域）。根据链表的第一个结点是否保存数据元素信息，可将其分为带头结点的线性链表和不带头结点的线性链表。

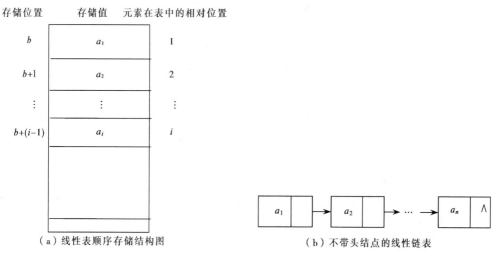

（a）线性表顺序存储结构图　　　　（b）不带头结点的线性链表

图 5-13　线性表的结构图

2．栈和队列

栈和队列是两种重要的线性结构，它们的基本操作较线性表有更多的限制。

栈（Stack）是限定仅在表尾进行插入或删除操作的线性表，如图 5-14 所示。它按照后进先出（Last In First Out，LIFO）的原则存储数据，先进入的数据被压入栈底（线性表的头端），最后进入的数据在栈顶（线性表的尾端），需要读取数据时，仅能从栈顶开始弹出数据。

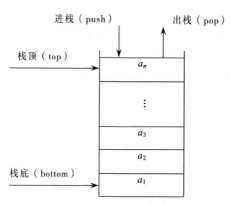

图 5-14　栈的示意图

队列（Queue）是一种先进先出（First In First Out，FIFO）的线性表，如图 5-15 所示。它是只允许在表的一端进行插入操作，而在另一端进行删除操作的线性表。允许插入的一端称为队尾，允许删除的一端称为队头。

3．数组

在程序设计中，为了处理方便，把具有相同类型的若干变量按有序的形式组织起来。这些按序排列的同类数据元素的集合称为数组（Array）。在 C 语言中，数组属于构造数据类型。一个数组可以分解为多个数组元素，这些数组元素可以是基本数据类型或是构造类型。因此，按数组元素的类型不同，数组又可分为数值数组、字符数组、指针数组、结构数组等各种类别。

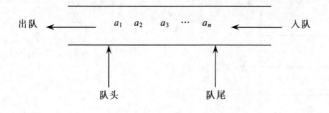

图 5-15　队列示意图

4．树和二叉树

树（Tree）是包含 n（$n>0$）个结点的有穷集合。任意一棵非空树都满足以下条件：

① 有且仅有一个特定结点称为树的根结点。

② 当 $n>1$ 时，其余结点可分为 m（$m>0$）个互不相交的有限集 T_1，T_2，…，T_m，其中每一个集合本身又是一棵树，并称为根的子树。

二叉树（Binary Tree）是另一种树形结构，它的每个结点至多只有两棵子树，并且二叉树的子树有左右之分，其次序不能随意颠倒。图 5-16 所示一棵二叉树。

在树形结构中，数据元素之间有着明显的层次关系，每一层上的元素可能和下一层中多个元素相关，但只能和上一层中的一个元素相关。

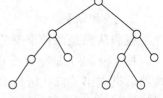

图 5-16　二叉树示例图

5．图

图（Graph）由顶点的有穷集合 V 和边的集合 E 组成。其中，顶点即为图中的数据元素，在图结构中常常将结点称为顶点，边是顶点的有序（或无序）偶对，若两个顶点之间存在一条边，就表示这两个顶点具有相邻关系。根据图的边是否有方向可将图分为有向图和无向图，如图 5-17 所示。

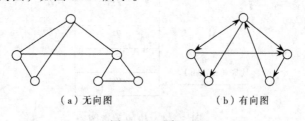

（a）无向图　　　　　　　　（b）有向图

图 5-17　图

5.3　数　据　库

数据库技术是 20 世纪 60 年代发展起来的数据管理新技术，是计算机科学的一个重要分支。目前它已经得到了长足的发展，理论体系和应用技术较为成熟，不仅应用于事务处理，而且进一步应用于情报检索、人工智能、专家系统、计算机辅助设计等多个领域。

5.3.1 数据库概念

数据库技术中涉及许多基本概念，主要包括数据库、数据库管理系统、数据库应用程序、数据库管理员、数据库系统等，下面分别做一简单介绍。

1. 数据库（DataBase，DB）

数据库是"按照数据结构来组织、存储和管理数据的仓库"。在经济管理的日常工作中，常常需要把某些相关的数据放进这样的"仓库"，并根据管理的需要进行相应的处理。例如，企业单位的人事部门常把本单位职工的基本情况（职工号、姓名、年龄、性别、籍贯、工资、简历等）存放在表中，这张表就可以看成一个数据库。通过这个数据库，可以根据需要随时查询某职工的基本情况，也可以查询工资在某个范围内的职工人数，等等。

马丁（J. Martin）给数据库下了一个比较完整的定义：数据库是存储在一起的相关数据的集合，这些数据是结构化的，无有害的或不必要的冗余，并为多种应用服务；数据的存储独立于使用它的程序；对数据库插入新数据，修改和检索原有数据均能按一种公用的和可控制的方式进行。当某个系统中存在结构上完全分开的若干个数据库时，则该系统包含一个"数据库集合"。

2. 数据库管理系统（DataBase Management System，DBMS）

数据库管理系统是位于用户与操作系统之间的一层数据管理软件，它是数据库系统的核心，数据库在建立、运行和维护时由数据库管理系统统一管理和控制。数据库管理系统能够使用户方便地定义和操作数据，并保证数据的安全性、完整性、多用户对数据的并发使用及发生故障后的系统恢复。

3. 数据库应用程序

数据库应用程序是使用数据库语言及其应用开发工具开发的，能够满足数据处理需要的应用程序。通过这种应用程序，可简化用户对数据库的操作。例如，人事档案管理系统、图书管理系统。

4. 数据库管理员（DataBase Administrator，DBA）

数据库管理员是专门从事数据建立、使用和维护的工作人员。

5. 数据库系统（DataBase System，DBS）

数据库系统是指计算机系统引入数据库后的系统构成，是由数据库、数据库管理系统、数据库应用程序、数据库管理员及用户构成的人机系统，如图5-18所示。

5.3.2 数据库的发展

1. 数据管理的诞生

早期的数据管理非常简单，数据管理就是对一些穿孔卡片进行物理的存储和处理。然而，1951年雷明顿兰德公司（Remington Rand）的一种叫做Univac Ⅰ的计算机，推出了一种一秒可以输入数百条记录的磁带驱动器，引发了数据管理的革命。1956年IBM生产出第一个磁盘驱动器——the Model 305 RAMAC，其最大的好处是可以随机地存取数据，而穿孔卡片和磁带只能顺序存取数据。

最早出现的是网状数据库管理系统（DBMS），是美国通用电气公司（General Electric Company）的查尔斯·巴赫曼（Charles Bachman）等人在 1961 年开发的集成数据存储（Integrated DataStore, IDS），它奠定了网状数据库的基础，并在当时得到了广泛的发行和应用。IDS 具有数据模式和日志的特征，但它只能在 GE 主机上运行，并且数据库只有一个文件，数据库所有的表必须通过手工编码来生成。之后，通用电气公司一个客户——BF Goodrich Chemical 公司最终不得不重写了整个系统，并将重写后的系统命名为集成数据管理系统（IDMS）。层次型数据库管理系统紧随网络型数据库而出现，最著名最典型的层次数据库系统是 IBM 公司在 1968 年开发的 IMS（Information Management System），一种适合其主机的层次数据库。网状数据库模型对于层次和非层次结构的事物都能比较自然地模拟，在关系数据库出现之前，网状数据库管理系统要比层次数据库管理系统用得普遍，在数据库发展史上，网状数据库占有重要地位。

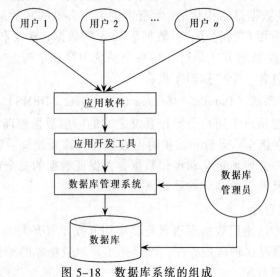

图 5-18　数据库系统的组成

2. 关系数据库的产生

网状数据库和层次数据库已经很好地解决了数据的集中和共享问题，但是在数据独立性和抽象级别上仍有很大欠缺。用户在对这两种数据库进行存取时，仍然需要明确数据的存储结构，指出存取路径，关系数据库较好地解决了这些问题。

1970 年，IBM 的研究员，有"关系数据库之父"之称的埃德加·科德（Edgar Frank Codd）博士在刊物 *Communication of the ACM* 上发表了题为 *A Relational Model of Data for Large Shared Data banks*（《大型共享数据库的关系模型》）的论文，文中首次提出了数据库的关系模型的概念，奠定了关系模型的理论基础。关系模型有严格的数学基础，抽象级别比较高，而且简单清晰，便于理解和使用，但是当时也有人认为关系模型是理想化的数据模型，用来实现数据库管理系统不现实。1974 年 ACM 牵头组织的研讨会上开展了一场分别以科德和巴赫曼为首的支持和反对关系数据库两派之间的辩论。这次著名的辩论推动了关系数据库的发展，使其最终成为现代数据库产品的主流。

1970 年关系模型建立之后，IBM 公司为了论证一个全功能关系 DBMS 的可行性，在 San Jose（加利福尼亚州圣何塞）实验室增加了更多的研究人员研究 System R。该项目结束于 1979 年，完成了第一个实现 SQL 的数据库管理系统，1980 年 System R 作为一个产品正式推向市场。

3. 数据库技术的发展

（1）面向对象数据库（Object Oriented DataBase，OODB）

　　面向对象数据库是面向对象技术与传统数据库技术结合的产物。面向对象数据模型能够完整地描述现实世界的数据结构，具有丰富的表达能力。它是在 20 世纪 90 年代以后，受当时技术风潮的影响研究产生的。1986 年，加州大学伯克利分校的迈克尔斯·通布雷克（Michael Stonebraker）教授提出的面向对象的关系型数据库理论曾一度受到产业界的青睐。然而，数年的发展表明，面向对象的关系型数据库系统产品的市场发展的情况并不理想。理论上的完美性并没有带来市场的热烈反应。其不成功的主要原因在于：对于已经运用数据库系统多年并积累了大量工作数据的客户，无法承受新旧数据间的转换而带来的巨大工作量及巨额开支。

（2）分布式数据库（Distributed DataBase，DDB）

　　分布式数据库是传统数据库技术与网络技术结合的产物。一个分布式数据库是物理上分散在计算机网络各结点上，但在逻辑上属于同一系统的数据集合。它的主要特点是：

① 多数数据处理就地完成。

② 各地的计算机由数据通信网络相联系。

③ 克服了中心数据库的弱点，降低了数据传输代价。

④ 提高了系统的可靠性，局部系统发生故障，其他部分还可继续工作。

⑤ 各个数据库的位置是透明的，方便系统的扩充。

⑥ 为了协调整个系统的事务活动，事务管理的性能花费高。

（3）XML 数据库（XML DataBase，XDB）

　　XML 数据库是一种支持对 XML 格式文档进行存储和查询等操作的数据管理系统。XML 数据库不仅是结构化数据和半结构化数据的存储库，像管理其他数据一样，持久的 XML 数据管理包括数据的独立性、集成性、访问权限、视图、完备性、冗余性、一致性及数据恢复等。当前着重于页面显示格式的 HTML 和基于它的关键词检索等技术已经不能满足用户日益增长的信息需求。XML 数据作为一种自描述的半结构化数据为 Web 的数据管理提供了新的数据模型，为数据库研究开拓了一个新的方向，将数据库技术的研究扩展到对 Web 数据的管理。

（4）多媒体数据库（Multimedia DataBase，MDB）

　　多媒体数据库是传统数据库技术与多媒体技术相结合的产物，是以数据库的方式存储计算机中的文字、图形、图像、音频和视频等多媒体信息。多媒体数据库从本质上来说，要解决三个难题。第一是信息媒体的多样化，不仅仅是数值数据和字符数据，要扩大到多媒体数据的存储、组织、使用和管理。第二要解决多媒体数据集成或表现集成，实现多媒体数据之间的交叉调用和融合，集成粒度越细，多媒体一体化表现才越强，应用的价值也才越大。第三是多媒体数据与人之间的交互性。

（5）并行数据库（Parallel DataBase，PDB）

并行数据库系统是新一代高性能的数据库系统，是在大规模并行处理机和集群并行计算环境的基础上建立的数据库系统。它在并行体系结构的支持下，实现数据库操作处理的并行化，以提高数据库的效率。并行数据库系统的高性能可以从两个方面理解：一是速度提升，二是范围提升。速度提升是指，通过并行处理，可以使用更少的时间完成更多的数据库事务。范围提升是指，通过并行处理，在相同的处理时间内，可以完成更多的数据库事务。并行数据库系统基于多处理结点的物理结构，将数据库管理技术与并行处理技术有机结合，来实现系统的高性能。

（6）演绎数据库（Deductive DataBase，DDB）

演绎数据库是指具有演绎推理能力的数据库。通常，它用一个数据库管理系统和一个规则管理系统来实现。将推理用的事实数据存放在数据库中，称为外延数据库；用逻辑规则定义要导出的事实，称为内涵数据库。主要研究内容为如何有效地计算逻辑规则推理，具体为递归查询的优化、规则的一致性维护等。

（7）主动数据库（Active DataBase，Active DB）

主动数据库是相对传统数据库的被动性而言的。在传统数据库中，当用户要对数据库中的数据进行存取时，只能通过执行相应的数据库命令或应用程序来实现。数据库本身不会根据数据库的状态主动做些什么，因而是被动的。然而在许多实际应用领域中，例如计算机集成制造系统、管理信息系统、办公自动化中，常常希望数据库系统在紧急情况下能够根据数据库的当前状态，主动、适时地做出反应，执行某些操作，向用户提供某些信息。为此，人们在传统数据库的基础上，结合人工智能技术研制和开发了主动数据库。

5.3.3　数据库基础知识

1．数据模型

计算机并不能直接处理现实世界中的具体事物，人们必须把具体事物转换成计算机能处理的数据，因此需要一个工具对现实世界中的数据和信息进行抽象、表示和处理。数据模型就这样一个工具，它是数据特征的抽象，是对数据库如何组织数据的一种模型化表示。

根据模型应用的不同阶段，可将模型分为两类：概念模型和数据模型。概念模型是按用户的观点对数据和信息进行建模，主要用于数据库设计。它的表示方法很多，其中最常用的是 P. P. S. Chen（Professor Peter Pin-Shan Chen，陈品山）于 1976 年提出的实体—联系方法，该方法用 E-R 图来描述现实世界的概念模型。数据模型是按计算机系统的观点对数据建模，主要用于数据库管理系统的实现。数据模型是数据库系统的核心和基础，所有的 DBMS 软件都基于某种数据模型。传统的数据模型有层次模型、网状模型和关系模型，非传统的数据模型有面向对象数据模型。目前使用最广泛的是关系模型。

数据库系统对现实世界的事物抽象成概念模型，然后把概念模型转换为计算机上某一数据库管理系统支持的数据模型，其抽象过程如图 5-19 所示。

图 5-19　事物抽象过程示意图

2．数据库系统结构

从数据库管理系统的角度看，数据库系统采用三级模式结构：外模式、模式和内模式；并提供两级映射功能：外模式与模式之间的映射、模式与内模式之间的映射。其系统结构如图 5-20 所示。

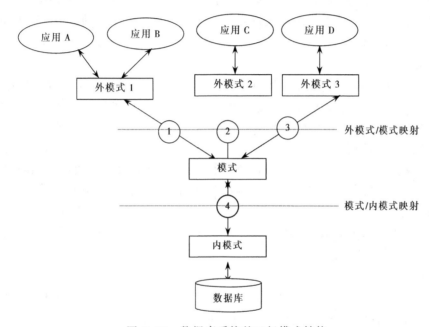

图 5-20　数据库系统的三级模式结构

（1）外模式

外模式又称子模式或用户模式，它是数据库用户使用的局部数据逻辑结构和特征的描述，是数据库用户的数据视图。外模式面向具体的应用程序，它定义在模式之上，但独立于内模式和存储设备。

（2）模式

模式又称概念模式或逻辑模式，它是数据库中全体数据的逻辑结构和特征的描述，是所有用户的公共数据视图。它处在数据库系统模式结构的中间层，不涉及数据的物理存储细节和硬件环境，与具体的应用程序以及应用开发工具无关。

（3）内模式

内模式又称存储模式，它是数据物理结构和存储结构的描述，是数据在数据库内部的表示方法。它处于整个数据库系统的最底层，定义的是存储记录的类型、存储域的表示、存储记录的物理顺序，指引元、索引和存储路径等数据的存储组织。一个数据库只能有一个内模式。

5.3.4 常用数据库

1．DB2

DB2 主要应用于大型应用系统，具有较好的可伸缩性，可支持从大型机到单用户环境，应用于 OS/2、Windows 等平台下。DB2 提供了高层次的数据完整性、安全性、可恢复性，以及小规模到大规模应用程序的执行能力，具有与平台无关的基本功能和 SQL 命令。DB2 采用了数据分级技术，能够使大型机数据很方便地下载到局域网数据库服务器，使得客户机/服务器用户和基于局域网的应用程序可以访问大型机数据，并使数据库本地化及远程连接透明化。它以拥有一个非常完备的查询优化器而著称，其外部连接改善了查询性能，并支持多任务并行查询。DB2 具有很好的网络支持能力，每个子系统可以连接十几万个分布式用户，可同时激活上千个活动线程，对大型分布式应用系统尤为适用。

2．Oracle

Oracle 前身叫 SDL，由拉里·埃里森（Larry Ellison）和另两个编程人员在 1977 年创办。Oracle 公司是最早开发关系数据库的厂商之一，其产品支持最广泛的操作系统平台。Oracle 7.X 以来引入了共享 SQL 和多线索服务器体系结构；在低档软硬件平台上用较少的资源就可以支持更多的用户，而在高档平台上可以支持成百上千个用户；提供了基于角色分工的安全保密管理；支持大量多媒体数据，如二进制图形、声音、动画以及多维数据结构等；提供了与第三代高级语言的接口软件 PRO*系列，能在 C、C++等主语言中嵌入 SQL 语句及过程化（PL/SQL）语句，对数据库中的数据进行操纵；提供了新的分布式数据库能力；可通过网络较方便地读/写远端数据库里的数据，并有对称复制的技术。

3．Informix

Informix 在 1980 年成立，目的是为 UNIX 等开放操作系统提供专业的关系型数据库产品。公司的名称 Informix 便是取自 Information 和 UNIX 的结合。Informix 第一个真正支持 SQL 的关系数据库产品是 Informix SE（StandardEngine）。InformixSE 是在当时的微机 UNIX 环境下主要的数据库产品。它也是第一个被移植到 Linux 上的商业数据库产品。

4．Sybase

Sybase 公司成立于 1984 年，公司名称 Sybase 取自 system 和 database 相结合的含义。Sybase 首先提出 Client/Server 数据库体系结构的思想，并率先在 Sybase SQL Server 中实现。它是一种典型的 UNIX 或 Windows NT 平台上客户机/服务器环境下的大型数据库系统。

5．SQL Server

SQL Server 是 Microsoft 公司开发和推广的关系数据库管理系统（DBMS），采用客户机/服务器体系结构、图形化界面；具有丰富的编程接口工具，为用户进行程序设计提供了更大的选择余地；它与 Windows NT 完全集成；具有很好的伸缩性；提供数据仓库功能。历经 2000、2008、2012、2014、2016 各版本的持续进化，于 2017 年正式发布了最新版本 SQL Server 2017，该版本与之前的版本相比，具有跨平台、图数据处理、数据库内机器学习、自适应查询处理等特点。

6．PostgreSQL

PostgreSQL 是一种特性非常齐全的自由软件的对象—关系型数据库管理系统，它的很多特性是当今许多商业数据库的前身。PostgreSQL 最早开始于 BSD 的 Ingres 项目。PostgreSQL 支持大部分 SQL 标准并且提供了许多其他现代特性：复杂查询、外键、触发器、视图、事务完整性、多版本并发控制。同样，PostgreSQL 可以用许多方法扩展，比如，通过增加新的数据类型、函数、操作符、聚集函数、索引方法、过程语言。

7．MySQL

MySQL 是一个小型关系型数据库管理系统，开发者为瑞典 MySQL AB 公司。目前 MySQL 被广泛地应用在 Internet 的中小型网站中。由于其体积小、速度快、总体拥有成本低，尤其是开放源码这一特点，许多中小型网站为了降低网站总体拥有成本而选择了 MySQL 作为网站数据库。

8．Access 数据库

美国 Microsoft 公司于 1994 年推出的微机数据库管理系统。它具有界面友好、易学易用、开发简单、接口灵活等特点，是典型的新一代桌面数据库管理系统。Access 主要适用于中小型应用系统，或作为客户机/服务器系统中的客户端数据库。

9．FoxPro 数据库

FoxPro 最初由美国 Fox 公司于 1988 年推出，1992 年 Fox 公司被 Microsoft 公司收购后，相继推出了 FoxPro 2.5、2.6 和 Visual FoxPro 等版本，其功能和性能有了较大的提高。FoxPro 2.5、2.6 分为 DOS 和 Windows 两种版本，分别运行于 DOS 和 Windows 环境下。FoxPro 比 FoxBASE 在功能和性能上又有了很大的改进，主要是引入了窗口、按钮、列表框和文本框等控件，进一步提高了系统的开发能力。

5.4 数据通信与网络

信息社会的基础是计算机网络，计算机网络使得信息的收集、存储、加工和传播成为了一个有机的整体。信息的存储与处理涉及计算机技术，信息的传播则涉及通信技术，故计算机网络是适应信息共享和信息传递的要求而发展起来的。计算机网络是集计算机、通信、多媒体、管理等学科知识于一身的综合性学科，是信息社会的物质和技术基础。

5.4.1　数据通信的基础知识

数据通信是依照一定的通信协议，利用数据传输技术在两个终端之间传递数据信息的一种通信方式和通信业务。它可实现计算机和计算机、计算机和终端及终端和终端之间的数据信息传递，是继电报、电话业务之后的第三种最大的通信业务。

1．常用术语

信息是客观事物的属性和相互联系特性的表现，它反映了客观事物的存在形式或运动状态。

数据是信息的载体，是信息的表现形式，它们可以是数字、文字、语音、图形和图像。数据可分为模拟数据和数字数据。模拟数据取连续值，数字数据取离散值。

信号是数据在传输过程中的具体物理表示形式，也即数据的电磁波表示形式。数据在被传送之前，要变成适合于传输的电磁信号——模拟信号或者数字信号。

信道即信号的通道，它是任何通信系统中最基本的组成部分。通常，信道有狭义和广义两种定义。狭义信道是指传输信号的物理传输介质。这种定义虽然直观，但范围显得很狭窄。广义信道是指通信信号经过的整个途径，它包括各种类型的传输介质和中间相关的通信设备等。

信道也可分成传送模拟信号的模拟信道和传送数字信号的数字信道两大类。数字信号在经过数模变换后就可以在模拟信道上传送，而模拟信号在经过模数转换后也可以在数字信道上传送。

2．模拟信号和数字信号

通过系统传输的信号一般有模拟信号和数字信号两种表达方式。

模拟信号是一个随时间连续变化的物理量，即在时间特性上幅度（信号强度）的取值是连续的，一般用连续变化的电压表示。传统的电话机送话器输出的语音信号、电视摄像机产生的图像信号及广播电视信号等都是模拟信号。

数字信号是离散信号，即在时间特性上幅度的取值是有限的离散值，一般用脉冲序列来表示。如计算机通信所用的二进制代码 0 和 1 组成的信号。数字信号比模拟信号可靠性高，而且比较容易存储、处理和传输。

3．数据传输的方式

数据传输的基本方式有串行传输和并行传输两种。在绝大多数的网络中，特别是涉及远距离传输的通信网络，数据的传输一般是串行，而并行通信用于较低距离的数据传输。

在串行传输中，信息中的所有数据位沿着一条通信线路一位一位地传输，而并行传输却是一次传输一个字节，字节中的每一位都占有一段独立的线路。并行传输时，数据中多个数据位同时在两个设备中传输，发送设备将这些数据位通过对应的数据线传送给接收设备，还可附加一位校验位。接收设备可同时接收到这些数据，而且无须变换就可以直接使用。

并行传输要比串行传输的速度快得多，但是因为并行传输需要一条由多根电线组成的电缆，而不是单个一根电线，所以它的电缆造价比较昂贵。因此，并行传输通常只限于短途传送，如计算机到打印机的信息传递。

4．数据传送的方向

串行通信中，数据通常是在两个站之间进行传送。按照数据传送的方向，可分为单工和双工两种方式，而双工方式又可分为半双工和全双工方式。

（1）单工（Simplex）通信方式

在接收器和发送器之间有一条传输线，只能进行单一方向的传输，这种传送方式称为单工方式。无线电广播和电视广播都是单工传送的例子。

（2）半双工（Half-Duplex，HDX）通信方式

使用同一条传输线既作为输入又作为输出时，虽然数据可以在两个方向上传送，但通信双方不能同时发送和接收数据，这种传送方式称为半双工方式。航空和航海无线电台及对讲机等都是以这种方式通信的。这种方式比单工通信设备昂贵，但比全双工便宜。在要求不很高的场合，多采用这种通信方式。

（3）全双工（Full-Duplex，FDX）通信方式

数据的接收和发送分流，分别由不同的传输线传送时，通信双方都能在同一时刻进行发送和接收数据，这种传送方式称为全双工方式。现代的电话通信都是采用这种方式。其要求通信双方都有发送和接收设备，而且要求信道能提供双向传输的双倍带宽，所以全双工通信设备较昂贵。

5．信号的传输方式

信号的传输方式有基带传输、频带传输和宽带传输三种方式。

（1）基带传输

基带传输指按照它们的原样进行传输。把矩形脉冲信号的固有频带称为基带，把矩形脉冲信号称为基带信号。在数据通信信道上直接传输数据基带信号的通信方式称为基带传输。发送端要通过编码器将信源的数据变换为直接传输的数字基带信号，在接收端通过译码进行解码，恢复发送端的原始数据。

基带传输的优点是无须调制就可以传送数字信号，从而简化了通信处理过程，提高了传输速度。基带传输不适合远距离传输。

（2）频带传输

频带传输是利用它们调制载荷的高频载波信号进行传输。根据载波信号的不同又可分为模拟传输和数字传输。频带传输将数字信号调制成模拟信号后再发送和传输，到达接收端时再把音频信号解调成原来的数字信号。频带传输需要使用调制解调器。

（3）宽带传输

宽带是指比音频更宽的频带，包括大部分电磁波频谱，利用宽带进行的数据传输称为宽带传输。宽带传输可容纳全部的广播信号，可以把声音、图像及数据等信息综合到一个物理信道进行高速数据传输，采用频分多路复用的形式进行数据传输。宽带传输优点是传输距离远，可达几十千米，技术复杂，传输系统的成本相对较高。

6．传输媒体

传输媒体也称传输介质或传输媒介，它是数据传输系统中在发射器和接收器之间的物理通路。传输媒体可分为两大类，即导向传输媒体和非导向传输媒体。在导向传输媒体中，电磁波被导向沿着固体媒体（光纤）传播，而非导向传输媒体就是指自由空间，在非导向传输媒体中，电磁波的传输常称为无线传播。

（1）导向传输媒体

① 双绞线。它是最古老但又是最常用的传输媒体。把两根互相绝缘的铜导线并排放在一起，然后用规则的方法绞合起来就构成了双绞线。绞合可减少对相邻导线的电磁干扰。使用双绞线最多的地方是电话系统。几乎所有的电话都用双绞线链接到电话交换机。

② 同轴电缆。由内导体铜制芯线（单股是新线或多股绞合线）、绝缘层、网状编织的外导体屏蔽层（也可以是单股的）以及保护塑料外层组成。由于外导体屏蔽层的作用，同轴电缆具有很好的抗干扰特性，被广泛用于传输较高速率的数据。

③ 光缆。光导纤维电缆，由一捆纤维组成。光纤是光缆的核心部分，是光纤通信的传输媒体。在发送端可以采用发光二极管或半导体激光器，它们在电脉冲的作用下能产生出光脉冲。在接收端利用光电二极管做成光检测器，在检测到光脉冲时可还原成电脉冲。

（2）非导向传输媒体

非导向传输媒体就是指自由空间，利用无线电波在自由空间的传播可以较快地实现多种通信。在非导向传输媒体中电磁波的传输常称为无线传输，利用无线信道进行信息传输是在运动中通信的唯一手段，所以最近十几年无线电通信发展得特别快。

无线传输可使用的频段很广，人们现在已经利用了好几个波段进行通信。常用的有短波（3～30 MHz）通信和微波（300 MHz～3 THz）通信。

① 短波通信。短波通信（即高频通信）主要是靠电离层的反射。但电离层的不稳定所产生的衰落现象和电离层反射所产生的多径效应，使得短波信道的通信质量较差。因此，当必须使用短波无线电台传送数据时，一般都是低速传输，即速率为一个标准模拟话路传几十至几百比特/秒。只有在采用复杂的调制解调技术后，才能使数据的传输速率达到几千比特/秒。

② 无线电微波通信。在数据通信中占有重要地位。微波在空间主要是直线传播，由于微波会穿透电离层而进入宇宙空间，因此它不像短波那样可以经电离层反射传播到地面上很远的地方。传统的微波通信主要有两种方式：地面微波接力通信和卫星通信。

7. 量子通信

量子通信是指利用量子纠缠效应进行信息传递的一种新型的通信方式，是近 20 年发展起来的新型交叉学科，是量子论和信息论相结合的新的研究领域。量子通信主要包括量子密钥分发（Quantum Key Distribution，QKD）、量子安全直接通信（Quantum Secure Direct Communication，QSDC）、量子机密共享（Quantum Secret Sharing，QSS）、量子认证（Quantum Identification）和量子比特承诺（Quantum Bit Commitment）等。与经典通信相比，量子通信具有绝对安全和高效率等特点。

① 安全性。量子通信绝对安全。其一，量子加密的密钥是随机的，即使被窃取者截获，也无法得到正确的密钥，因此无法破解信息；其二，分别在通信双方手中具有纠缠态的两个粒子，其中一个粒子的量子态发生变化，另外一方的量子态就会随之立刻变化，并且根据量子理论，宏观的任何观察和干扰，都会立刻改变量子态，引起其坍塌，因此窃取者由于干扰而得到的信息已经破坏，并非原有信息。

② 高效率。被传输的未知量子态在被测量之前会处于纠缠态，即同时代表多个状态，例如一个量子态可以同时表示 0 和 1 两个数字，7 个这样的量子态就可以同时表示 128 个状态或 128 个数字。量子通信的这样一次传输，就相当于经典通信方式的 128 次，如果传输带宽是 64 位或者更高，那么效率之差将是惊人的。

量子通信在国家科技竞争、新兴产业培育、国防和经济建设等领域具有重要的战略意义。我国在量子通信领域已取得一批重要成果：

2016 年 8 月，我国成功发射全球首颗量子卫星"墨子号"，并完成多项科学实验目标。

2016 年 11 月，量子保密通信主干网"京沪干线"顺利开通。

2017 年 6 月，在中国通信标准化协会成立量子通信与信息技术特设任务组，启动了国家标准的研究工作。

未来，量子通信有望成为保障国家战略安全和支撑国民经济可持续发展的重要支撑点之一，应用前景广阔，市场规模巨大。

5.4.2　计算机网络的基础知识

计算机网络是计算机技术和通信技术相结合的产物，随着社会对信息共享和信息传递日益增长的需求而发展起来。

1．计算机网络的定义

计算机网络是指将分布在不同的地理位置上，且具有独立功能的若干台计算机及其外围设备，通过通信设备和线路连接起来，在网络操作系统、网络管理软件及网络通信协议的管理和协调下，实现资源共享和信息传递的计算机系统。

2．计算机网络的产生和发展

计算机网络从产生到发展，大致可分为以下四个阶段。

（1）面向终端的计算机网络

面向终端的计算机网络是具有通信功能的主机系统，即联机系统。系统中将一台计算机经过通信线路与若干台终端直接相连，计算机处于主控地位，承担着数据处理和通信控制的工作，而终端一般只具备输入/输出功能，处于从属地位。

（2）分组交换网

分组交换是以分组为单位进行传输和交换，它是一种存储—转发的交换方式，即将到达交换机的分组先送到存储器暂时存储和处理，等到相应的输出电路有空闲时再发送出去。采用分组交换技术，以通信子网为中心，主机和终端构成用户资源子网，实现资源共享，如图 5-21 所示。

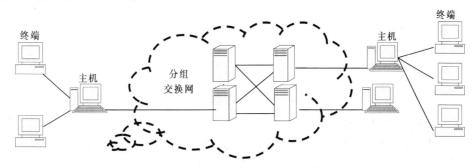

图 5-21　分组交换网

（3）体系结构标准化的计算机网络

由于相对独立的网络产品难以实现互联，1984年由国际标准化组织（ISO）颁布了开放系统互连参考模型（Open System Interconnection/Reference Model，OSI/RM）。OSI标准确保了各厂家生产的计算机和网络产品之间的互连，推动了网络技术的应用和发展。

（4）Internet时代

20世纪90年代，计算机网络发展成为了全球互连、高速传输的因特网，它起源于 ARPANET（阿帕网，美国国防部的高级研究计划局网）。1983年，因特网工程小组提出的 TCP/IP（传输控制协议/网际协议）被批准为美国军方的网络互连协议。1984年，美国国家科学基金会（National Science Foundation，NSF，United States）决定将教育科研网 NSFNET 与 ARPANET、MILNET（军用网）合并，运行 TCP/IP 协议，并命名为 Internet（因特网）。Internet 的发展对全世界的经济、科学、文化等领域的发展都有深刻的影响。

3．计算机网络的分类和拓扑结构

计算机网络有很多种分类的方法，按所覆盖的地域范围分类，可以分为局域网（Local Area Network，LAN）、城域网（Metropolitan Area Network，MAN）和广域网（Wide Area Network，WAN）；按采用的交换技术划分，可以分为电路交换网、分组交换网、信元交换网；按用途划分，可以分为专用网、公用网、DDN网和X.25网。

网络的拓扑结构用于描述网络结点和链路所构成的网络几何图形。网络中的各种设备称为网络结点，在两个结点之间传输信号的线路称为链路。网络的基本拓扑结构有总线结构、星形结构、环形结构、树形结构、网状结构，如图5-22所示。

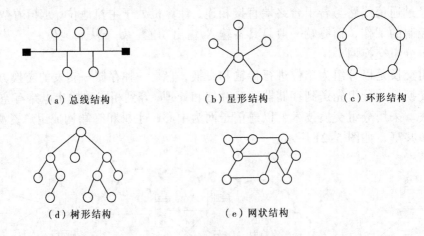

（a）总线结构　　（b）星形结构　　（c）环形结构

（d）树形结构　　　　（e）网状结构

图 5-22　网络的基本拓扑结构

4．计算机网络体系结构

计算机网络体系结构是指系统各组成部分及其之间的相互联系。为了完成计算机之间的通信合作，把计算机通信系统的功能划分成定义明确的层次，并固定同层次的进程、通信的协议及相邻层次之间的接口及服务。层次进程、通信协议及相邻接口统称为网络体系结构。

（1）OSI 参考模型

OSI 开放系统互连参考模型将整个网络的通信功能划分为七个层次，每个层次完成不同的功能。这七层由低层到高层分别为：物理层、数据链路层、网络层、传输层、会话层、表示层和应用层。当网络上的计算机需要发送数据时，就将发送的数据下传一层，再加上该层的标识（俗称打包），这样逐层下传，直到物理层，物理层通过网络硬件设备将数据通过传输介质发送给对方。对方接收到数据时，将数据进行反向拆开，然后逐层上传，直到应用层。数据传输过程如图 5-23 所示。

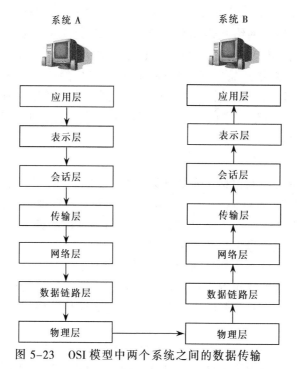

图 5-23　OSI 模型中两个系统之间的数据传输

① 物理层（Physical Layer）。物理层的主要功能是利用物理传输介质为数据链路层提供物理连接，在连接各种计算机的传输媒体上传输数据的比特流。硬件上出问题会影响物理层，例如，网线断开、网卡松动等。

② 数据链路层（Data Link Layer）。数据链路层控制网络层与物理层之间的通信，主要功能是将网络层接收到的数据分割成特定的可被物理层传输的帧。采用差错控制和流量控制的方法，确保帧无差错地到达。

③ 网络层（Network Layer）。网络层的主要任务是网络地址翻译，并决定如何将数据由最适合的路径从发送方路由到接收方。网络层可以实现路由选择、拥塞控制与网络互连等功能。

④ 传输层（Transport Layer）。传输层的主要任务是确保数据可靠、顺序、无错地从发送方传输到接收方，它向高层屏蔽下层数据通信细节，可以说是计算机通信体系结构中最关键的一层。

⑤ 会话层（Session Layer）。会话层的主要任务是负责网络中的两结点之间建立和维护通信，如保持会话过程通信连接的畅通与同步，决定通信是否被中断及中断后

从何处重新发送。

⑥ 表示层（Presentation Layer）。表示层主要用于处理两个通信系统中交换数据信息的表示方式。它包括数据格式变换、数据加密和解密、数据压缩与恢复等功能。

⑦ 应用层（Application Layer）。应用层是 OSI 参考模型中的最高层。它负责对软件提供接口以使程序能使用网络服务，主要服务包括文件传输、文件管理及电子邮件的信息处理。

（2）TCP/IP 的体系结构

传输控制协议/网际协议（Transmission Control Protocol/Internet Protocol，TCP/IP）是一个使用非常普遍的网络互连标准协议。TCP/IP 是 DARPA（美国国防部的高级研究计划局）为实现 ARPANET 而开发的，也是众多大学及研究所多年研究及商业化的结果。目前，众多的网络产品厂家都支持 TCP/IP，它已经成为一个事实上的工业标准。

TCP/IP 参考模型共有四层：网络接口层、网际层、传输层和应用层。TCP/IP 的层次结构与 OSI/RM 的对应层在功能上虽然不能完全对应，但在概念上是相似的。

5．计算机网络互连硬件

（1）物理层网络设备

物理层设备主要功能包括设备的物理连接与电信号匹配，完成比特流的传输。

① 调制解调器（Modem）。调制解调器是一种信号转换设备。它在发送数字信号时，将基带数字信号的波形转换成适合于模拟信道传输的波形；接收时，将经过调制器变换所形成的模拟信号恢复成原来的数字信号。

按通信接入技术分类，Modem 有以下几种类型：

- Modem。一般指音频 Modem，它利用公用电话网络进行网络通信。最高传输速率为 56 kbit/s。由于电话线是普及率最高的通信线路，因此它的使用环境要求最低。
- ADSL Modem（非对称数字用户环路调制解调器）。它利用电话线路进行网络通信，最高传输速率为 8 Mbit/s，是城市个人用户广泛使用的一种网络接入设备。由于需要对电信公司设备进行改造，因此对使用环境有一定要求。
- Cable Modem（电缆调制解调器）。它用于利用有线电视进行网络数据传输。最高传输速率为 10 Mbit/s，是城市个人用户使用的一种网络接入设备。
- 基带 Modem。主要用于企业计算机网络，常用于连接企业本地路由器与远程路由器。

② 中继器（Repeater）。中继器是一种信号放大和整形的网络设备。信号在网络中传输时，因为线材本身的阻抗会使信号越来越弱，导致信号衰减失真，当网线长度超过使用距离时，信号就会衰减到无法识别的程度。中继器的主要功能就是将收到的信号重新整理，使其恢复原来的波形和强度，然后继续传送下去，这样信号就会传输得更远。

③ 集线器（Hub）。集线器是一种将多台计算机连接在一起，从而构成一个计算机局域网的网络互连设备。集线器实际上是一个多端口中继器，它采用共享宽带的方式进行数据传输。集线器只对数据的传输起到同步、放大和整形的作用，而对数据传输中的缺帧、碎片等现象无法进行有效处理，因此不能保证数据传输的完整性和正确性。

集线器主要用于小型局域网，产品有 10 Mbit/s、100 Mbit/s 等几种。集线器一般有 4、8、16、24 等数量的 RJ-45 接口，通过这些接口连接到计算机或网络交换机中。集线器最大的优点是价格便宜，它的不足主要有：用户共享网络宽带；以广播的方式传输数据，易造成网络风暴。

（2）数据链路层网络设备

① 网卡（Network Interface Card，NIC）。网卡是数据链路层的网络互连设备，在个人计算机中，一般在主板上已经集成了网卡，因此不需要单独安装网卡。在服务器、路由器、防火墙等设备中，往往有多个网卡。

② 网桥（Bridge）。网桥是一种数据链路层设备，主要用于连接两个同构的相互独立的计算机网络。这里的同构主要是指网络的拓扑结构相同、网络协议相同；相互独立的计算机网络指连接在不同的二层交换设备中的网络。网桥的主要功能是进行数据帧转发、数据帧过滤和路径学习。

③ 交换机是以太网交换机从网桥发展而来，我国通信行业标准 YD/T 1099—2013《以太网交换机技术要求》中，对以太网交换机的定义是支持以太网接口的多端口网桥。交换机通常使用硬件实现过滤、学习和转发数据帧。交换机产品有以太网交换机、ATM 网交换机、电话网程控交换机等。计算机网络主要采用以太网交换机。

（3）网络层网络设备

① 网关（Gateway）。网关主要用于连接两个异构的相互独立的网络，早期也将路由器称为网关。网关可以工作在网络模型的不同层次，但目前常见的网关是路由器。目前，在局域网中，很少单独使用网关产品，一般采用路由器作为网关。

② 路由器（Router）。路由器通过转发数据包实现网络互连，其主要功能包括网络连接（可以连接两个相同或不同的网络）、通信协议转换、数据包转发、管理控制（包括 SNMP 代理、Telnet 服务器、本地管理、远端监控和 RMON 管理、地址分配等功能）和安全（数据包过滤、地址转换、访问控制、数据加密、防火墙等功能）。

（4）其他层网络设备

① 防火墙（Firewall）。防火墙是外部网络与内部网络之间的一个安全网关。防火墙是一种形象的说法，其实它是计算机硬件和软件的组合。它在企业内部网络与因特网之间建立起一个安全的屏障，从而保护内部网络免受非法用户的侵入。它可以工作在网络的各个层次，如工作在应用层的软件防火墙，以及工作在传输层和网络层的硬件防火墙。

② 网络服务器。服务器在网络中有两种，一种是指提供某种网络服务的系统软件，如常用的 DNS 服务器、Web 服务器、FTP 服务器等；另一种是指运行某种网络服务软件的计算机。与防火墙一样，服务器也可以工作在网络的各个层次。

6．计算机网络的功能

计算机网络有很多用途，其中最重要的三个功能是数据通信、资源共享、分布式处理。

（1）数据通信

数据通信是计算机网络最基本的功能。它用来快速传送计算机与终端、计算机与计算机之间的各种信息，包括文字信件、新闻消息、咨询信息、图片资料、报纸版面等。利用这一特点，可实现将分散在各个地区的单位或部门用计算机网络联系起来，进行统一的调配、控制和管理。

（2）资源共享

"资源"是指网络中的所有软硬件资源。"共享"是指网络中的用户都能够部分或全部地享受这些资源。资源共享是指网络上的计算机不仅可以使用自身的资源，而且可以共享网络上的资源。其增强了网络上计算机的处理能力，提高了计算机软硬件的利用率。

（3）分布式处理

一项复杂的任务可以划分成许多部分，由网络内各计算机分别协作并行完成有关部分，使整个系统的性能大为增强。

5.4.3 因特网

因特网（Internet）即国际计算机互联网络，它将全世界不同国家、不同地区、不同部门和机构的不同类型的计算机及国家主干网、广域网、城域网、局域网通过网络互连设备"永久性"地高速互连，因此是一个"计算机网络的网络"。

1．因特网的发展历程

1969年，美军在 ARPANET（阿帕网，美国国防部研究计划署）制定的协定下，将美国西南部的大学 UCLA（加利福尼亚大学洛杉矶分校）、Stanford ResearchInstitute（斯坦福大学研究学院）、UCSB（加利福尼亚大学）和 University of Utah（犹他大学）的四台主要的计算机连接起来，这个协定由剑桥大学的 BBN 和 MA 执行，于1969年12月开始联机。因特网最初设计是为了能提供一个通信网络，即使一些地点被核武器摧毁也能正常工作。如果大部分的直接通道不通，路由器就会指引通信信息经由中间路由器在网络中传播。1983年，美国国防部将阿帕网分为军网和民网，渐渐扩大为今天的因特网，之后有越来越多的公司加入。

我国于1994年4月正式接入 Internet，从此中国的网络建设进入了大规模发展阶段。到1996年初，中国的 Internet 已形成了中国科技网（CSTNET）、中国教育和科研计算机网（CERNET）、中国公用计算机互联网（CNINANET）和中国金桥信息网（CHINABN）四大具有国际出口的网络体系。

2．因特网的接入方式

（1）PSTN 拨号（Public Switched Telephone Network，公用电话网）

一般称拨号上网，个人用户可以通过公用电话网接入因特网，这种接入方法最大传输速率可达 56 kbit/s，能满足话音通信和最低速数据传输的要求。对于用户连接简单，只需要有一条电话线，一台计算机和一台调制解调器就可以将计算机接入互联网。上网时只要输入特定的电话号码（如 16300、16900 等），就可以通过电信运营商的网络接入因特网，一般按小时计费。

（2）ADSL（Asymmetrical Digital Subscriber Loop，非对称数字用户环路）

ADSL 是利用现有的电话线，以上、下行不对称的传输速率接入因特网，上行（从用户到网络服务商）为低速传输，一般为 1 Mbit/s；下行（从网络服务商到用户）为高速传输，传输速率可达 8 Mbit/s。目前可提供虚拟拨号接入和专线接入两种接入方式。这种方式接入时，用户可以同时打电话和上网，它们之间相互没有影响。对用户来说，需要一台计算机和一台 ADSL Modem。

（3）ISDN（Integrated Services Digital Network，综合业务数字网）

ISDN 通过普通的铜缆以更高的速率和质量传输语音和数据。因为 ISDN 是全部数字化的电路，所以它能够提供稳定的数据服务和连接速度，不像模拟线路那样对干扰比较明显。在数字线路上更容易开展更多的模拟线路无法或者比较困难保证质量的数字信息业务。例如，除了基本的打电话功能之外，还能提供视频、图像与数据服务。

ISDN 的组成部件包括用户终端、终端适配器、网络终端等设备。ISDN 的用户终端主要分为类型 1 和类型 2 两种。其中类型 1 终端设备（TE1）是 ISDN 标准的终端设备，通过四芯的双绞线数字链路与 ISDN 连接，如数字电话机和四类传真机等；类型 2 终端设备（TE2）是非 ISDN 标准的终端设备，必须通过终端适配器才能与 ISDN 连接。如果 TE2 是独立设备，则它与终端适配器的连接必须经过标准的物理接口，如 RS232C、V.24 和 V.35 等。

（4）DDN 专线（Digital Data Network，数字数据网）

DDN 专线接入向用户提供的是永久性的数字连接，沿途不进行复杂的软件处理，因此延时较短，避免了传统的分组网中传输协议复杂、传输时延长且不固定的缺点。它既可用于计算机之间的通信，也可用于传送数字化传真、数字话音、数字图像信号或其他数字化信号。

用户终端设备接入方式有以下几种：

① 通过调制解调器接入。

② 通过 DDN 的数据终端设备接入。

③ 通过用户集中器接入。

④ 通过模拟电路接入。

⑤ 通过数字电路接入。

（5）光纤接入

光纤接入网是指接入网中传输媒介为光纤的接入网。接入时，首先要在客户端使用普通的路由器串行接口与客户端光纤 Modem 相连；然后，客户端光纤 Modem 通过光纤直接与离客户端最近的城域网结点的光纤 Modem 相连；最后通过 ISP 公司的骨干网出口接入 Internet。光纤接入能够确保向用户提供 10 Mbit/s、100 Mbit/s、1 000 Mbit/s 的高速带宽，主要适用于商业集团用户和智能化小区局域网的高速接入 Internet 高速互连。

（6）无线接入

无线接入是利用微波、卫星等无线传输技术将用户终端接入到业务结点，为用户提供各种业务的通信方式。典型的无线接入系统主要由控制器、操作维护中心、基站、固定用户单元和移动终端等几个部分组成。

常见的无线接入方式包括：

① 4G 网络有联通和电信的 FDD-LTE（FDMA）、移动的 TDD-LTE（OFDM）。3G 网络有中国电信的 CDMA2000、联通的 WCDMA、移动的 TD-SCDMA。2G 网络目前处

于淘汰边缘，仍有部分用户使用，但速度较慢（移动的 GPRS/EDGE、电信的 CDMA1X、联通的 GPRS/EDGE）。

② 带 Wi-Fi 功能的智能手机，在检测到 Chinanet 的 WLAN 信号，通过账号认证方式上网。

③ 计算机连接手机（用连接线/蓝牙），把手机当作 Modem 拨号，计算机上网。

④ 在有线宽带上安装无线路由器（或称无线 AP），计算机或手机通过无线 AP 的 Wi-Fi 信号上网。

3．因特网的基本服务

（1）WWW 服务

WWW（World Wide Web）被译为全球信息网、万维网，简写为 Web。它以超文本置标语言（HTML）与超文本传输协议（HTTP）为基础，能够以友好的接口提供 Internet 信息查询服务。它把分散在世界各地服务器上的文本、图像、音频和视频资料等信息资源有机地结合在一起，组成 Web 网页，通过超链接在互联网上构成一个巨大的逻辑网络。

WWW 系统采用客户机/服务器工作模式，信息资源以页面的形式存储在服务器中，这些页面采用超文本方式对信息进行组织，通过链接将一页信息链接到另一页信息，这些相互链接的页面可以放在同一台主机上也可放在不同的主机上。页面的链接信息由统一资源定位符（Uniform Resource Locator，URL）维持，用户通过浏览器向 WWW 服务器发出请求，服务器根据客户端的请求内容将保存在服务器中的某个页面发送给客户端，浏览器接收到页面后对其进行解释，最终将图、文、声并茂的页面展示给用户，如图 5-24 所示。

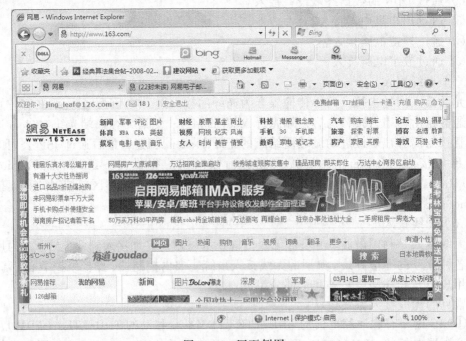

图 5-24　网页例图

（2）电子邮件服务

电子邮件（E-mail）是一种利用计算机网络交换电子信件的通信手段。其使用方便、快捷，不仅可以传递文字信息，还可以传递图像、声音、动画等多媒体信息。使用电子邮件时，用户必须拥有自己的电子邮箱，一般也称电子邮件地址。它是由提供电子邮件服务的机构为用户建立的，实际上是该机构在与互联网连接的计算机上为用户分配了一个专门用于存放来往邮件的磁盘存储区域。电子邮件地址格式为：用户名@邮箱所在主机的域名。用户名是用户在向电子邮件服务器注册时获得的，例如，aa@163.com 就是一个用户的电子邮件地址，它表示 163 邮件服务器上用户 aa 的电子邮件地址。

（3）文件传输

文件传输服务允许 Internet 上的用户将一台计算机上的文件传送到另一台计算机上。文件传输服务由文件传输协议（File Transfer Protocol，FTP）支持。FTP 采用客户机/服务器工作方式，用户计算机称为 FTP 客户，远程提供 FTP 服务的计算机称为 FTP 服务器。FTP 服务是一种实时联机服务，用户在访问 FTP 服务器之前需要进行注册。不过，Internet 上大多数 FTP 服务器支持匿名服务，即以 anonymous 作为用户名，以任何字符串或电子邮件的地址作为口令登录。当然匿名 FTP 服务受到很大限制，匿名用户一般只能获取文件，不能在服务器上建立文件或修改已存在的文件。利用 FTP 传输文件的方式主要有三种：FTP 命令行、浏览器和 FTP 下载工具。

（4）远程登录

远程登录是指在远程登录协议 Telnet 的支持下，用户计算机通过 Internet 暂时成为远程计算机的终端，即远程计算机为服务器。用户在使用远程服务时，前提是远程计算机开启 Telnet 服务，然后在本地计算机上向远程计算机提供自己的账号和口令，使自己成为该服务器管理下的用户，以便实时使用该远程计算机对外开放的各种软硬件资源。例如，国内外许多大学图书馆通过 Telnet 对外提供联机检索服务。

（5）即时通信服务

即时通信服务可以在互联网上进行即时的文字信息、语音信息、视频信息、电子白板等方式的交流，还可以传输各种文件。在个人用户和企业用户的网络服务中，即时通信起到了越来越重要的作用。即时通信软件分为服务器软件和客户端软件，用户只需要安装客户端软件。即时通信的软件有很多，常用的客户端软件主要有我国腾讯公司的 QQ 和美国 Microsoft 公司的 MSN。

4．互联网+

"互联网+"代表着一种新的经济形态，它指依托互联网信息技术实现互联网与传统产业的联合，以优化生产要素、更新业务体系、重构商业模式等途径来完成经济转型和升级。目的在于充分发挥互联网的优势，将互联网与传统产业深入融合，提升实体经济的创新力和生产力，形成更广泛的以互联网为基础设施和实现工具的经济发展新形态。

（1）基本内涵

"互联网+"被认为是创新 2.0 下的互联网发展新形态、新业态，是知识社会创新 2.0 推动下的经济社会发展新形态演进。

通俗来说，"互联网+"就是"互联网+各个传统行业"，但这并不是简单的两者相加，而是利用信息通信技术以及互联网平台，让互联网与传统行业进行深度融合，创造新的发展生态，如图 5-25 所示。

图 5-25　互联网与传统行业融合

（2）实际应用

目前，互联网已融入社会生活的方方面面，且深刻改变着人们的生产和生活方式，ofo 小黄车是新兴"互联网+"模式的典型代表。ofo 是一个无桩共享单车出行平台，缔造了"无桩单车共享"模式，致力于解决城市出行问题。用户只需在微信服务号或 App 上输入车牌号，即可获得密码解锁用车，也可以将自己的单车共享到 ofo 共享平台，获得所有 ofo 小黄车的终身免费使用权，以一换多。

5.4.4　物联网

物联网（Internet of Things，IoT，又称 Web of Things）是新一代信息技术的重要组成部分。物联网被视为互联网的应用扩展，应用创新是物联网发展的核心，以用户体验为核心的创新是物联网发展的灵魂。

1．物联网的基本概念

物联网的概念首先由麻省理工学院（MIT）的自动识别实验室在 1999 年提出。国际电信联盟（ITU）从 1997 年开始每年出版一本世界互联网发展年度报告，在 2005 年度报告的题目即为《物联网》。在 2005 年突尼斯举行的信息社会世界峰会上提出了"物联网时代"的构想。

物联网就是"物物相连的互联网"，通过互联网实现物与物之间的信息交互。主要有两层意思：

① 物联网的核心和基础仍然是互联网，是在互联网基础上的延伸和扩展的网络。

② 其用户端延伸和扩展到了任何物体与物体之间，进行信息交换和通信。

因此，物联网就是通过射频识别（Radio Frequency Identification RFID）、红外感

应器、全球定位系统、激光扫描器等信息传感设备，按约定的协议，把任何物体与互联网相连接，进行信息交换和通信，以实现对物体的智能化识别、定位、跟踪、监控和管理的一种网络。图 5-26 所示为物联网示意图。

2. 物联网技术体系结构

从物联网技术体系结构角度分析物联网，可将支持物联网的技术分为四个层次：感知技术、传输技术、支撑技术和应用技术。

（1）感知技术

感知技术是指能够用于物联网底层感知信息的技术。它包括 RFID 技术与 RFID 读/写技术、传感器与传感网络、机器人智能感知技术、遥测遥感技术及 IC 卡与条码技术等。该技术层的主要功能是识别物体，采集信息。

图 5-26　物联网示意图

（2）传输技术

传输技术指能够汇聚感知数据，并实现物联网数据传输的技术。它包括互联网技术、地面无线传输技术及卫星通信技术等。

（3）支撑技术

支撑技术指用于物联网数据处理和利用的技术。它包括云计算与高性能计算技术、智能技术、数据库与数据挖掘技术、GIS/GPS 技术、通信技术及微电子技术等。

（4）应用技术

应用技术指用于直接支持物联网应用系统运行的技术。它包括物联网信息共享交互平台技术、物联网数据存储技术及各种行业物联网应用系统。

3. 基本应用模式

根据物联网实质用途，可以归结为三种基本应用模式。

（1）对象的智能标签

通过二维码、RFID 等技术标识特定的对象，用于区分对象个体。例如，在生活中使用的各种智能卡、条码标签的基本用途就是用来获得对象的识别信息。此外，通过智能标签还可以获得对象物品所包含的扩展信息，例如智能卡上的金额余额，二维码中所包含的网址和名称等。

（2）环境监控和对象跟踪

利用多种类型的传感器和分布广泛的传感器网络，实现对某个对象的实时状态的获取和特定对象行为的监控。例如，使用分布在市区的各个噪声探头监测噪声污染，通过二氧化碳传感器监控大气中二氧化碳的浓度，通过 GPS 标签跟踪车辆位置，通过交通路口的摄像头捕捉实时交通流程等。

（3）对象的智能控制

物联网基于云计算平台和智能网络，可以依据传感器网络用获取的数据进行决策，改变对象的行为进行控制和反馈。例如，根据光线的强弱调整路灯的亮度，根据车辆的流量自动调整红绿灯间隔等。

物联网的价值不是一个可传感的网络，而是必须各个行业参与进来进行应用，不同行业会有不同的应用，也会有各自不同的要求，这些必须根据行业的特点，进行深入的研究和有价值的开发。这些应用开发不能依靠运营商，也不能仅仅依靠所谓物联网企业，因为运营商和技术企业都无法理解行业的要求和这个行业具体的特点。很大程度上，这是非常难的一步，也需要时间来等待。需要一个物联网的体系基本形成，需要一些应用形成示范，更多的传统行业感受到物联网的价值，这样才能有更多企业看清楚物联网的意义，看清楚物联网有可能带来的商业价值，也把自己的应用和业务与物联网结合起来。

4. 物联网应用

物联网已经广泛应用于交通、医疗、家居、环保监测、安防、物流农业、工业等领域，对国民经济与社会发展起到了重要的推动作用。

智能停车场管理系统就是物联网在交通领域的应用，该系统可以实现对车辆自动识别和信息化管理，同时可以统计车辆出入数据，方便管理人员进行调度，有效防止收费漏洞，智能停车场如图 5-27 所示。

智能停车场管理系统由 RFID 标签（每一停车用户配备一张经过注册的 RFID 电子标签，它可安装在车辆前挡风玻璃内适当的位置，该标签内有身份识别代码）、车库出入口的收发天线、读写器（安装在车辆出入口的上方）、由读写器控制启动的摄像机、后台管理平台和内部通信网络构成。

图 5-27　智能停车场

当车辆通过出入口时，RFID 读写器检测到车辆的存在，验证驶来车辆的电子标签身份代码（ID），ID 以微波的形式加载并发射到读写器。读写器中自带的信息库预置了该车主 RFID 电子标签的 ID 码，如果读写器可以确定该标签属于本车场，则车闸迅速自动打开，车辆无须停车便可顺利通过，整个系统响应时间仅 0.9s。

当今在物联网方面做得比较好的国内公司有华为、百度、腾讯、阿里（天猫）、京东等。

例如，针对物联网的系统架构，华为提出 1+2+1 物联网解决方案。1 个开源物联网操作系统 Huawei LiteOS；2 种连接方式，包括有线和无线连接，如敏捷物联网络（物联网关、控制器）、智慧家庭网关和 eLTE/NB-IoT/5G 等方式；1 个统一开放的连接管理平台。

① 在智慧城市上，华为率先提出"一云二网三平台"的智慧城市整体架构解决方案，同时将业务定位于"聚焦 ICT 基础设施。"在"云"上，华为的云数据中心具有分布式架构、开源平台、云产业链各环节能力最全的特点；在"网"上，华为以有线＋无线组成的敏捷网络，构建城市无处不在的宽带；作为 NB-IoT（窄带物联网）标准的引领者，华为为物联网提供业界最轻量级的物联网操作系统 LiteOS，在连接"物"的数量、广度及超低功耗表现上领先业界。

② 华为在传感领域推出自主研发的 Boudica 物联网芯片、IoT-OS 物联操作系统，在大数据平台层提供分布式的数据处理系统 FusionInsight，在提供海量数据的存储、分析和查询能力的同时，支持从数据孤岛向数据融合的演进，通过数据共享与交换 + 大数据集成管理，支撑城市大数据应用，构建智慧城市生态圈。

③ 在智能家居领域，推出 Openlife 系统，目的是在运营商与厂商产品及方案间构建桥梁，打造一个完整的平台。Openlife 在接入方式上极其便利，厂商无须修改硬件，开发一个非常简单的驱动插件即可，同时兼容多种协议，实现家庭网络的全覆盖。

5.4.5　大数据与云计算

随着以博客、社交网络、基于位置的服务 LBS 为代表的新型信息发布方式的不断涌现，以及云计算、物联网等技术的兴起，数据正在以前所未有的速度不断地增长和累积，大数据时代已经到来。

1．大数据的基本概念

大数据（Big data）研究机构 Gartner 给出的定义：大数据是指无法在可承受的时间范围内用常规软件工具进行捕捉、管理和处理的数据集合，是需要新处理模式才能具有更强的决策力、洞察发现力和流程优化能力的海量、高增长率和多样化的信息资产。

大数据的 4V 特点：

第一，数据量巨大（Volume）。从 TB 级别，跃升到 PB 级别，根据著名咨询机构 IDC（Internet Data Center）做出的估测，数据一直都在以每年 50% 的速度增长。

第二，数据类型繁多（Variety）。数据包括网络日志、邮件、微信、微博、视频、音频、地理位置信息等。

第三，处理速度快（Velocity）。1 s 定律，即能从各种类型的数据中快速获得高价值的信息，该速度要求达到秒级响应，这一点和传统的数据挖掘技术有着本质的不同，后者通常不要求达到秒级响应。

第四，价值密度低（Value）。大数据的价值密度远远低于传统关系数据库中的数据，很多有价值的信息都分散在海量数据中。

2．大数据关键技术

大数据技术是大数据处理流程中使用的相关技术，是许多技术的集合体。从大数据分析的角度看，大数据的技术主要包括数据采集与预处理、数据存储与管理、数据处理与分析、数据安全和隐私保护等几个层面的内容，具体如表 5-4 所示。这些技术并非全部都是新生事物，诸如关系型数据库、数据仓库、数据采集等技术是先前的技术，近几年新发展起来的大数据核心技术包括：分布式文件系统、分布式数据库、大规模并行处理、NoSQL 数据库、云数据库、分布式流计算、图计算等。

3．大数据的应用

大数据已经融入各个领域，包括医疗、电信、金融、能源等。表 5-5 所示是大数据在各个领域的应用。

表 5-4　大数据技术的不同层面及其功能

技术层面	功　　能
数据采集	利用 ETL 工具将分布的、异构数据源中的数据如关系数据、平面数据文件等，抽取到临时中间层后进行清洗、转换、集成，最后加载到数据仓库或数据集市中，成为联机分析处理、数据挖掘的基础；或者也可以把实时采集的数据作为流计算系统的输入，进行实时处理分析
数据存储和管理	利用分布式文件系统、数据仓库、关系数据库、NoSQL 数据库、云数据库等，实现对结构化、半结构化和非结构化海量数据的存储和管理
数据处理与分析	利用分布式并行编程模型和计算框架，结合机器学习和数据挖掘算法，实现对海量数据的处理和分析；对分析结果进行可视化呈现，帮助人们更好地理解数据、分析数据
数据隐私和安全	在从大数据中挖掘潜在的巨大商业价值和学术价值的同时，构建隐私数据保护体系和数据安全体系，有效保护个人隐私和数据安全

表 5-5　大数据在各个领域的应用

领域	大数据的应用
制造业	利用工业大数据提升制造业水平，包括产品故障诊断与预测、分析工艺流程、改进生产工艺、优化生产过程能耗、工业供应链分析与优化、生产计划与排程
金融行业	大数据在高频交易、社交情绪分析和信贷风险分析三大金融创新领域发挥重要作用
汽车行业	利用大数据和物联网技术的无人驾驶汽车，在不远的未来将走入人们的日常生活
互联网行业	借助于大数据技术，可以分析客户行为，进行商品推荐和有针对性广告投放
餐饮行业	利用大数据实现餐饮 O2O 模式，彻底改变传统餐饮经营方式
电信行业	利用大数据技术实现客户离网分析，及时掌握客户离网倾向，出台客户挽留措施
能源行业	随着智能电网的发展，电力公司可以掌握海量的用户用电信息，利用大数据技术分析用户用电模式，可以改进电网运行，合理地设计电力需求响应系统，确保电网运行安全
物流行业	利用大数据优化物流网络，提高物流效率，降低物流成本
城市管理	可以利用大数据实现智能交通、环保监测、城市规划和智能安防
生物医学	大数据可以帮助人们实现流行病预测、智慧医疗、健康管理，同时还可以帮助人解读 DNA，了解更多的生命奥秘
体育和娱乐	大数据可以帮助人们训练球队，决定投拍哪种题材的影视作品，以及预测比赛结果
安全领域	政府可以利用大数据技术构建起强大的国家安全保障体系，企业可以利用大数据抵御网络攻击，警察可以借助大数据来预防犯罪
个人生活	大数据还可以应用于个人生活，利用与每个人相关联的"个人大数据"，分析个人生活行为习惯，为其提供更加周到的个性化服务

经典的营销案例啤酒与尿布的故事就是大数据在个人生活中的应用。这是一个发生在美国沃尔玛连锁超市的真实案例。在一次例行的数据分析中，研究人员发现一些年轻的爸爸常到超市去购买婴儿尿布，他们中有 30%～40%的人同时也为自己买一些啤酒。既然尿布和啤酒一起被购买的机会很多，于是沃尔玛就在各个门店将尿布和啤酒摆放在一起，结果尿布和啤酒的销售量双双增加。尿布和啤酒，听起来风马牛不相及，然而借助大数据技术，从顾客历史交易记录中挖掘得到啤酒与尿布存在关联性，并用来指导商品的摆放，最终收到意想不到的效果。

4．大数据的发展趋势

大数据已成为当下热点话题，综合世界各大企业和媒体现状，对大数据的未来发展趋势作如下展望。

（1）大数据的隐私和安全问题越来越受重视

大数据的发展不仅促进相关产业的发展，也给人们的生活带来巨大的便利。但是，网络和数字化生活使得犯罪分子更容易获取关于他人的信息，导致更多的骗术和犯罪手段的出现。所以，在大数据时代，无论对数据本身的保护，还是对由数据而演变的一些信息的安全，都会越来越受重视。

（2）大数据人才需求加大

一个新行业的出现，在工作职位方面必将有新的需求，大数据的出现也将推出一批新的就业岗位。具有丰富经验的数据分析人才将成为稀缺的资源，数据驱动型工作将呈现爆炸式的增长。

（3）大数据已经成为企业或机构的无形资产，将成为企业参与市场竞争的新武器

随着大数据应用的发展，大数据价值得以充分的体现，越来越多的企业和机构将大数据定位为企业的无形资产，并对大数据无形资产做系统化的管理和应用，获取有价值的数据，增强竞争力。大数据作为无形资产将成为提升企业和机构竞争力的有力武器。

（4）大数据和人工智能深度融合，成为人工智能发展的重要驱动力

任何智能的发展，都需要一个训练的过程，训练的数量越大，效果越好。在某一领域拥有深度的、细致的数据，是训练某一领域"智能"的前提。人工智能专家吴恩达曾把人工智能比作火箭，其中深度学习是火箭的发动机，大数据是火箭的燃料，这两部分必须同时做好，才能顺利发射到太空中。因此，对于深度学习和人工智能，需要越来越多的数据。

（5）数字智慧城市将要壮大

智慧城市相对于数字城市概念，最大的区别在于对感知层获取的数据进行大数据处理，从而获得支撑和保障智慧城市顺利运营的多元信息，要实现对数字信息的智慧处理，前提是引入大数据处理技术，从而来整合分析跨地域、跨行业、跨部门的海量数据的处理，将特定的信息应用于特定的行业和特定的解决方案中。智慧城市的应用过程实际上是对数据采集、分析、存储和利用的过程，大数据则是智慧城市各个领域都能够实现"智慧化"的关键性支撑技术。

5．云计算

云计算（Cloud Computing）是基于互联网的相关服务的增加、使用和交互模式，由一系列可动态升级和被虚拟化的资源组成，这些资源被所有云计算的用户共享并且可以方便地通过网络访问，无须用户掌握云计算的技术。

云计算的关键技术包括分布式计算（Distributed Computing）、分布式存储（Distributed Storage Technologies）、虚拟化（Virtualization）、负载均衡（Load Balance）等。

云计算已经深入到电子政务、医疗、卫生、教育、企业等各个领域，对提高政府服务水平、促进产业转型升级和培育发展新兴产业等起到了关键的作用。戴尔为广州

大学部署云基础架构平台就是将云计算应用到教育中。在戴尔的帮助下，广州大学成功部署了基于云计算基础架构平台的集中化管理解决方案，为广州大学的不同用户提供了各种资源系统和服务。

6. 大数据与云计算的关系

大数据侧重于对海量数据的存储、处理与分析，从海量数据中获取价值，服务于生产和生活；云计算注重资源分配，是硬件资源的虚拟化。大数据依赖于云计算，大数据分析所需的很多技术都来源于云计算，没有云计算技术的支撑，大数据分析无从谈起；大数据为云计算提供"用武之地"，没有大数据，云计算再先进也不能发挥其作用。大数据与云计算的关系如图 5-28 所示。

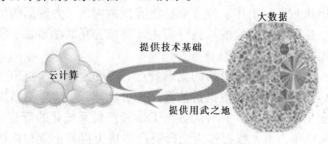

图 5-28　大数据与云计算的关系

5.4.6　区块链

区块链是分布式数据存储、点对点传输、共识机制、加密算法等计算机技术的新型应用模式。所谓共识机制是区块链系统中实现不同结点之间建立信任、获取权益的数学算法。

区块链（Blockchain）是比特币的一个重要概念，它本质上是一个去中心化的数据库，同时作为比特币的底层技术。区块链是一串使用密码学方法相关联产生的数据块，每一个数据块中包含了一次比特币网络交易的信息，用于验证其信息的有效性（防伪）和生成下一个区块。

1. 区块链概述

狭义来讲，区块链是一种按照时间顺序将数据区块以顺序相连的方式组合成的一种链式数据结构，并以密码学方式保证的不可篡改和不可伪造的分布式账本。

广义来讲，区块链技术是利用块链式数据结构来验证与存储数据、利用分布式节点共识算法来生成和更新数据、利用密码学的方式保证数据传输和访问的安全、利用由自动化脚本代码组成的智能合约来编程和操作数据的一种全新的分布式基础架构与计算方式。

2. 区块链特征

（1）去中心化

由于使用分布式核算和存储，不存在中心化的硬件或管理机构，任意结点的权利和义务都是均等的，系统中的数据块由整个系统中具有维护功能的结点来共同维护。

（2）开放性

系统是开放的，除了交易各方的私有信息被加密外，区块链的数据对所有人公开，任何人都可以通过公开的接口查询区块链数据和开发相关应用。

（3）自治性

区块链采用基于协商一致的规范和协议，使整个系统中的所有结点能够在去信任的环境下自由安全的交换数据，使得对"人"的信任转变成对机器的信任，任何人为的干预不起作用。

（4）信息不可篡改

一旦信息经过验证并添加至区块链上，就会被永久存储起来，除非能够同时控制住系统中超过 51%的结点，否则单个结点上对数据库的修改是无效的，因此区块链的数据稳定性和可靠性极高。

（5）匿名性

由于结点之间的交换遵循固定的算法，其数据交互是无须信任的，因此交易对手无须通过公开身份的方式让对方对自己产生信任。

3．区块链分类

区块链分为共有区块链、联盟区块链和私有区块链，这三种区块链的开放程度各不相同。

（1）公有区块链

公有区块链是指世界上任何个体或者团体都可以发送交易，且交易能够获得该区块链的有效确认，任何人都可以参与其共识过程。公有区块链是最早的区块链，也是应用最广泛的区块链。比特币区块链以及太坊区块链是共有链的典型代表。

（2）联盟区块链

行业区块链是指由某个群体内部指定多个预选的结点为记账人，每个块的生成由所有的预选结点共同决定，其他接入结点可以参与交易，但不过问记账过程，其他任何人可以通过该区块链开放的 API 进行限定查询。

（3）私有区块链

私有区块链是指区块链的共识机制、验证、读取等行为均被限定在一个严格的范围之内，由一个实体控制，仅对实体内部开放。

4．区块链的应用

区块链已经广泛应用到物联网、慈善、金融、公共服务、认证、数字版权等各个领域，下面是区块链在公共服务领域中的一个应用案例（La'Zooz 利用区块链推动 P2P 共享出行，解决城市交通拥堵难题）。

目前世界范围内共享交通方面，Uber 走在了世界前列，但是 Uber 作为一家商业盈利公司仍旧存在着诸多中心化组织结构固有的弊端。La'Zooz 与当下备受关注的共享出行公司 Uber 的运营方式背道而驰，来自以色列的初创公司 La'Zooz 致力于利用区块链架构将共享出行去中心化，取代像 Uber 这样的调配中心角色。

La'Zooz 提供了一个分布式的智能交通平台，它引进了一种全新的协作模式，让任何人都可以自由地做出贡献，使人们能够更好地利用现有的资源来创造更加经济实惠的交通方式。2013 年，公司发明了一套虚拟货币 Zooz 代币，用户下载 Zooz-mining 的应用程序，通过在应用程序上上传超过 20 km 的驾驶里程来获得 Zooz 代币奖励，一旦用户积累了一定数量的里程，共乘和其他职能交通服务将会被立刻启用。供需两端的对接不需要调配中心，用户自行在 La'Zooz 上寻找目的地相近的人而获得里程，用 Zooz 支付打车费用。Zooz 代币的发行旨在鼓励 La'Zooz 社区的成长。目前，La'Zooz 已经拥有 3 500 名左右社区成员，累计开发里程逾 100 万千米。

La'Zooz 团队提供的这种去中心化的共享出行解决方案能够帮助更有效地改善交通拥堵状况，使公共交通资源得到更加合理的分配。

5.4.7　人工智能

人工智能（Artificial Intelligence），英文缩写为 AI。它是研究、开发用于模拟、延伸和扩展人的智能的理论、方法、技术及应用系统的一门新的技术科学。自 20 世纪 50 年代首次提出人工智能这一术语以来，人工智能获得了很大的发展，引起众多学科和不同专业背景学者的日益重视，成为一门广泛的交叉和前沿科学。

1. 人工智能的定义

像许多新兴学科一样，人工智能至今尚无统一的定义，要给人工智能下个准确的定义比较困难。不同科学或学科背景的学者对人工智能有不同的理解，提出了不同的观点。美国斯坦福大学人工智能研究中心的尼尔逊教授认为："人工智能是关于知识的学科——怎样表示知识以及怎样获得知识并使用知识的科学。"美国麻省理工学院的温斯顿教授认为："人工智能就是研究如何使计算机去做过去只有人才能做的工作。"这里，结合编者自己的理解，将人工智能定义如下：

人工智能是研究人类智能活动的规律，构造具有一定智能的人工系统，研究如何让计算机去完成以往需要人的智力才能胜任的工作，也就是研究如何应用计算机的软硬件来模拟人类某些智能行为的基本理论、方法和技术。

2. 人工智能的研究价值

（1）人工智能的普遍应用，正在建设一个高度信息化、智能化的社会

基于智能网络和智能交通，全球市场正在形成，在全球范围内配置、共享资源成为可能。人工智能不断向社会生产方式、生活方式渗透，传统产业正在迅猛地智能化，智能产业更是崛起为新兴的经济增长点。通过产业结构升级，发展智能经济，劳动生产率空前提高，所提供的产品和服务日益丰富。社会组织的信息化、智能化水平不断攀升，精准化智能服务更加及时、贴心，人们的生活越来越便捷、舒适；对物理空间和社会空间的智能监测、预警与控制体系日臻完善，社会运行更加安全、高效，社会治理水平也不断得以提升。这一切为人与社会的自由全面发展奠定了坚实的物质基础。

（2）人工智能的发展，实现了人机一体化，促进人类能力的跃迁式发展

人工智能的发展实现了对机械的智能化改造，赋予了机械类似人的"眼睛""耳朵""大脑"等感应器官和思维器官，各类机器正在"自动"地运转起来。智能系统一批批发明出来，可以代替人类从事一些重复、单调、繁重的工作，将人类从一些有毒、有害、危险的工作（环境）中解放出来。新型的人机系统越来越聪明，越来越"善解人意"，越来越成为与人亲密合作的"伙伴"。人工智能作为人的手、腿特别是大脑的延伸，人

机结合、人机协同、人机共生、人机一体化……使人自身的结构、能力获得了跃迁式的发展。

3．人工智能的研究与应用领域

（1）问题求解

人工智能的第一大成就是发展了能够求解难题的下棋（如国际象棋）程序。在下棋程序中应用的某些技术，如向前看几步，并把困难的问题分成一些比较容易的子问题，发展成为搜索和问题归约这样的人工智能基本技术。今天的计算机程序能够下锦标赛水平的各种方盘棋、15子棋和国际象棋。另一种问题求解程序把各种数学公式符号汇编在一起，其性能达到很高的水平，并正在被许多科学家和工程师所应用。有些程序甚至能够用经验来改善其性能。到目前为止，人工智能程序已经知道如何考虑要解决的问题，即搜索解答空间、寻找较优的解答。这些算法有遗传算法、进化算法、集群智能算法等。

问题求解系统一般由全局数据库、算子集和控制程序三部分组成。全局数据库用来反映当前问题、状态及预期目标，可使用逻辑公式、语义网络、特性表、数组、矩阵等一切具有陈述性的断言结构作为数据结构；算子集是用来操作数据库的运算，其实就是一些操作规则集；控制程序用来决定下一步选用什么算子并在何处应用，解题过程可以运用正向推理或者逆向推理。

（2）专家系统

专家系统（Expert System，ES）是目前人工智能应用中最成熟的一个领域。它模拟人类专家对问题的求解过程，解决那些只有专家才能解决的复杂问题。专家系统的开发关键是如何获取、如何表示及运用人类专家的知识。所以，知识获取、知识表示及推理等领域是专家系统研究的热点。专家系统是一个智能的计算机程序系统，其内部具有大量某个领域的专家知识和经验，它能运用这些知识和推理步骤来解决只有专家才能解决的复杂问题。例如，一个医学专家系统能够模拟医学专家，对病人病情进行诊断，识别出病情的严重性，并给出相应的处方和治疗建议等。其他如个人理财专家系统、寻找油田的专家系统、贷款损失评估专家系统、各类教学专家系统等也广泛应用并取得了很好的成果。

（3）决策支持系统

决策是对某一问题根据情况制定多种方案，并从中选择最优方案的思维过程。决策系统是管理科学的一个分支，把人工智能中的专家系统和决策系统有机地整合，便形成了智能决策系统。利用模型和知识，通过模拟和推理等手段，为人类的活动进行辅助决策。采用人工智能技术对计算机实现决策，形成了智能决策系统这一新的研究领域。

（4）自然语言处理

自然语言处理是人工智能早期的研究领域之一。理解人类的自然语言，以实现人和计算机之间自然语言的直接通信，从而推动计算机更广泛的应用。当人类用语言互通信息时，可以毫不费力地进行极其复杂但却几乎无须理解的过程。然而要建立一个能够生成和"理解"哪怕是只言片语的自然语言计算机处理系统，却是非常困难的。能理解口头的和书写的片段语言的计算机系统所取得的某些进展，其基础就是因为利用了有关表示上下文知识结构的某些人工智能思想，以及根据这类知识进行推理的某些技术。

（5）组合调度和指挥

有许多实际问题属于最佳调度或最佳组合问题，确定最佳调度或最佳组合的问题是人工智能又一个令人感兴趣的领域。一个古典的问题就是旅行推销员问题。这个问题要求为推销员寻找一条最短的旅行路线。他从某个城市出发，访问每个城市一次，且只允许访问一次，然后返回到出发的城市。对于这类问题，从图论的观点来看，是指对由 n 个结点组成的一个图的各条边，寻找一条费用最低的路径，使得这条路径对这 n 个结点中的每一个只允许穿行一次。

（6）智能机器人

智能机器人是目前模拟人类智能的一个重要领域。智能机器人是具有感觉、识别和决策功能的机器。这个领域所研究的问题，从机器人手臂的移动到实现机器人目标的动作序列的规划方法。现在正在工业界运行的众多"机器人"，都是一些按预先编好的程序执行某些重复作业的简单装置。

智能机器人的研究和应用体现了广泛的学科交叉，如机器人体系结构、控制智能、触觉、听觉、视觉、智能行为等。从人类行为上看来并不复杂的行为，如即使是小孩也能顺利地通过周围环境，操作电灯开关、玩具积木及餐具等，感觉并不需要多少智能。但机器人要完成这些任务，却不是简单的事情，它要求机器人具备在求解上述这类问题时所应具有的能力，这种能力实际上包含了较多的智能。智能机器人的研究将促进人工智能各方面的发展和进步，同时，也将为人类提供更多、更好的人工智能技术。

（7）逻辑推理和定理证明

推理是指从已有事实（前提）推出新的事实（结论）的过程。逻辑推理是人工智能研究中最持久的领域之一。人们之所以能够高效地解决一些复杂问题，除拥有大量的专业知识外，还由于他们具有合理选择知识和运用知识的能力。关于知识的运用，一般称为推理方式。传统的形式化推理技术以经典的谓词逻辑为基础，它与人工智能中早期的问题求解及难题求解的关系相当密切，在定理证明中的应用也十分广泛。近年来，随着人工智能研究的不断深入，人类求解一些复杂问题的过程要比机械的演绎方式复杂得多，因此在推理领域形成了许多高级推理方式，对这些方式的研究也成了人工智能研究的重要内容之一。

运用计算机进行数学领域中的定理证明也成为人工智能的研究方向之一。用计算机来进行定理证明并不是一件容易的事。例如，1967 年 7 月，美国伊利诺伊大学（University of Illinois）的凯尼斯·阿佩尔（Kenneth Appel，1932—2013）和沃夫冈·哈肯（Wolfgang Haken，1928—）用三台大型计算机，花费 1200 小时，做了 100 亿个判断，证明了长达 124 年未解决的难题——四色定理，即如果在平面上划出一些邻接的有限区域，那么在合适的条件下，必定可以用四种颜色来给这些区域染色，使得每两个邻接区域染的颜色都不一样，如图 5-29 所示。这是人工智能应用于定理证明的一个标志性成果。

图 5-29　四色定理证明问题

（8）模式识别

模式识别已成为现代计算机应用的一个最重要的研究方向。它是指模拟人类的听觉、视觉等感觉功能，对声音、图像、景物、文字等进行识别的方法。前面提到的自然语言理解也可以说是模式识别的一个应用。从信息处理的层次上来讲，模式识别是获得知识的重要手段；从方法上来看，被认为是机器实现人的形象思维的一个方面。在机器视觉、机器听觉等方面的研究，除一些感知元件外，从方法上都是对模式识别的研究。

（9）自动程序设计

能够让机器进行自动的程序设计是人们梦寐以求的。自动程序设计是指由计算机完成程序的验证和综合，实现程序设计自动化。从某种意义上来说，编译程序实际上就是一种自动程序设计工作。目前，自动程序设计仍是一个较难解决的研究课题，需要人们去努力研究，以取得更多的成果。

（10）智能控制

人工智能的发展促进自动控制向智能控制发展。智能控制是一类无须（或需要尽可能少的）人工干预就能够独立地驱动智能机器实现其目标的自动控制。随着人工智能和计算机技术的发展，已可能把自动控制和人工智能以及系统科学的某些分支结合起来，建立一种适用于复杂系统的控制理论和技术。智能控制正是在这种条件下产生的。它是自动控制的最新发展阶段，也是用计算机模拟人类智能的一个重要研究领域。目前已经研究出一些智能控制的理论和技术，用来构造用于不同领域的智能控制系统。

4．人工智能引发的安全问题

（1）对人的本质问题的深层次挑战

人工智能的发展正在实质性地改变"人"。随着智能技术的发展，人所独有情感、创造性正在为机器所获得，人机互补、人机互动、人机协同、人机一体化成为时代发展的趋势，甚至自然身体与智能机器日益"共生"。例如，将生物智能芯片植入人体内，承担部分记忆、运算、表达等功能，这样的"共生体"究竟是"人"还是"机器"呢？这样的问题并不容易回答。

同时，正在研制的智能机器人本身，也对人的本质提出了挑战。例如，"会思维"曾经被认为是人的本质，然而，随着人工智能的突破性发展，"机器也会思维"成为不争的事实。而且，机器思维完全可能超过人的思维能力。又如，劳动或者制造和使用生产工具曾经被认为是人的本质，但未来的智能系统完全可能根据劳动过程的需要，自主地制造生产工具，运用于生产过程，并根据生产的需要而不断调适、完善，制造和使用生产工具不再是人类的"专利"。

此外，借助现代技术，智能机器人在外形上也可以"比人更像人"，或者说，可以长得比普通人更加"标准"，更加"完美"；还可以定制一个外形、声音、反应与行为都一样的"自己"，令自己"不朽"。如此种种，智能机器人究竟是否是"人"，必将成为一个聚讼不断的话题。

（2）冲击传统的伦理关系，挑战人类的隐私权

人工智能的研发和应用正在导致大量的价值难题。人工智能可以广泛运用于虚拟现实，模糊虚实之间的界限。如人工智能医生通过远程医疗方式进行诊断，在患者身上实

施专家手术，但传统医患之间那种特别的感觉往往荡然无存，医患之间可能产生心理上的隔阂；人工智能教师、保姆等导致的问题也类似于此。有些人特别是青少年终日与各种智能终端打交道，觉得虚拟世界才是真实、可亲近的，对虚拟对象产生过分的眷恋和依赖，而感觉与身边的人交往"太累""无聊"，从而变得孤僻、冷漠、厌世……助长了人的"精神麻木症"，泯灭人的道德意识，影响个体人格的健康发展。

隐私权是一种基本的人格权利。迈入信息化、智能化时代，人们的生活正在成为"一切皆被记录的生活"。各类数据采集设施、各种专家系统能够轻易地获取个人的各种信息，它可能详尽、细致到令人吃惊的程度。而且，一定的人工智能系统通过云计算，还能够对海量数据进行深度分析，从而"算出"一个人的性格特征、行为习性、生活轨迹、消费心理、兴趣爱好等，甚至"读出"一些令人难以启齿的"秘密"，如身体缺陷、既往病史等。如果智能系统掌握的敏感的个人信息泄露出去，被别有用心的人"分享"，或者出于商业目的而非法使用，那么后果不堪设想。

（3）"数字鸿沟""社会排斥"引发的社会不平等性

迈入智能时代，人类创造了一个高度复杂、快速变化的技术系统和社会结构，然而，技术的发展不可能自动践履"全民原则"，人工智能领域正在沦为经济、技术等方面的强者独享特权的乐土。例如，由于生产力发展不均衡，科技实力相差悬殊，人们的素质和能力参差不齐，不同国家、地区的不同的人接触人工智能的机会是不均等的，使用人工智能产品的能力是不平等的，与人工智能相融合的程度是不同的，由此产生了收入的不平等、地位的不平等以及未来预期的不平等，"数字鸿沟"已经是不争的事实。这一切与既有的贫富分化、地区差距、城乡差异等叠加在一起，催生了大量的"数字穷困地区"和"数字穷人"。他们被排斥在全球化的经济或社会体系之外，可能成为解构社会、甚至颠覆现存社会秩序的破坏性因素。

（4）超级智能是否会取代、控制或统治人类

自从人工智能诞生以来，这种对人类前途和命运的深层忧虑就一直存在，并成为《黑客帝国》《终结者》《机械公敌》等科幻文艺作品演绎的题材。专家们估计，21世纪中叶将出现"具有人类水平的机器智能"，并可能通过相互学习、自我完善而不断升级，最终结成某种形式的"超级智能组织"。那么，超级智能能否突破设计者预先设定的临界点而走向"失控"，反过来控制和统治人类？霍金感叹道：或许，人工智能不但是人类历史上"最大的事件"，还有可能是"最后的事件"，人工智能的发展可能"预示着人类的灭亡"。即使超级智能本身没有扭曲的价值观和邪恶的动机，但如果某一组织或个人研发、掌握了类似的超级智能，不负责任地滥用技术，以实现自己不可告人的目的，后果也将是灾难性的。

目前，科学家普遍认为，超级智能取代、控制或统治人类的概率是非常小的，人工智能所制造的只是工具，超级智能系统设计的优劣也只是工程设计的问题，不应该对其人格化，但智能机器所具有的强大功能要求人们要更加小心地使用它们。

小　结

算法规定了解决问题的流程，而数据结构则决定了数据的存储和组织方式。算法

可定义为一组有穷的规则，它规定了解决某一特定类型问题的一系列运算，是对解题方案准确、完整的描述。算法应具备以下五个特性：有穷性、确定性、有零个或多个输入、至少有一个输出和有效性。一个算法的评价主要从时间复杂度和空间复杂度来考虑。

数据结构是指相互之间存在一种或多种特定关系的数据元素的集合。根据数据元素之间关系的不同特征，通常可分为四类基本结构：集合、线性结构、树形结构和图状结构。

数据库技术是计算机科学的一个重要分支，不仅应用于事务处理，而且可应用于情报检索、人工智能、专家系统、计算机辅助设计等多个领域。数据库管理系统是位于用户与操作系统之间的一层数据管理软件，它是数据库系统的核心。

计算机网络是计算机技术和通信技术相结合的产物。数据通信是依照一定的通信协议，利用数据传输技术在两个终端之间传递数据信息的一种通信方式和通信业务，它可实现计算机和计算机、计算机和终端及终端和终端之间的数据信息传递。计算机网络是指将分布在不同的地理位置上，且具有独立功能的若干台计算机及其外围设备，通过通信设备和线路连接起来，在网络操作系统、网络管理软件及网络通信协议的管理和协调下，实现资源共享和信息传递的计算机系统。

物联网就是"物物相连的互联网"，通过互联网实现物与物之间的信息交互。从物联网技术体系结构角度分析物联网，可将支持物联网的技术分为四个层次：感知技术、传输技术、支撑技术和应用技术。

大数据和云计算、区块链和人工智能技术作为时下 IT 行业最火热的词汇，逐渐成为行业人士争相关注的焦点，其概念日益被人们所熟知，其应用领域越来越广泛，必将在未来的社会发展中大放异彩。

习　题

1. 什么是算法？算法有哪几种表示方法？
2. 简述递归算法、回溯算法、贪心算法和分治算法的特点。
3. 什么是数据结构？常用的数据结构有哪些？
4. 简述数据库管理技术的发展历程。
5. 数据模型有哪些？什么是数据库的三级模式与两级映射？
6. 列举几个目前应用的数据库，并描述它们的特点。
7. 查阅资料了解区块链技术的现状和未来，并就区块链技术的应用前景谈谈你的观点。
8. 什么是信息、数据和信号？数据传输的方式有哪几种？
9. 什么是计算机网络？
10. 计算机网络的拓扑结构有哪些？
11. 简述 OSI 参考模型。
11. 什么是互联网？互联网的应用有哪些？
12. 简述物联网的概念。

计算机信息安全与
计算机职业道德 <<<

第 6 章

核心内容

- 计算机信息安全；
- 计算机病毒；
- 计算机犯罪；
- 计算机法律法规；
- 软件知识产权保护；
- 计算机职业道德规范。

随着计算机网络技术的迅速普及和 Internet 广泛应用，信息安全问题越来越受到重视。本章首先介绍计算机信息安全的基本内容，包括信息安全的定义、信息安全面临的威胁及信息安全的防范策略等；然后介绍计算机病毒方面的内容，包括计算机病毒的定义、特点、分类、症状及病毒的控制与防范等；最后对计算机法律法规、职业道德及知识产权进行简单介绍。

6.1 计算机信息安全

在当今瞬息万变的信息时代，信息资源对国家和民族的发展，对人们的工作和生活变得越来越重要，信息已成为国民经济和社会发展的战略资源，信息技术的发展使人类开始步入信息化、网络化的时代。人们在享用计算机与网络技术获取、传输与处理信息的同时，也为计算机与网络中的信息变得越来越不安全而焦虑烦恼。为此，迫切需要发展信息安全技术，研究黑客的攻击方法和对他们进行有效的防范，这是关系到国家信息安全的重大课题之一。

6.1.1 计算机信息安全的基本概念

在当前网络化、信息化进程不可逆转的形势下，信息安全问题突显出来，如何保证信息安全已经成为信息技术发展中重要的研究课题。

1．信息安全的定义

信息安全（Information Security）是一门交叉学科，涉及多方面的理论和应用知识，除了数学、通信、计算机等自然科学外，还涉及法律、心理学等社会科学。

信息安全这个概念要从其发展历史来看。早在 20 世纪 60 年代以前，信息安全措施主要是加密，称为"通信保密（COMSEC）"阶段。其后，随着计算机的出现，人们关心的是计算机系统不被他人非授权使用，称为"计算机安全（INFOSEC）"阶段。20 世纪 90 年代，随着网络的应用，人们关心的是如何防止通过网络对计算机进行攻击，称为"网络安全（NETSEC）"阶段。进入 21 世纪，人们关心的是信息和信息系统的整体安全，如何建立完整的保障体系，确保信息和信息系统的安全，这时学术界称为"信息保障（IA）"。

广义信息安全是一般意义、任何形态的信息的安全；狭义信息安全主要指电子系统、计算机网络中的信息安全。普遍认可的信息安全的定义是保护信息和信息系统不被未经授权的访问、使用、泄露、中断、修改和破坏，为信息和信息系统提供保密性、完整性、真实性、可用性、可控性、不可否认性服务。简而言之，使非法者看不了、改不了信息，系统瘫不了、信息假不了、行为赖不了。

严格意义的计算机信息安全是指计算机信息系统的硬件、软件、网络及其系统中的数据受到保护，不受偶然的或者恶意的原因而遭到破坏、更改、泄露，系统连续可靠正常地运行，信息服务不中断。从计算机信息系统安全保护的逻辑层次可以看出，最里层是信息本身的安全，人处于最外层，是最需要防范的。各层次的安全保护之间，是通过界面相互依托、相互支持的，外层向内层提供支持。信息处于被保护的核心，与安全软件和安全硬件均密切相关，如图 6-1 所示。

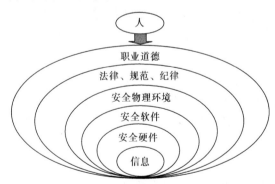

图 6-1　计算机信息系统安全保护的逻辑层次

2．信息安全的基本内容

计算机信息安全的基本内容包括实体安全、运行安全、信息资产安全和人员安全等内容。

① 实体安全是保护计算机设备、设施（含网络）及其他媒体免遭地震、水灾、火灾、有害气体和其他环境事故破坏的措施和过程。实体安全的范畴是指环境安全、设备安全和媒体安全。

② 运行安全是指信息处理过程中的安全。运行安全范畴主要包括系统风险管理、

审计跟踪、备份与恢复、应急四个方面的内容。

③ 信息资产安全是指防止信息资产被故意的或偶然的非授权泄露、更改、破坏或使信息被非法的系统辨识、控制。信息资产安全范围主要包括操作系统安全、数据库安全、网络安全、病毒防护、访问控制、加密、鉴别七个方面。

④ 人员安全主要是指信息系统使用人员的安全意识、法律意识、安全技能等。

3．信息安全的特征

计算机信息安全的特征包括以下七个方面，其中真实性、保密性和完整性为主要特征。

① 真实性：对信息的来源进行判断，能对伪造来源的信息予以鉴别。

② 保密性：保证机密信息不被窃听，或窃听者不能了解信息的真实含义。

③ 完整性：保证数据的一致性，防止数据被非法用户篡改。

④ 可用性：保证合法用户对信息和资源的使用不会被不正当地拒绝。

⑤ 不可抵赖性：建立有效的责任机制，防止用户否认其行为，这一点在电子商务中是极其重要的。

⑥ 可控制性：对信息的传播及内容具有控制能力。

⑦ 可审查性：对出现的网络安全问题提供调查的依据和手段。

概括地讲，计算机信息安全的核心是通过计算机、网络、密码的安全技术，保护在信息系统公用事业网络中传输、交换和存储的信息的完整性、保密性、真实性、可用性和可控性等。

6.1.2 计算机信息安全面临的威胁

计算机网络的快速发展与普及为信息的传播提供了便捷的途径，但同时也带来了极大的安全威胁。计算机信息安全面临的威胁可以宏观地分为自然威胁和人为威胁。

1．自然威胁

自然威胁可能来自于自然灾害（火灾、水灾、风暴、地震破坏）构成的威胁、电磁泄漏、干扰、场地环境（温度、湿度、震动、冲击、污染）的影响、计算机电源保护和接地保护出现的故障等造成的威胁，这些威胁是不可预测的，会直接造成信息的丢失或破坏。

2．人为威胁

人为威胁又分为无意威胁和恶意攻击威胁。常见的无意威胁有软硬件故障、操作失误、意外损失、编程缺陷、意外丢失。恶意攻击是通过攻击系统的要害或弱点，使网络信息遭到破坏，造成不可估量的损失。

目前计算机信息安全面临的恶意威胁主要表现在以下几个方面。

（1）非授权访问

非授权访问是指没有得到系统管理员的同意，擅自使用网络或计算机资源，如假冒、身份攻击、非法用户进行违法操作、合法用户以未授权方式进行操作、利用系统漏洞、系统后门进行非授权访问等。

（2）信息泄露或丢失

信息泄露是指一些敏感数据在有意或无意中被泄露出去或丢失。常见的信息泄露如：信息在传输中由于电磁波辐射或黑客窃听、监听、截获而丢失或泄露信息；由于便携机器、存储介质的丢失、报废、维修、遭窃等原因使信息在存储介质中丢失或泄露；通过建立隐蔽隧道窃取敏感信息等。

（3）破坏数据完整性

破坏数据完整性是指以非法手段窃得对数据的使用权，比如黑客利用系统漏洞、系统后门伪造、篡改、恶意添加、删除某些重要信息，以取得有益于攻击者的响应或干扰用户的正常使用。

（4）拒绝服务攻击

拒绝服务攻击不是为了窃取网络上的信息，而是为了使服务器不能为合法用户提供正常的服务，通常采用耗尽服务器有限的资源来实现。例如，攻击者通过向邮件服务器发送大量的垃圾邮件，造成邮件服务器忙不过来，无法正常收发邮件。

（5）计算机病毒

计算机病毒是指编制者在计算机程序中插入的破坏计算机功能或者破坏数据，影响计算机使用并且能够自我复制的一组计算机指令或者程序代码。例如，计算机病毒潜伏在计算机的存储介质（或程序）里，当条件满足时即被激活，通过修改其他程序的方法将自己精确复制或者可能演化的形式放入其他程序中，从而感染其他程序，对计算机资源进行破坏。目前，全世界已发现了数万种计算机病毒，并且新病毒也在不断涌现。

（6）信息战攻击

信息战是以计算机为主要武器，以覆盖全球的计算机网络为主战场，以攻击敌方的信息系列为主要手段，运用高精尖的计算机技术（如计算机病毒）破坏敌方信息系统。不仅破坏军事指挥和武器控制系列，而且广泛破坏敌方的银行、交通、商业、医疗、通信、电力等民用系统。这样，不仅造成军事行动的混乱和失败，而且造成社会的恐慌和不安，甚至使整个国民经济处于瘫痪状态，从而达到付出极小代价，甚至不费一枪一弹，夺取战争胜利的目的。在信息战中，计算机病毒被作为一种新的电子攻击手段。

6.1.3 计算机信息安全防范策略

计算机信息安全是一个相对概念，不存在绝对安全，又是一个动态过程，不可能根除威胁，所以唯有积极防御、有效应对，这是网络时代对确保信息安全提出的客观要求。计算机信息安全的防范策略，可以采用技术、管理和法律三大手段来实现。

1. 技术手段

① 针对物理因素造成的自然威胁和偶然事故，采用物理措施和初级信息安全技术。例如，保护网络关键设备（如交换机、大型计算机等），采取防辐射、防火及安装不间断电源（UPS），限用外设；对操作系统，进行相关的安全设置，包括经常数据备份，及时安装操作系统的"补丁"，尽量关闭不需要的组件和服务程序，使其最大

限度地发挥安全保护作用。

② 针对由网络共享造成的人为恶意攻击，采用网络安全技术，主要有防火墙技术、数据加密技术、包括身份认证、数学签名和数字证书的鉴别技术、访问控制技术、病毒防治技术。

防火墙是一个由软件和硬件设备组合而成，在内部网和外部网之间、专用网与公共网之间的界面上构造的，用以阻止网络中黑客访问某个机构网络的保护屏障，也可称为控制进/出两个方向通信的门槛，是一种专门用于保护网络内部安全的系统。应安装质量可靠、功能强大的防火墙，以减少病毒的传播和黑客的攻击，保证网络系统安全，并时刻关注防火墙的运行情况。

数据加密技术是网络安全最有效的技术之一。信息加密可以有效保护网内的数据、文件、口令和控制信息，保护网上传输的数据。这样不但可以防止非授权用户的搭线窃听和入网，而且是对付恶意软件的有效方法之一。

鉴别通信对方真实身份的鉴别技术是保证通信过程中信息安全的关键。其中，身份认证是指确定用户身份的技术，是实现信息安全的关键技术之一，是网络安全的第一道防线，也是最重要的一道防线。登录信息系统之前，用户通过某种形式的身份验证机制来证明他们的真实身份，只有通过身份验证的用户才能访问信息系统。数字签名技术就是利用数字技术的方法实现类似人的亲笔签名的技术。该技术是对需要确认的整个文档进行加密，采用公开密钥技术来实现。主要作用就是鉴别信息的保密性、完整性及确认信息真实来源。数字证书是由权威机构——CA 证书授权（Certificate Authority）中心发行的，能提供在 Internet 上进行身份验证的一种权威性电子文档，它包含公开密钥拥有者信息及公开密钥的文件。人们可以在互联网交往中用它来证明自己的身份和识别对方的身份。

访问控制技术指按用户身份及其所归属的某预定义组对用户访问网络资源的权限进行严格的认证和控制，主要是保证网络资源不被非法、越权访问。例如，设置用户访问目录和文件的权限，控制网络设备配置的权限等。

病毒防治技术指安装防病毒软件与防火墙相结合，设置隔离区来防止病毒入侵的一种技术。采用防毒与杀毒相结合、以防为主的方式，在病毒可能流传的各个渠道设置监控，结合定时病毒扫描和自动数据更新，查杀病毒，保证系统安全。目前最新的病毒防治技术是云安全技术。"云安全"计划是网络时代信息安全的最新体现，它融合了并行处理、网格计算、未知病毒行为判断等新兴技术和概念，通过网状的大量客户端对网络中软件行为的异常监测，获取互联网中木马、恶意程序的最新信息，传送到服务器端进行自动分析和处理，再把病毒和木马的解决方案分发到每一个客户端。

2. 管理手段

针对人为的偶然事故威胁，加强管理，防患未然。

① 强化信息安全防范意识。提高工作人员的保密观念、责任心和安全防范意识，加强业务技术培训，防止人为事故的发生。强化安全保护意识，加强计算机及系统本身实体的安全管理，如机房、计算机终端、网络控制室等场所的物理安全，做到"实体可信，行为可控，资源可管，事件可查，运行可靠"，实现对意外事故和自然灾害

的防范。另外，注意养成良好的上网习惯，不登录和浏览来历不明的网站；养成到官方站点和可信站点下载程序的习惯；不轻易安装不知用途的软件；不轻易执行附件中的.exe 和.com 等可执行程序；使用一些带网页木马拦截功能的安全辅助工具等。

②　建立健全信息安全管理制度和操作规程制度是确保信息安全的关键。建立健全安全管理制度可以确保所有的安全管理措施落到实处，如操作人员管理制度、操作技术管理制度、病毒防护制度、设备管理维护制度、软件和数据管理制度等。另外，制定科学、详细的操作规程，规范日常操作，制定信息系统的维护制度和应急预案，确保企业信息系统的安全管理。

3．法律手段

加强法律意识，落实法律责任，用法律武器抵制黑客攻击。在网络环境下，信息安全问题应该有相应的法律法规作为保障。它涉及网络安全、计算机安全、数据安全、使用权限和信息主权及个人隐私等法律范畴。大量事实证明，只有所有人员都在法律的约束下规范自己的行为，共同抵制黑客，才能为做好信息安全工作创造良好的法律环境。

6.2　计算机病毒

随着计算机的不断普及和网络的发展，伴随而来的计算机病毒传播问题越来越引起人们的关注。各种计算机病毒的产生和全球性蔓延已经给计算机信息的安全造成了巨大的威胁和损害，造成计算机资源的破坏和社会性的灾难，也正因为此，人们开始了反计算机病毒的研究。

6.2.1　计算机病毒的基本知识

1．计算机病毒的起源

"计算机病毒"这一概念是 1977 年由美国著名科普作家"雷恩"在一部科幻小说《P1 的青春》中提出的。20 世纪 60 年代初，在著名的美国电话电报公司（AT&T）下设的贝尔实验室里，三个年轻的程序员编写了一个名为《磁心大战》的游戏，游戏中通过复制自身来摆脱对方的控制，这就是所谓"病毒"的第一个雏形。

1983 年 11 月，在国际计算机安全学术研讨会上，美国计算机专家科恩首次将病毒程序在 VAX/750 计算机上进行了实验，这是世界上第一例被证实的计算机病毒。1986 年，巴基斯坦有两个编制软件为生的兄弟，他们为了打击那些盗版软件的使用者，设计出了一个名为"巴基斯坦智囊"的病毒，也叫"大脑（Brain）"病毒，该病毒运行在 DOS 操作系统下，只传染软盘引导区，只在盗拷软件时才发作，发作时将盗拷者的硬盘剩余空间吃掉，这就是最早在世界上流行的一个真正的病毒。1988 年发生在美国的"蠕虫病毒"事件，给计算机技术的发展罩上了一层阴影。蠕虫病毒由美国 CORNELL 大学研究生莫里斯编写。在当时，"蠕虫"在 Internet 上大肆传染，使得数千台连网的计算机停止运行，并造成巨额损失，成为一时的舆论焦点。

在国内，最初引起人们注意的病毒是 20 世纪 80 年代末出现的黑色星期五、米氏病毒、小球病毒等。因当时软件种类不多，用户之间的软件交流较为频繁且反病毒软件并不普及，造成病毒的广泛流行。后来出现的 Word 宏病毒及 Windows 95 下的 CIH 病毒，使人们对病毒的认识更加深了一步。

2．计算机病毒的定义

从广义上定义，凡能够引起计算机故障，破坏计算机数据的程序统称计算机病毒。依据此定义，诸如逻辑炸弹，蠕虫等均可称为计算机病毒。在国内，专家和研究者对计算机病毒也做过不尽相同的定义，但一直没有公认的明确定义。

直至 1994 年 2 月 18 日，我国颁布了《中华人民共和国计算机信息系统安全保护条例》，对计算机病毒的定义如下："计算机病毒，是指编制者在计算机程序中插入的破坏计算机功能或者破坏数据，影响计算机使用并且能够自我复制的一组计算机指令或者程序代码。"计算机病毒对计算机资源的破坏是一种属于未经授权的恶意破坏行为，计算机病毒是一个程序，一段可执行代码，并且具有独特的复制能力，可以很快地蔓延，并出现新变种。

目前计算机病毒已经搅得世界不得安宁，并且它将继续逞凶在未来的信息战场之上，成为各国军队不得不认真对付的一种高技术武器。有人把计算机病毒称为信息战的地雷。信息战典型的病毒攻击手段是病毒枪和病毒芯片。美国国防部正在研究的一种计算机病毒枪，可以直接向飞机、坦克、舰艇、导弹及指挥系统发射带病毒的电磁波，使其计算机系统无法正常工作而丧失战斗力。研制报告声称，一旦研制成功，对付"米格–33""苏–37"这样的一流战机，只需 10 s 就能将其变成废铜烂铁。另外，海湾战争期间，美国特工得知伊拉克军队防空指挥系统要从法国进口一批计算机，便将带有计算机病毒的芯片隐蔽植入防空雷达的打印机中。美国在大规模战略空袭发起前，通过无线遥控方式激活病毒使其发作，结果造成伊军防空预警、指挥系统和火控系统都陷入瘫痪。

3．计算机病毒的特点

计算机病毒的特点很多，概括地讲，可大致归纳为以下七个方面。

（1）传染性

感染性是计算机病毒最重要的特性，病毒为了要继续生存，唯一的方法就是要不断地感染其他文件。而且病毒传播的速度极快，范围很广。特别是在互联网环境下，病毒可以在极短的时间内传遍世界。它具有很强的复制能力，将自身附着在各种类型的文件上，当文件被复制或从一个用户传送到另一个用户时，病毒就随文件一同蔓延开来。现在，随着互联网络的发展，计算机病毒和计算机网络技术相结合，蔓延的速度更加迅速。

（2）破坏性

无论何种病毒程序，一旦侵入系统，都会造成不同程度的影响：有的病毒破坏系统运行，有的病毒蚕食系统资源（如争夺 CPU、大量占用存储空间），还有的病毒删除文件、破坏数据、格式化磁盘，甚至破坏主板等。

（3）隐蔽性

隐蔽是病毒的本能特性，为了逃避被觉察，病毒制造者总是想方设法地使用各种隐藏技术。病毒一般都是些短小精悍的程序，通常依附在其他可执行程序体或磁盘中较隐蔽的地方，因此用户很难发现它们，往往发现它们时，病毒已经发作了。

（4）潜伏性

为了达到更大破坏作用的目的，病毒在未发作之前往往潜伏起来。有的病毒可以几周或者几个月内在系统中进行繁殖而不被人们发现。病毒的潜伏性越好，其在系统内存在的时间就越长，传染范围也就越广，危害也就越大。

（5）可触发性

病毒在潜伏期内一般是隐蔽地活动（繁殖），当病毒的触发机制或条件满足时，就会以各自的方式对系统发起攻击。病毒触发机制和条件可以是五花八门，如指定日期或时间、文件类型，或指定文件名、一个文件的使用次数等。如"黑色星期五"病毒就是每逢 13 日的星期五就发作，CIH 病毒 V1.2 发作日期为每年的 4 月 26 日。

（6）攻击的主动性

病毒对系统的攻击是主动的，是不以人的意志为转移的。也就是说，从一定程度上讲，计算机系统无论采取多么严密的防范措施都不可能彻底地排除病毒对系统的攻击，防范措施只是一种预防的手段。

（7）病毒的不可预见性

从对病毒的检测方面来看，病毒还有不可预见性，病毒对反病毒软件永远是超前的。新一代计算机病毒甚至连一些基本的特征都隐藏了，有时病毒利用文件中的空隙来存放自身代码，有的新病毒则采用变形来逃避检查，这也成为新一代计算机病毒的基本特征。

4．计算机病毒的分类

从第一个病毒问世以来，究竟世界上有多少种病毒，说法不一。目前针对计算机病毒的分类方法很多，计算机病毒数量不断增加，而且种类不一，感染目标和破坏行为也不尽相同。达成共识的计算机病毒分类方法主要有如下三大类。

（1）按照寄生方式分类

计算机病毒按照寄生方式可以分为三类：一是引导型病毒；二是文件型病毒；三是复合型病毒。

引导型病毒是指潜伏在硬盘引导区的病毒，每次开机时会自动运行。典型的病毒有大麻、小球病毒、Girl 病毒。

文件型病毒是附着在正常的文件中。复制、运行这些文件时，计算机病毒就会一同被复制过来并执行。这种病毒占的数目最大、传播最广、破坏性也不同。例如，CIH 病毒，主要传染 Windows 95/98 可执行文件，同时破坏计算机 BIOS，损坏主板，造成无法启动计算机。另外，宏病毒也是一种文件型病毒。

复合型病毒兼具引导型病毒和文件型病毒的特点。这种病毒既可以感染引导扇区，又可以感染可执行文件，因此危害极大。典型的病毒有新世纪病毒、One-half 病毒。

（2）按照破坏性分类

按照计算机病毒的破坏情况，可分为良性病毒和恶性病毒。

良性病毒是指那些只是为了表现自身，并不彻底破坏系统和数据，但会大量占用

CPU 时间、增加系统开销、降低系统工作效率的一类计算机病毒。这种病毒多数是恶作剧者的产物，他们的目的不是为了破坏系统和数据，而是为了让使用染有病毒的计算机用户通过显示器或扬声器看到或听到病毒设计者的编程技术。这类病毒有小球病毒、1575/1591 病毒、救护车病毒、扬基病毒、Dabi 病毒等。

恶性病毒是指那些一旦发作后，就会破坏系统或数据，造成计算机系统瘫痪的一类计算机病毒。这类病毒有黑色星期五病毒、火炬病毒、米开朗基罗病毒等。这种病毒危害性极大，有些病毒发作后可以给用户造成不可挽回的损失。

（3）按传播媒介分类

随着网络的发展，计算机病毒又可分为单机病毒和网络病毒。

单机病毒的载体是磁盘，常见的是病毒从磁盘引入硬盘，感染系统。然后在传染其他磁盘，磁盘又传染其他系统。例如，黑色星期五、DOS 病毒、七月杀手宏病毒等。

网络病毒的传播媒介是网络。随着网络的迅速发展，这种病毒越来越多，而且因为网络的开放性，所以这种病毒的传染能力更强，破坏力更大，种类最多。例如，特洛伊木马病毒、蠕虫病毒、后门病毒等，其中，木马病毒是网络病毒中比较流行且破坏性较大的一种病毒。

5．计算机病毒的症状

从目前发现的计算机病毒来看，主要症状有：

① 平时运行正常的计算机运行速度明显降低，或突然无缘无故地死机。

② 屏幕上突然出现某些异常的字符串或某些特定的画面，或出现不断滚屏、数据排列混乱等显示器异常的现象。

③ 扬声器突然奏出乐曲，或发出其他异常声响。

④ 文件长度突然增加，或文件突然丢失，或突然增加新的文件。

⑤ 系统无故对磁盘进行读/写操作，或无故对磁盘进行重新格式化。

⑥ 文件分配表突然损坏。

⑦ 磁盘上的可用存储空间突然减小，或突然出现坏的扇区。

⑧ 某些通用软件，如 WPS、Word、汉字系统等突然无法运行，或运行异常。

⑨ 莫明其妙地无法进入 C 盘。

⑩ 汉字字库无故损坏，或汉字残缺不全，或字迹变形，出现乱码。

6.2.2 典型计算机病毒介绍

病毒的种类繁多，简要介绍几种最常见的、最典型的计算机病毒。

1．CIH 病毒

CIH 是 20 世纪最著名和最有破坏力的病毒之一。1998 年 4 月 26 日，CIH 病毒诞生。它属于文件型病毒，主要感染 Windows 95/98 下的可执行文件，对 Windows NT 以上系统（Windows NT、Windows 2000、Windows XP、Windows 2003、Windows Vista、Windows 7 等）已无危害。它是第一个能破坏硬件的恶性病毒。发作破坏方式主要是通过篡改主板 BIOS 里的数据，造成计算机开机就黑屏，从而让用户无法进行任何数据抢救和杀毒的操作。CIH 的变种能在网上通过捆绑其他程序或是邮件附件传播，并且常常删除硬盘上的文件及破坏硬盘的分区表。CIH发作以后，即使换了主板或其他计算机引导系统，如果没有正确地分区表备份，染毒的硬盘上特别是其C分区的数据被挽回的机会很小。防范措施是利用CIH免疫程序，包括病毒制作者本人写的免疫程序。一般运行了免疫程序就可以预防CIH了。如果已经中毒，但尚未发作，要先备份硬盘分区表和引导区数据再进行查杀，以免杀毒失败造成硬盘无法自检。

2．蠕虫病毒

蠕虫病毒又称超载式病毒，是目前最流行的计算机病毒之一。最初的蠕虫病毒定义是因为在DOS环境下，病毒发作时会在屏幕上出现一条类似虫子的东西，胡乱吞吃屏幕上的字母并将其改形。目前的蠕虫病毒主要在网络中泛滥，它会像蠕虫般在网络中爬行，从一台计算机主动感染到另外一台计算机。这种病毒很多并不具有直接的破坏性，但是占用大量的系统、网络资源，使计算机、网络变得很慢。它利用操作系统和应用程序的漏洞主动进行攻击，通过网络电子邮件、恶意网页等形式迅速传播，造成网络数据过载，甚至可以对整个互联网造成瘫痪性后果。

常见的蠕虫病毒有震网病毒、熊猫烧香、求职信、尼姆亚病毒、红色代码等。震网病毒是世界上首个以直接破坏现实世界中工业基础设施为目标的蠕虫病毒，被称为网络"超级武器"。震网病毒于2010年7月开始爆发，截至2010年9月底，许多国家都发现了这个病毒。熊猫烧香是一种经过多次变种的蠕虫病毒，它主要通过下载的档案传染，对计算机程序、系统破坏严重，被感染的用户系统中的可执行文件全部被改成熊猫举着三根香的图案，所以被称为"熊猫烧香"病毒。尼姆亚病毒是利用IE浏览器漏洞的弱点，感染了尼姆亚病毒的邮件在不手工打开附件的情况下病毒就能被激活。红色代码利用了微软IIS服务器软件的漏洞（远程缓存区溢出）来传播。尼姆亚病毒和求职信病毒，可利用的传播途径包括文件、电子邮件、Web服务器、网络共享等。

3．特洛伊木马程序

特洛伊木马简称木马（Trojan Horse），源自古希腊特洛伊战争中著名的"木马计"，指古希腊士兵藏在木马内进入敌方城市特洛伊城从而占领特洛伊城的故事，顾名思义就是一种伪装潜伏的网络病毒，让攻击者获得远程访问和控制系统的权限，等待时机成熟就发作。特洛伊木马没有复制能力，它的特点是伪装成一个实用工具或者一个游戏，这会诱使粗心的用户在自己的机器上运行。最常见的情况是，上当的用户要么从不正规的网站下载和运行了带恶意代码的软件，要么不小心点击了带恶意代码的邮件附件。木马的特性是会修改注册表、驻留内存、在系统中安装后门程序、开机加载附带的木马。特洛伊木马的破坏性包括：可能泄露信息，将计算机中的秘密数据（如财务报告、口令及信用卡号）发送给病毒作者；也可能危及安全设置，允许未授权访问计算机并进行文件删除、复制、改密码等非法操作。目前网络病毒中，木马程序的比例最大，而且数量在大幅增加，其次是后门和蠕虫。

4．后门程序

后门程序一般是指那些绕过安全性控制而获取对程序或系统访问权的程序，也可以说是信息系统中未公开的通道。在软件的开发阶段，程序员常常会在软件内创建后门程序以便可以修改程序设计中的缺陷，程序员或其他用户可以通过这些通道出入系统而不被用户发觉。但是，如果这些后门被其他人知道，或是在发布软件之前没有删除，那么就容易被黑客当成漏洞进行攻击。后门的形成可能有几种途径：一种是黑客设置，黑客通过非法入侵一个系统而在其中设置后门，伺机进行破坏活动；另一种则是一些不道德的设备生产厂家或程序员在生产时非法预留下后门。这两种后门的设置显然是恶意的。典型后门程序有冰河、黑洞、灰鸽子等。其中，当使用在合法情况下时，灰鸽子是一款优秀的远程控制软件。但如果拿它做一些非法的事，灰鸽子就成了很强大的黑客工具。

后门程序和木马程序有联系也有区别。联系在于都是隐藏在用户系统中向外发送信息，而且本身具有一定权限，以便远程机器对本机的控制；区别在于木马是一个完整的软件，而后门则体积较小且功能很单一，而且在病毒命名中，后门一般带有 backdoor 字样，而木马一般则是带有 trojan 字样。

5. 宏病毒

宏病毒是一种寄存在 Office 文档或模板的宏中的计算机病毒。一旦打开这样的文档，其中的宏就会被执行，宏病毒就会被激活，转移到计算机上，并驻留在 Normal 模板上，所有自动保存的文档都会感染这种宏病毒，而且如果其他计算机上的用户打开了感染病毒的文档，宏病毒就会传染到其计算机。凡是具有写宏能力的软件，如 Word 和 Excel 等 Office 软件都有宏病毒存在的可能。例如，Taiwan NO.1 文件宏病毒发作时会出一道连计算机都难以计算的数学乘法题目，并要求输入正确答案，一旦答错，则立即自动开启 20 个文件，并继续出下一道题目，一直到耗尽系统资源为止。

6.2.3 计算机病毒的检测与防治

计算机一旦感染病毒，可能给用户带来无法恢复的损失。因此，在使用计算机时，要采取一定的措施来防治病毒，从而最低限度地降低损失。计算机病毒的检测与防治应从三个方面进行：一是病毒预防，指预防病毒侵入，即通过一定的技术手段防止计算机病毒对系统进行传染和破坏；二是病毒检测，指发现和追踪病毒，即通过一定的技术手段判定出计算机病毒；三是病毒清除，指从感染对象中清除病毒，是计算机病毒检测发展的必然结果和延伸。

1. 病毒预防

合理有效地预防是防治计算机病毒的最有效、最经济，也是最应该重视的问题，要做好计算机病毒的预防工作，应从以下三方面着手。

（1）思想防护

要重视病毒对计算机安全运行带来的危害，提高警惕性，以便及时发现病毒感染留下的痕迹，采用补救措施。

（2）管理防护

主要有尊重知识产权；合理设置杀毒软件，如果安装的杀毒软件具备扫描电子邮件的功能，尽量将这些功能全部打开；定期检查敏感文件；采取必要的病毒检测和监控措施；当一台计算机多人使用时，应建立登记制度；加强教育和宣传工作，明确认识编制病毒软件是犯罪行为；建立各种制度，对病毒制造者依法制裁等。

（3）使用防护

大量实践证明使用防护这种主动预防策略是行之有效的。使用防护包括：新购的计算机要进行硬盘检测或低级格式化，新购的软件要先进行病毒检测；安装防火墙工具，设置相应的访问规则，过滤不安全的站点访问；安装实时监控的杀毒软件或防毒卡，定期更新病毒库；经常运行 Windows Update，安装操作系统的补丁程序；堵塞病毒的传染途径，不要随便复制来历不明的软件，不要使用盗版软件；从因特网上下载的软件要先查毒再使用；收到来历不明的电子邮件时，千万不要随手打开附件；对重要文件及时备份。

2．病毒检测

（1）通过防毒软件进行查毒

安装最新的杀毒软件通常是检查计算机病毒的必备手段。杀毒软件的技术和功能不断更新，用户只要随着杀毒软件不断升级就可以完成对多数病毒的检查。但是杀毒软件只能发现已知名的病毒并且清除其中部分病毒。也就是说杀毒软件并不是万能的，并不能包杀所有病毒。

（2）通过手动方式进行查毒

杀毒软件并不会解决所有的病毒问题，尤其是对目前常见的病毒类型，采用手动检查方式更为有效。如利用 Debug、PCTools 等工具软件可以检测出一些自动检测工具不能识别的新病毒。另外，在日常中也可以根据病毒表现的症状来判断系统或程序文件中是否存在病毒。

3．病毒清除

计算机病毒的清除及系统的修复也是非常重要的一步。发现系统感染病毒后首先应对系统遭受破坏程度有一个全面了解，根据破坏程度采用有效的办法和对策。例如，修复前尽可能再次备份重要的数据文件；利用防杀毒软件清除病毒，如果病毒不能被清除，应将其删除，然后再重新安装相应的应用程序；杀毒完成后，重启计算机，再次用杀毒软件检查系统，并确认被感染破坏的数据确实被完全恢复。

目前著名的杀毒软件有瑞星杀毒 RAV、金山毒霸、KV 江民杀毒、诺顿（Norton AntiVirus）、卡巴斯基（Kaspersky AntiVirus）等。

计算机病毒及其防御措施都是在不停地发展和更新的，因此只有做到认识病毒、了解病毒，及早发现病毒并采取相应的措施，才能确保计算机信息安全。

6.3 计算机法律法规和职业道德

随着计算机技术的飞速发展，信息网络已经成为社会发展的重要保证，有很多是敏感信息，甚至是国家机密，所以难免会吸引来自世界各地的各种人为攻击（例如信息泄露、信息窃取、数据篡改、数据添删、计算机病毒等）；同时，网络实体还要经受诸如水灾、火灾、地震、电磁辐射等方面的考验，计算机犯罪案件也急剧上升。因此，面对形式多样的安全威胁，仅仅投入大量的财力和物力用于安全防范，购置安全软件是远远不够的，安全最薄弱的环节往往并不是系统漏洞或软件漏洞，完全有可能是大意的人，本节将从人的角度讨论如何控制系统信息安全。

6.3.1 计算机犯罪

从计算机诞生的时刻起，计算机犯罪作为一种新的犯罪形式就在日益膨胀，现在计算机犯罪已经成为普遍的国际性问题。据美国联邦调查局的报告，计算机犯罪是商业犯罪中最大的犯罪类型之一，每笔犯罪的平均金额为 45 000 美元，据计算机安全专家指出，每年计算机犯罪造成的经济损失应在 100 亿美元以上。

计算机犯罪是指各种利用计算机程序及其处理装置进行犯罪或者将计算机信息作为直接侵害目标的犯罪的总称。我国刑法认定的几类计算机犯罪包括：

① 违反国家规定，侵入国家事务、国防建设、尖端科学技术领域的计算机信息系统的行为。

② 违反国家规定，对计算机信息系统功能进行删除、修改、增加、干扰，造成计算机信息系统不能正常运行，后果严重的行为。

③ 违反国家规定，对计算机信息系统中存储、处理或者传输的数据和应用程序进行删除、修改、增加的操作，后果严重的行为。

④ 故意制作、传播计算机病毒等破坏性程序，影响计算机系统正常运行，后果严重的行为。

计算机犯罪作为一种随着高科技的发展而出现的刑事犯罪活动，具有行为隐蔽、技术性强、远距离作案、作案迅速、发展趋势非常迅速、危害巨大、发生率的上升势头前所未有、社会化、国际化的特点，所以表现出来的计算机犯罪形式多样、种类繁多。常见的计算机犯罪类型包括：

① 非法入侵计算机信息系统。利用窃取口令等手段，侵入计算机系统，用以干扰、篡改、窃取或破坏。

② 利用计算机实施贪污、盗窃、诈骗和金融犯罪等活动，实现网上经济诈骗。

③ 利用计算机传播反动和色情等有害信息。

④ 知识产权的侵权：主要是针对电子出版物和计算机软件。

⑤ 非法盗用计算机资源，如盗用账号、窃取国家秘密或企业商业机密等。

⑥ 网上诽谤，个人隐私和权益遭受侵权。

⑦ 利用网络进行暴力犯罪。

⑧ 破坏计算机系统，如病毒危害等。

近年来，网络钓鱼是一种最典型的计算机犯罪形式。网络钓鱼欺诈，是指骗子以低价等作为诱饵，诱使用户在假的网站或冒充的页面付款。前者主要为了套取账户与密码，后者是付款页面被调包，用户为钓鱼者的订单付了钱，从而导致资金损失。网络钓鱼一般有四种诈骗方式：假冒第三方支付链接、发送病毒控制用户计算机从而盗取银行卡等信息、以银行付款确认邮件等方式诱骗消费者上当、用中奖骗局诱骗网友汇款等。2017 年，金山毒霸安全实验室共检出钓鱼网址 153 万个，相比 2016 年的 193 万个下降了 26%，平均每月检出 12.7 万个。从钓鱼欺诈网站分类看，境外博彩类网站特别严重，占钓鱼网站总量的 62%，排名第二的是虚假购物网站（16%），诱导支付和虚假彩票分别占 4%和 3%。钓鱼网站主要传播工具是社交媒体和搜索引擎推广，诈骗分子十分擅长使用这两类工具。短信群发钓鱼网站，由于工信部的严格管制及运营商的技术措施，只占 5%的比例。

计算机网络犯罪是一种高科技犯罪、新型犯罪形式，防范和惩治该类犯罪，除去采用信息安全防范策略外，还需要从人的角度下大力气。

6.3.2 计算机法律法规和职业道德规范

计算机犯罪作为一种新的犯罪方式，其社会危害性也是巨大的，惩治和防范该类犯罪已成为我国司法系统必须面对的问题，要做到对计算机犯罪切实有效的防治，首先要有法可依，以立法的方式为惩治计算机犯罪提供强有力的依据；其次，对使用计算机的人员，用计算机职业道德规范的准绳来约束他们。

1. 计算机法律法规

为了加强计算机信息安全保护和国际互联网的安全管理，依法打击计算机犯罪活动，我国先后出台了一系列法律、法规。现行关于计算机信息安全管理的主要法律法规有：

1991 年出台《中华人民共和国著作权法》。

1991 年实施《计算机软件保护条例》。

1994 年出台《中华人民共和国计算机信息系统安全保护条例》。

1996 年公安部制定《关于对与国际互联网的计算机信息系统进行备案工作的通知》。

1996 年出台《中华人民共和国计算机信息网络国际互联网管理暂行办法》，并于 1997 年 5 月 20 日作了修订。

1997 年公安部颁发了经国务院批准的《计算机信息网络国际互联网安全保护管理办法》。

2001 年修订、颁布了《计算机软件保护条例》。

2002 年颁布了《计算机软件著作权登记办法》。

2005 年颁布了《互联网安全保护技术措施规定》。

2006 年颁布了《信息网络传播权保护条例》。

2007 年颁布了《信息安全等级保护管理办法》。

2010 年实施了《通信网络安全防护管理办法》。

2016 年通过了《中华人民共和国网络安全法》，2017 年 6 月 1 日起施行。

其次，《中华人民共和国刑法》第二百八十五条至二百八十七条，针对计算机犯罪给出了相应的规定和处罚。

非法入侵计算机信息系统罪：《中华人民共和国刑法》第二百八十五条规定："违反国家规定，侵入国家事务、国防建设、尖端科学技术领域的计算机信息系统的，处三年以下有期徒刑或拘役。"

破坏计算机信息系统罪：《中华人民共和国刑法》第二百八十六条规定三种罪，

即破坏计算机信息系统功能罪，破坏计算机信息系统数据和应用程序罪，制作、传播计算机破坏性程序罪。

《中华人民共和国刑法》第二百八十七条规定："利用计算机实施金融诈骗、盗窃、贪污、挪用公款、窃取国家秘密或者其他犯罪的，依照本法有关规定定罪处罚。"

2．计算机职业道德规范

法律是道德的底线，严格遵守这些法律法规是计算机专业人员职业道德的最基本要求。但是，仅仅靠法律法规来制约人们的所有行为是不可能的，也是不实用的。相反，社会依靠道德来规定人们普遍认可的行为规范。在使用计算机时应该抱着诚实的态度、无恶意的行为，尤其对于计算机专业人员，除了有过硬的技术，还需要有较高的职业素养，必须遵守职业道德规范。

计算机职业道德是指人们在使用计算机软件或数据时，应遵照国家有关法律规定，尊重作品的版权，这是使用计算机的基本道德规范。计算机专业人员有很大的机会去做好事或带来危害。为了尽可能确保他们的努力会用于好的方面，计算机专业人员应遵守以下职业规范：

① 自觉遵守公民道德规范和计算机行业基本公约，自觉遵守一般网络用户的行为规范。包括不利用邮件服务作连锁邮件、垃圾邮件或分发给任何未经允许接收信件的人；不传输任何非法的、骚扰性的、中伤他人的、辱骂性的、恐吓性的、伤害性的、庸俗的、淫秽的等信息资料；不传输任何教唆他人构成犯罪行为的资料；不能传输道德规范不允许或涉及国家安全的资料；不传输任何不符合地方、国家和国际法律、道德规范的资料；不得未经许可而非法进入其他计算机系统等。

② 不承接自己能力难以胜任的工作，对已承诺的任务要保证做到。对情况变化和有特殊原因难以实现的工作，应及早向当事人说明。

③ 有良好的团队协作精神，善于沟通和交流。在技术讨论上，积极坦率地发表自己的观点和意见。做技术审核时，应当实事求是地反映和指出问题。

④ 有良好的知识产权保护观念，抵制各种违反知识产权的行为。

⑤ 不利用自己的技能去从事危害公众利益的活动，包括构造虚假信息和不良、制造计算机病毒、非法解密存取、攻击网站等。

⑥ 认真改选合同和规定，不向他人泄露客户商业机密。

⑦ 自觉技术发展动态，积极参与各种技术交流、技术培训活动。

⑧ 提交的信息系统和技术文档符合国际和国家有关标准。

3．知识产权

知识产权通常是指各国法律所赋予智力劳动成果的创造人对其创造性的智力劳动成果所享有的专有权利。世界知识产权组织（World Intellectual Property Organization，WIPO）认为，构思是一切知识产权的起点，是一切创新和创造作品萌芽的种子。人类正是因为具有提出无穷无尽构思的能力，才独一无二。

（1）知识产权特点

知识产权具有以下三个特点

① 知识产权专有性，即独占性或垄断性。

② 知识产权地域性，即只有在所确认和保护的地域内有效。

③ 知识产权时间性，指在规定期限保护。

知识产权与不动产和动产的主要共同点在于：都受国家法律的保护，都具有价值和使用价值，都可以进行买卖、赠予和使用。

知识产权与其他形式的产权的主要区别在于：知识产权是无形的，无法以其本身具体的形体来加以定义或辨识，它必须以某种可辨识的方式加以表达才能予以保护。

（2）数字千年版权法和 TEACH 法案

在 CC2001—CC2005 系列报告有关知识产权的主题中，要求计算机专业的学生对数字千年版权法案和 TEACH 法案有一定的了解。

① 数字千年版权法。1998 年 10 月 8 日，美国国会通过了数字千年版权法案（Digital Millennium Copyright Act，DMCA）。该法案是自 1976 年以来，对美国版权法做的一次最重要的修改和补充，它为数字市场制定了一定的规则。颁布该法的目的是为满足世界知识产权组织的需求，但该法案没能够为大多数软件、电影和音乐等行业的公司提供有效支持。为此，围绕数字千年版权法案的争议和风波此起彼伏。美国数字千年版权法通过国内立法的方式，对网上作品著作权的保护提供了法律依据，是数字时代网络著作权立法的尝试，亦是网络初期著作权利益冲突各方折中的产物。其主要特点体现在以著作权人为中心，加强对其权益的保护，同时又对网络服务提供商（Internet Service Provider，ISP）的责任予以限制，以确保网络的发展和运作。

② TEACH 法案。DMCA 对互联网环境下的作品使用行为作了较为详细的规定，成为全世界规范互联网版权问题的样板法，但面对数字远程教育的版权问题却作出了有意的空缺。1999 年 5 月，美国版权局经过 6 个月的研究，向国会提交了名为《关于版权和数字远程教育》（Report On Copyright and Digital Distance Education）的报告；2001 年 7 月，根据报告内容拟定的《21 世纪远程教学促进法案》提交国会，但未获得通过。几经审查和讨论，于 2002 年 10 月 3 日，最终产生了美国《技术、教育和版权协调法案》（Technology，Education and Copyright Harmonization Act，TEACH 法案）。TEACH 法案扩大了在数字远程教育中使用版权作品的免责范围，在美国教育机构、图书馆和版权界产生了重大影响。

从整体上看，TEACH 法案进一步强化了对版权人的权利限制，反过来说即扩大了教师制作在线课程、开展数字远程教育而使用版权作品的免责范围，因此受到了广大教师、远程教育机构、学生的广泛支持。该法案在教师、学生需要与版权人的权利之间达成的一种妥协、一种新的平衡，这种平衡与美国迅猛发展的数字远程教育是相适应的。

（3）软件专利及我国知识产权保护现状

专利是对发明授予的一种专有权利。专利适用于所有技术领域中的任何发明，不论它是产品还是方法，只要它具有新颖性、创造性和实用性。在我国，专利分为发明专利、实用新型专利和外观设计专利。

① 软件专利。按照知识产权保护法规，软件设计人员对其智力成果（所开发的软件）享有相应的专有权利。

软件专利是指通过申请专利对软件的设计思想进行保护的一种方式，而非对软件本身进行的保护。对软件本身的保护由《中华人民共和国专利法》和《中华人民共和国著作权法》结合来实现。从客观情况来讲，软件的专利保护实际操作上比较麻烦，也就是程序上不像著作权，直接备案登记的，即使著作权人不登记备案，只要是自己创作的就当然地取得该创作的著作权。软件专利保护可以在有某个完好的创意的时候就可以申请了，就算该发明还没有最终成功完成。因为在专利保护上，我国实行先申请制度的，谁申请在先，谁就享有该专利权。从理论上讲，对软件设计思想的保护与对软件本身的保护相比，保护力度要大得多。因为对软件本身的保护，仅仅是保护了一种具体的编码程序，而对软件设计思想的保护则实现了在此设计思想下所有可能编码形式的打包保护。

在我国，软件专利的起步时间比较晚。因为在 2006 年之前，基本上不批准软件专利，而必须软件与硬件结合后才能申请专利。随着网络技术和软件技术的发展，我国的专利审查制度也不断更新。最近，软件的设计思想本身已经被允许单独申请专利，而不再要求必须与硬件结合。但是，软件专利的撰写要求比较高。根据审查标准的要求，软件专利可以写成产品也可以写成方法形式。可以得到专利保护的软件主要包括（不限于）：

- 工业控制软件，如控制机械设备动作。
- 改进计算机内部性能的软件，如某软件可以提高计算机的虚拟内存。
- 外部技术数据处理的软件，如数码照相机图像处理软件。可以说，相当一部分的软件是属于此类。

软件知识产权保护包括使用正版软件，坚决抵制盗版；不对软件进行非法复制；不要为了保护自己的软件资源而制造病毒保护程序；不要抄袭和剽窃他人软件程序代码和其他劳动成果。

② 我国知识产权保护现状。我国在知识产权方面的立法始于 20 世纪 70 年代末，现在已经形成了比较完善的知识产权保护法律体系，它主要包括《中华人民共和国著作权法》《中华人民共和国专利法》《中华人民共和国商标法》《出版管理条例》《电子出版物管理规定》《计算机软件保护条例》等。在网络管理法规方面还制定了《中文域名注册管理办法（试行）》《网站名称注册管理暂行办法实施细则》《关于音像制品网上经营活动有关问题的通知》等管理规范。

另外，我国积极参加相关国际组织的活动，非常重视加强与世界各国在知识产权领域的交往与合作。1980 年 6 月 3 日，中国正式成为世界知识产权组织成员国。从1984 年起，中国又相继加入了《保护工业产权巴黎公约》《关于集成电路知识产权保护条约》《商标国际注册马德里协定》《保护文学和艺术作品伯尔尼公约》《世界版权公约》《保护录音制品制作者防止未经许可复制其录音制品公约》《专利合作条约》等诸多公约。不但使中国在知识产权保护方面进一步和国际接轨，同时提高了中国现行知识产权保护的水平。

目前，我国已经初步建立了全面提高知识产权的法律体系。1990 年的《中华人民共和国著作权法》，是我国首次把计算机软件作为一种知识产权（著作权）列入法律保护的范畴。1991 年 10 月 1 日开始实施《计算机软件保护条例》。该条例对计算机软件的定义、软件著作权、计算机软件的登记管理及其法律责任作了较为详细的阐述。1994 年的《中华人民共和国计算机信息系统安全保护条例》首次针对计算机信息系统安全进行保护的法规。2002 年的《计算机软件著作权登记办法》，规定了软件著作权的申请、登记、公告等。

小 结

计算机信息安全是指计算机信息系统的硬件、软件、网络及其系统中的数据受到保护，不受偶然的或者恶意的原因而遭到破坏、更改、泄露，系统连续可靠正常地运行，信息服务不中断。计算机信息安全的基本内容包括：实体安全、运行安全、信息资产安全和人员安全等内容。计算机信息安全的特征包括以下七个方面：真实性、保密性、完整性、可用性、不可抵赖性、可控制性、可审查性。计算机信息安全的防范策略，可以采用技术、管理和法律三大手段来实现。当前主流的信息安全技术，包括防火墙技术、数据加密技术、包含身份认证、数学签名和数字证书的鉴别技术、访问控制技术、病毒防治技术。

凡能够引起计算机故障，破坏计算机数据的程序统称为计算机病毒。计算机病毒具有传染性、破坏性、隐蔽性、潜伏性、可触发性、攻击的主动性、病毒的不可预见性等七个特征，其中感染性是最重要特性。计算机病毒的检测与防治应从三个方面进行：一是病毒预防，二是病毒检测，三是病毒清除。

计算机犯罪是指各种利用计算机程序及其处理装置进行犯罪或者将计算机信息作为直接侵害目标的犯罪的总称。计算机犯罪的社会危害性也是巨大的，惩治和防范该类犯罪已成为我国司法系统必须面对的问题；其次，对使用计算机的人员，用计算机职业道德规范的准绳来约束他们。知识产权通常是指各国法律所赋予智力劳动成果的创造人对其创造性的智力劳动成果所享有的专有权利。在 CC2001—CC2005 系列报告有关知识产权的主题中，要求计算机专业的学生对数字千年版权法案和 TEACH 法案有一定的了解。

习 题

1. 计算机信息面临的威胁有哪些？需采取什么防范策略？
2. 计算机信息安全有哪些特征？
3. 什么是计算机病毒？如何有效地防治计算机病毒？
4. 什么是计算机犯罪？
5. 我国出台了哪些计算机法律法规？
6. 计算机职业道德规范有哪些？
7. 什么是知识产权？它的特点是什么？
8. 简述数字千年版权法和 TEACH 法案。

历届图灵奖获得者 《《

1966 年，美国科学家艾伦·佩利（Alan J. Perlis），因在新一代编程技术和编译架构方面的贡献成为图灵奖的第一个得主。

1967 年，英国科学家莫里斯·威尔克斯（Maurice V. Wilkes），因设计出第一台具有内置存储程序的计算机 EDSAC 而获奖。

1968 年，美国科学家理查德·哈明（Richard W. Hamming），因在计数方法、自动编码系统、检测及纠正错码方面的贡献被授予图灵奖。

1969 年，美国科学家马文·明斯基（Marvin Minsky），因其在人工智能研究方面的杰出成就而获得 1969 年的图灵奖。当年他才 42 岁。

1970 年，英国科学家詹姆斯·威尔金森（J. H. Wilkinson），因在利用数值分析方法来促进高速数字计算机的应用方面的研究而获奖。

1971 年，美国科学家约翰·麦卡锡（John McCarthy），因对人工智能的贡献被授予图灵奖。

1972 年，荷兰科学家埃德斯加·狄克斯特拉（Edsger W. Dijkstra），最先察觉"GOTO 有害"的计算机科学大师，因在编程语言方面的出众表现而获奖。

1973 年，美国科学家查尔斯·巴赫曼（Charles W. Bachman），"网状数据库之父"，因在数据库方面的杰出贡献而获奖。

1974 年，美国科学家唐纳德·克努特（Donald E. Knuth），经典巨著《计算机程序设计的艺术》的年轻作者，因设计和完成 TEX（一种创新的具有很高排版质量的文档制作工具）而被授予该奖。

1975 年，美国科学家赫伯特·西蒙（Herbert A. Simon）和艾伦·纽厄尔（Allen Newell），人工智能符号主义学派的创始人，因在人工智能、人类心理识别和列表处理等方面进行的基础研究而获奖。

1976 年，以色列科学家迈克尔·拉宾（Michael O. Robin）和英国科学家达纳·斯科特（Dana S. Scott），非确定性有限状态自动机理论的开创者，因他们的论文《有限自动机与它们的决策问题》中所提出的非决定性机器这一很有价值的概念而获奖。

1977 年，美国科学家约翰·巴克斯（John Backus），FORTRAN 和 BNF 的发明者，因对可用的高级编程系统设计有深远和重大的影响而获奖。

1978 年，美国科学家罗伯特·弗洛伊德（Robert W. Floyd），前后断言法的创始人，因其在软件编程的算法方面的深远影响，并开创了包括剖析理论、编程语言的语义、自动程序检验、自动程序合成和算法分析在内的多项计算机子学科而被授予该奖。

1979 年，加拿大科学家肯尼斯·艾弗森（Kenneth E. Iverson），大器晚成的科学家，因对程序设计语言理论、互动式系统及 APL 的贡献被授予该奖。

1980 年，英国科学家查尔斯·霍尔（C. Anthony R. Hoare），从 QUICKSORT、CASE 到程序设计语言的公理化，因对程序设计语言的定义和设计所做的贡献而获奖。

1981 年，美国科学家埃德加·科德（Edgar F. Codd），"关系数据库之父"，因在数据库管理系统的理论和实践方面的贡献而获奖。

1982 年，加拿大科学家斯蒂芬·库克（Steven A. Cook），NP 完全性理论的奠基人，因奠定了 NP-Completeness 理论的基础而获奖。

1983 年，美国科学家肯尼思·汤普森（Ken Thompson）和丹尼斯·里奇（Dennis M. Ritchie），C 和 UNIX 的发明者，因在通用操作系统理论方面的突出贡献，特别是对 UNIX 操作系统的推广的贡献而获奖。

1984 年，瑞士科学家尼克劳斯·沃思（Niklaus Wirth），Pascal 之父及结构化程序设计的首创者，因开发了 EULER、ALGOL-W、MODULA 和 Pascal 一系列崭新的计算语言而获奖。

1985 年，美国科学家理查德·卡普（Richard M. Karp），发明"分枝限界法"的三栖学者，因对算法理论的贡献而获奖。

1986 年，美国科学家约翰·霍普克洛夫特（John E. Hopcroft）和罗伯特·陶尔扬（Robert E. Tarjan），一对师生，硕果累累的算法设计大师，因在算法及数据结构的设计和分析中所取得的决定性成果而获奖。

1987 年，美国科学家约翰·科克（John Cocke），RISC 概念的首创者，因在面向对象的编程语言和相关的编程技巧方面的贡献而获奖。

1988 年，美国科学家伊万·萨瑟兰（Ivan E. Sutherland），计算机图形学之父，因在计算机图形学方面的贡献而获奖。

1989 年，加拿大科学家威廉·卡亨（William V. Kahan），浮点计算的先驱，因在数值分析方面的贡献而获奖。

1990 年，美国科学家费尔南多（Fernando J. Corbato），因在开发大型多功能、可实现时间和资源共享的计算系统，如 CTSS 和 Multics 方面的贡献而获奖。

1991 年，英国科学家罗宾·米尔纳（Robin Milner），标准元语言 ML 的开发者，因在可计算的函数逻辑（LCF）、ML 和并行理论（CCS）这三个方面的贡献而获奖。

1992 年，美国科学家巴特勒·兰普森（Butler Lampson），从 Alto（第一个个人计算机系统，首次实现了图形用户界面）系统的首席科学家到微软的首席技术官，因在个人分布式计算机系统方面的贡献而获奖。

1993 年，美国科学家尤里斯·哈特马尼斯（Jurlis Hartmanis）和理查德·斯特恩斯（Richard E. Stearns），计算复杂性理论的主要奠基人，因奠定了计算复杂性理论的基础而获奖。

1994 年，美国科学家爱德华·费根鲍姆（Edward Feigenbaum）和劳伊·雷迪（Raj Reddy），大型人工智能系统的开拓者，因对大型人工智能系统的开拓性研究而获奖。

计算机科学与技术导论（第2版）

1995 年，美国科学家曼纽尔·布卢姆（Manuel Blum），计算复杂性理论的主要奠基人之一，因奠定了计算复杂性理论的基础和在密码术及程序校验方面的贡献而获奖。

1996 年，以色列科学家阿米尔·伯努利（Amir Pnueli），把时态逻辑引入计算机科学，用于作为开发反应式系统和并发系统时进行规格说明和验证的工具的贡献而获奖。

1997 年，美国科学家道格拉斯·恩格尔巴特（Douglas Engelbart），鼠标器的发明人和超文本研究的先驱，因提出交互计算概念并创造出实现这一概念的重要技术而获奖。

1998 年，美国科学家詹姆斯·格雷（James Gray），数据库技术和"事务处理"专家，因在数据库和事务处理方面的突出贡献而获奖。

1999 年，美国科学家弗雷德里克·布鲁克斯（Frederick P. Brooks），IBM 360 系列计算机的总设计师和总指挥，因对计算机体系结构和操作系统以及软件工程做出了里程碑式的贡献而获奖。

2000 年，华裔美国科学家姚期智（Andrew Chi-Chih Yao），对计算理论做出了诸多"根本性的、意义重大的"贡献，包括伪随机数的生成算法、加密算法和通信复杂性，由于在计算理论方面的贡献而获奖。

2001 年，挪威计算机科学家奥利·约翰·达尔（Dahl Ole Johan）和克利斯登·奈加特（Nygaard Kristen），他们在设计编程语言 SIMULA I 和 SIMULA 67 时产生的基础性想法，这些想法是面向对象技术的开始，因此而获奖。

2002 年，美国科学家罗纳德·李维斯特（Ronald L. Rivest）、阿迪·萨莫尔（Adi Shamir）和伦纳德·阿德曼（Eonard M. Adleman），国际上最具影响力的公钥密码算法 RSA 的创始人，因此而获奖。

2003 年，美国科学家阿伦·凯（Alan Kay），发明第一个完全面向对象的动态计算机程序设计语言 Smalltalk，因此而获奖。

2004 年，美国科学家文特·瑟夫（Vinton G. Cerf）和罗伯特·卡恩（Robert E. Kahn）（TCP/IP 协议发明人），由于在互联网方面开创性的工作，这包括设计和实现了互联网的基础通信协议 TCP/IP，以及在网络方面卓越的领导。

2005 年，丹麦科学家彼得·诺尔（Peter Naur），因其在设计 Algol 60 语言上的贡献而获奖。由于其定义的清晰性，Algol 60 成为了许多现代程序设计语言的原型。在语法描述中广泛使用的 BNF 范式，其中的 N 便是来自 Peter Naur 的名字。

2006 年，IBM 的 75 岁女院士弗朗西丝·爱伦（Frances E. Allen），因其在编译器优化理论和实践方面做出的开创性贡献而获奖。Allen 是该奖项创立 40 年来的第一位女性得主。

2007 年，美国科学家爱德蒙·克拉克（Edmund M. Clarke）、艾伦·爱默生（Allen Emerson）和法国科学家约瑟夫·斯发基斯（Joseph Sifakis）三位科学家，因他们开发模型检测技术，并使之成为一个广泛应用在硬件和软件工业中非常有效的算法验证技术所做的奠基性贡献而获奖。

2008 年，美国科学家芭芭拉·莉斯科芙（Barbara Liskov），因其在计算机程序语言设计方面的开创性工作而获奖。她是美国第一位计算机科学女博士，也是第二位女性图灵奖得主。

2009 年，美国科学家、微软研究院技术院士查尔斯·泰克（Charles Thacker），其因帮助设计、制造第一款现代 PC 以及在局域网（包括以太网）、多处理器工作站、窥探高速缓存一致性协议和平板 PC 等方面的杰出成就与贡献而获奖，他也是世界上第一台激光打印机发明者之一。

2010 年，英国的理论计算科学家、哈佛大学教授莱斯利·瓦伦特（Leslie Valiant），因为"对众多计算理论（包括 PAC 学习、枚举复杂性、代数计算和并行与分布式计算）所做的变革性的贡献"而获奖。

2011 年，美国计算机科学家、哲学家朱迪亚·珀尔（Judea Pearl），因为"通过概率论和因果推理（英语：Causal Reasoning）对人工智能领域所做的杰出贡献"而获奖。

2012 年，美国麻省理工学院电子工程和计算机科学教授、兼任以色列魏茨曼科学研究学院数学科学教授莎菲·戈德瓦塞尔（Shafrira Goldwasser）和美国著名计算机学家、麻省理工学院计算机科学和人工智能实验室任职的计算机科学家希尔维奥·米卡利（Silvio Micali），因为"在密码科学领域的杰出工作"而获奖。

2013 年，美国计算机学家莱斯利·兰波特（Leslie Lamport），因为"对于分布式及并形系统的理论与实践具有基础性贡献，尤其是诸如因果逻辑时序、安全性与存活度、复制状态机及循序一致性等理论概念的发明"而获奖。

2014 年，美国数据库研究和开发的计算机科学家迈克尔·斯通布雷克（Michael Stonebraker），因"对现代数据库的概念和实践作出的根本性贡献"而获奖。

2015 年，斯坦福大学著名密码技术与安全技术专家惠特菲尔德·迪菲（Whitfield Diffie）和斯坦福大学电气工程师马丁·赫尔曼（Martin Hellman），因为"发明迪菲–赫尔曼密钥交换，对公开密钥加密技术有重大贡献"而获奖。

2016 年，英国计算机科学家、麻省理工学院教授蒂姆·伯纳斯·李（Tim Berners–Lee），因为"发明万维网、第一个浏览器和使万维网得以扩展的基本协议和算法"而获奖。

2017年，美国计算机科学家、MIPS科技公司创办人、第十任斯坦福大学校长约翰·轩尼诗（John Hennessy），大卫·帕特森（David Patterson），因为"开发了 RISC 微处理器并且让这一概念流行起来的工程"而获奖。

参 考 文 献

[1] 董荣胜. 计算机科学导论：思想与方法[M]. 北京：高等教育出版社，2007.

[2] 教育部高等学校计算机科学与技术教学指导委员会. 高等学校计算机科学与技术专业实践教学体系与规范[M]. 北京：清华大学出版社，2010.

[3] 教育部高等学校计算机科学与技术教学指导委员会. 高等学校计算机科学与技术专业发展战略研究报告暨专业规范（试行）[M]. 北京：高等教育出版社，2006.

[4] 王玉龙. 数字逻辑实用教程[M]. 北京：清华大学出版社，2002.

[5] 王玉龙，付晓玲，方英兰. 计算机导论[M]. 北京：电子工业出版社，2009.

[6] 耿国华，邢为民，董卫军. 计算机导论与 C 语言[M]. 北京：电子工业出版社，2005.

[7] 耿国华，索琦. 计算机基础与 C 语言程序设计[M]. 北京：电子工业出版社，2002.

[8] 安志远，邓振杰. 计算机导论[M]. 北京：高等教育出版社，2004.

[9] 黄国兴，陶树平，丁岳伟. 计算机导论[M]. 北京：清华大学出版社，2004.

[10] 王志强. 大学计算机应用基础[M]. 北京：清华大学出版社，2005.

[11] 赵致琢. 计算科学导论[M]. 2 版. 北京：科学出版社，2000.

[12] 黄润才. 计算机导论[M]. 北京：中国铁道出版社，2004.

[13] BROOKSHEAR J G. 计算机科学概论[M]. 7 版. 王保江，等译. 北京：人民邮电出版社，2003.

[14] 葛建梅. 计算机科学技术导论[M]. 2 版. 北京：中国水利水电出版社，2008.

[15] 吴功宜. 智慧的物联网[M]. 北京：机械工业出版社，2010.

[16] 严蔚敏. 数据结构[M]. 北京：清华大学出版社，1997.

[17] 刘怀亮，陈致远. 计算机导论[M]. 北京：冶金工业出版社，2007.

[18] 王润云，周新莲. 计算机信息技术基础[M]. 长沙：湖南教育出版社，2004.

[19] 董峰，何留杰. 大学计算机基础[M]. 北京：冶金工业出版社，2009.

[20] 蒋加伏，沈岳. 大学计算机基础[M]. 5 版. 北京：北京邮电大学出版社，2017.

[21] 卢中辉，庞中坚. 计算机基础[M]. 北京：电子工业出版社，1995.

[22] 林子雨. 大数据技术原理与应用[M]. 2 版. 北京：人民邮电出版社，2016.

[23] 袁津生，吴砚农. 计算机网络安全基础[M]. 北京：人民邮电出版社，2013.

[24] 谢希仁. 计算机网络[M]. 5 版. 北京：人民邮电出版社，2013.

[25] 黄竞伟，朱福喜，康立山. 计算智能[M]. 北京：科学出版社，2010.

[26] 郑宗汉，郑晓明. 算法设计与分析[M]. 2 版. 北京：清华大学出版社，2011.

[27] 唐文剑，吕雯. 区块链将如何重新定义世界[M]. 北京：机械工业出版社，2011.

[28] 嵩天，礼欣，黄天羽. Python 语言程序设计基础[M]. 北京：高等教育出版社，2018.

[29] 瞿中. 计算机科学导论[M]. 北京：清华大学出版社，2018.